炼油化工设备维护检修案例丛书

炼油化工设备润滑与密封维护检修案例

胡安定　主编

中国石化出版社

内 容 提 要

本书从炼油化工设备润滑与密封维护检修入手，精选了近年来炼油化工企业设备润滑与密封维护检修工作的有关案例，其中包括设备润滑管理、油雾润滑技术、机械密封、干气密封、法兰垫片密封、阀门密封、新型密封以及其他密封等应用维修案例。精选的案例紧密结合生产实际，具有很好的示范性和可操作性。

本书可供炼油化工企业的厂长、经理，从事生产、设备、技术、科研、维修、安全、环保工作的管理人员和技术人员，以及基层车间的生产操作、维护检修人员学习、交流和借鉴，从而对加强企业设备润滑与密封维护检修和管理工作，实现生产装置的安全、稳定、长周期运行起到积极的促进作用。

图书在版编目（CIP）数据

炼油化工设备润滑与密封维护检修案例／胡安定主编．
—北京：中国石化出版社，2016.9
（炼油化工设备维护检修案例丛书）
ISBN 978-7-5114-4262-8

Ⅰ.①炼… Ⅱ.①胡… Ⅲ.①石油炼制-石油化工设备-润滑-案例②石油炼制-石油化工设备-案封-案例
Ⅳ.①TE96

中国版本图书馆 CIP 数据核字（2016）第 211945 号

中国石化出版社出版发行

地址：北京市东城区安定门外大街 58 号
邮编：100011 电话：(010)84271850
读者服务部电话：(010)84289974
http://www.sinopec-press.com
E-mail：press@sinopec.com
北京柏力行彩印有限公司印刷
全国各地新华书店经销

*

787×1092 毫米 16 开本 19.5 印张 465 千字
2016 年 9 月第 1 版　2016 年 9 月第 1 次印刷
定价：58.00 元

前　言

炼油化工企业的设备润滑和密封完好是保证设备长周期平稳安全运行的关键。设备一旦操作失误、维修不当，造成润滑不良、密封泄漏，会带来故障停机、装置停产、污染环境、毒害人体，甚至会导致火灾、爆炸等重大事故的发生。积极采取措施，搞好设备润滑和密封管理，加强日常操作维护和定期检修，使其经常处于完好状况，是企业全体员工，特别是从事生产操作、设备管理及维护检修工作者肩负的重要使命。

多年来，广大从事炼油化工生产操作、设备管理及维护检修工作者，以及为炼油化工企业服务的有关科研、制造、维修单位的设备工作者，为搞好设备润滑和密封工作，作出了积极的努力，付出了辛勤的劳动，其中不少通过自身反复的实践，创造了很多好作法，积累了不少的好经验。他们通过归纳总结构成了十分可贵的具体的案例。

根据炼油化工企业广大设备工作者的要求，为了便于更好地交流、借鉴和相互学习，我们从中精选了 70 篇案例，汇集编制而成《炼油化工设备润滑与密封维护检修案例》专辑出版。精选的案例具有很好的示范性和可操作性，期望对炼油化工企业广大设备工作者有所帮助，并能对提高和加强炼油化工设备润滑和密封管理及维护检修水平起到积极的促进作用。

为便于读者查找，我们将其分类划分为八章，即：设备润滑管理、油雾润滑技术应用、机械密封应用维修、干气密封应用维修、法兰垫片密封应用维修、阀门密封应用维修、新型密封技术应用及其他密封应用维修等案例。

由于编者水平有限，在编辑过程中难免有不当之处，敬请读者批评指正。

目 录

第四章　干气密封应用维修案例

第五章　法兰垫片密封应用维修案例

第六章　阀门密封应用维修案例

第七章　新型密封技术应用案例

第八章　其他密封应用维修案例

第一章 设备润滑管理案例

1. 搞好设备润滑管理提升设备经济运行水平

天津石化公司是集炼油、化工和乙烯一体化的综合性大型公司，具有设备结构复杂、控制系统先进、管理成效显著的特点，形成了有特色的设备管理体系，为装置稳定、长周期高效运行提供了可靠的保证。转动设备管理水平是保证装置正常运转的关键，润滑管理又是体现管理水平的关键环节。润滑管理是否到位，可以充分展现动设备长周期高效运行的水平，目前，天津石化公司已经形成了生产、技术和设备三方面专业部室、装备研究院和车间分层次的分工管理模式，已经为确保装置高效、平稳、安全运行提供了有效的保障。通过强化润滑过程管理，由于润滑管理不善造成的转动设备损坏故障逐年减少，据不完全统计由 2011 年的 78 起减到 2014 年的 32 起，三年多已经下降了 50% 以上；由于改善了润滑管理模式，轴承的使用寿命提升了 30% 以上，关键机泵滚动轴承的寿命已经在 30000h 以上，达到一个大修周期。据不完全统计，天津石化公司每年减少设备润滑引起的故障维护费和油品的采购费用在 350 万元以上。

1 职责明确，管理流程规范

1.1 建立健全管理网络

为了更好地把"双学"活动与设备润滑提升相结合，公司成立了三级润滑管理网络，分别由公司设备副总、作业部设备经理和装置设备主任为组长的管理体系，做到了日巡检、周检查、月汇报总结，实现了有检查有考核的 PDCA 循环，大幅改善了动设备的运行状况，为全面完成生产计划提供了基础保障。

公司润滑管理网络以设备主管总经理为组长，设备部部长和各二级作业部的设备主管经理为组员，常设办公室在公司设备部，设立专人管理。主要对关键机组、故障设备、缺陷设备等润滑存在问题进行指导和攻关，提出解决意见和措施。

各作业部同时成立了以作业部设备主管经理为组长的管理网络，组员不仅有设备主任、管理人员，还吸收了装置的生产主任参加，有利于从操作层面强化润滑过程的巡检和添加油品，确保第一时间发现润滑问题。同时监督、考核车间级的润滑管理网络的有效性。

车间级的润滑管理网络由车间一把手为组长，组员涵盖生产、技术、设备各专业管理人员，设立专人进行润滑管理，充分调动操作层面的人员参加润滑管理。

1.2 确保管理网络有效，职责明确

润滑管理既然是决定设备运行周期的关键因素，明确每一级管理人员的职责是严细润滑管理的基础。从油品的计划、申码、上线到入库、化验确认、现场接收、过滤添加等环节均做到了层层有人负责，级级有人确认把关的管理网络。首先公司级润滑管理网络以指

导各作业部如何做好日常润滑管理、贯彻上级润滑管理要求为主，同时推行先进润滑方式方法的应用和润滑管理模式的推广。

其次各作业部主管设备经理定期召开润滑油管理小组会议，特别是设备出现由于润滑相关的问题时及时组织进行分析、采取措施，使设备问题得以解决，并起到培养设备专业技术人员懂得设备润滑出现故障的机理、现象和后果。检查设备润滑的 EM 系统的维护，确保各种数据和记录及时维护上线，强化作业部级对装置的润滑考核作用。车间润滑油管理主要从油品的选用、保管、替代、加注及考核等环节明确职责范围，规范加油器具的规格、摆放要求，做到加油到位、油品添加正确、不缺油、不浪费、不漏检。

1.3 规范润滑油站的标准

要想使润滑管理有所提升，必须对润滑油站进行规范。比如建立油品色标，即不同的油品建立不同的色标，一种油品的大油桶、中油桶、加油壶、过滤网、漏斗、油抽等全部是一种色标，避免了混乱和拿错给设备运行造成影响；又如摆放规范有序。

2 应用情况及管理效果

2.1 润滑油品的全过程管理

润滑管理是一项持续改进的过程。从提报油品计划开始，油品的储存与保管、油品的发放，到油品的加注点每个人严格程序，检验指标层层把关，从源头上保证了润滑油的质量过程控制的有效性。特别是润滑油具的管理与使用，润滑油品的代用，设备润滑油(脂)标准和废油品的回收等管理流程规范，不仅添加到润滑部位的油品符合指标要求，而且油品在整个周转过程时刻处于可控状态。

2.2 检查考核相结合，提升职工参与设备润滑管理的积极性

为了提高对润滑油品管理重视程度，每周各作业部对装置进行一次抽检，每次现场抽查不少于 5 台设备，每月关键机组的化验记录是否归档，检验参数是否符合规定。对各作业部所建立的标准润滑油站进行检查评比，每季度评出规范的红旗加油站，颁发奖牌并给予物质奖励。结合 TPM 管理，润滑管理工作也实施"我的设备，我来操作，我来维护"，一线操作工参与润滑管理的积极性得到极大提升，不仅对漏油、温度引起高度重视，对油杯和视镜中油品颜色的变化都在巡检范围内，充分体现了天津石化从严从细从基层抓润滑管理的作风。目前天津石化转动设备润滑引起的设备故障率明显降低，由原来的 5.2% 降低到目前的 1.9%，为装置的稳定运行、降低维护费用、延长设备运行周期、多创效益提供了保证。

2.3 油品升级替代走在前列

天津石化是集炼油、乙烯和化工化纤于一体的综合性大型企业，各种设备油品种类繁杂，为了管理更加顺畅，在各项润滑指标对比和专家论证的基础上，在满足设备长周期安全稳定运行的前提下，实现了 95% 以上的油品替代，48 种润滑油(脂)已经采用中石化自主品牌的长城润滑油(脂)，关键机组几乎完全替代。油品的替代，不仅实现了装置的正常运行要求，有利于油品品质的管理，而且更重要的是降低了成本，仅关键机组一项的取代每年天津石化可节约成本 100 万元以上。

2.4 油品品质趋势管理，延长轴承使用寿命

对于油品的运行管理公司一直采用的是动态+专家团队支持的管理模式。各作业部对润滑油品指标定期常规(黏度、闪点、机械杂质、酸值、水分等)分析，监控各项指标数据，

有超标的问题出现，及时进行查找原因，采取措施消除影响因素，及时换油，保证转动设备的正常运行。公司装备研究院具有多方面的专家团队，特别是在大型转动设备的运行分析、状态监测和故障诊断、润滑油铁谱磨粒分析方面具有独到的技术专长。大型关键压缩机组的润滑油品的监测一直以来是天津石化的一项重要持续工作，每月现场取样进行常规检验，每季度对油品进行一次铁谱分析。针对铁谱分析出的不同金属磨粒，专家给出金属磨粒的具体来源分析，为作业部运行管理、检维修提供指导意见，使天津石化关键机组的运行故障率明显降低，特别是炼油催化裂化烟机四机组运行周期延长到 1300 多天，创造了同类机型的运行新纪录。

2.5　强化培训效果，普及润滑知识

润滑基础知识的普及是提高职工对润滑管理引起重视的途径之一。首先对于设备润滑管理制度和总部管理要求制作成 PPT 文件，集中进行培训授课，授课对象为作业部动设备管理人员、装置设备员、装置工艺员和操作工骨干。其次邀请滑动轴承和滚动轴承专业技术人员进行润滑油的选用、保管、过滤及加注的授课。其三，进行现场润滑检查和加注实际操作演示，提高实际的润滑管理技能。2013 年初到 2014 年 3 月底，在公司内已经组织了138 人参加了共 4 期的润滑专业培训班，炼油、烯烃、化工、热电和水务五个作业部结合TPM 的 OPL 教育，组织了 26 次 836 人次的专业培训，提升了职工全员参与设备润滑管理的积极性，设备运行状态得到了显著改善。

通过培训，职工懂得了在用润滑油品经过常规分析（包括外观、黏度、酸值、闪点、水分、杂质等六项）油品的品质状况，凡超出标准的指标数值，首先部分置换或经过过滤、脱水等处理确认是否满足要求，为了控制油品消耗总量降低成本，最后再考虑全部更换新油：黏度超过润滑油黏度等级的 ±15%、酸值超过标准的 10%、闪点低于标准的 10%、机械杂质高于 0.1%、水含量高于 0.1%。同时了解了润滑油添加的量根据不同转速、不同温度、不同负荷是不一样的。

2.6　发挥保全工的作用，打造立体润滑管理网

如何实现设备润滑全方位全天候的管理，不仅操作工、设备员参加润滑管理和巡检，而且保运人员也参加到了润滑管理过程中，并且保全工参与润滑巡检成为了润滑管理链条中重要一环，现场查油位、油色、漏油的部位及供油机泵、过滤器和冷却器的温度、压力等内容。在实施包机的基础上，把设备发生润滑引起的故障同保运部门和具体人员进行连带考核，实行惩罚和奖励。目前天津石化已经形成了全员深入关注、参与润滑管理的良好局面。

2.7　应用油雾润滑新技术，取得节油环保双丰收

油雾润滑是一项较好的润滑新技术，具有减少润滑油损耗、延长轴承使用寿命、环保的特点。它是使润滑油能连续有效地将油雾化为小颗粒的集中供油方式，将适量加压后的润滑油雾输送到轴承表面形成一层均匀的润滑油膜，减小了摩擦力，使轴承温度明显降低，而且带有一定压力的油雾充满轴承箱，使外界污染物很难进入轴承箱，保证了轴承清洁的工作环境，延长了使用寿命。

公司在炼油和化工的装置上已经有 10 套油雾润滑设备，300 多台机泵改为油雾润滑。油雾润滑的优点：轴承冷却效果好，油雾在通过机泵轴承箱时，会带走轴承摩擦所产生的热量，使轴承温度比原来降低平均 10℃ 左右；轴承使用寿命延长，油雾发生器产生的油雾颗粒进入轴承箱内会均匀附着在轴承上，并且油雾具有一定的压力，起到了很好的密封作

用，避免了外界杂质、水分等进入轴承箱，初步统计轴承使用时间较实施油雾润滑前增加了 5450h 以上；对操作工和设备管理人员来讲降低了工作量，原来每台机泵有一到两个润滑点，需要逐台逐点进行维护，油雾润滑系统只有一个统一加油地点（润滑油储罐），如发生问题主机报警，可根据参数进行检查，提高工作效率；减少润滑油消耗量，油雾润滑系统油箱每年只需定期加一次油即可，初步统计每年可减少润滑油消耗 3200L。油雾润滑产生的实际效果见表 1 和表 2。

表 1   芳烃装置溶剂泵 P-306A/B 实行油雾润滑前后数据对比表

P-306A/B 参数		检查内容	应用前	应用后
流量	150m³/h	轴承温度	31℃	22℃
转速	2960r/min	轴承振动	2.8mm/s	2.3mm/s
功率	37kW	检修次数	4 次/年	1 次/2 年

表 2   油雾润滑使用前后比

位号	使用操作条件		油雾润滑使用前后对比数值			
	压力/MPa	温度/℃	轴承寿命（前）/h	轴承寿命（后）/h	油量（前）/L	油量（后）/L
P-208	1.74	177	17520	35040	10	5
P-203	1.81	231	17520	35040	10	5
P-309	1.62	174	2160	4320	12	8
P-555	1.48	225	2160	4320	10	5
P-503	2.26	207	8760	17520	12	8

2.8   建立红旗润滑油站

目前公司润滑管理已经上升到与关键机组一样重视的程度，各作业部根据不同的设备润滑要求，分别建立起了规范的润滑油站。从公司层面每月组织一次公司级评比，根据三个月汇总的成绩并与设备的故障情况挂钩，评比出季度红旗润滑油站，并实施考核奖励。

1）全面推行标准润滑油站建设

红旗润滑油站的建立，把设备润滑管理推向了一个新的管理高度，体现了"严细管理年"的具体内容。为了确保润滑油站内窗明几净、无灰无尘，地面平整，标识界限清晰，各作业部按照公司标准润滑油站的推行样板润滑油站。

2）润滑油站管理图标内容上墙

标准润滑油站把车间设备润滑管理网络图、设备润滑一览表、三级过滤图示等贴在站内上墙。从上墙的图表中可以明确地看出所有设备润滑油品的种类、规格、加（注）油点、初装量、换油周期、换油标准等。

无论在任何时候，只要职工进入到加油站取润滑油品/脂，都能根据五定表和色标准确找到装置各设备所对应的润滑油（或脂），简化了职工再确认的程序，保证了加注油品的准确性。

3）采取措施保证润滑油站内洁净

为了确保润滑油站环境安全洁净，内设防爆灯具、换风机、专用消防用具等，保证室内干燥清洁、通风良好、温度正常。

4）加油器具齐全完好是创建标准润滑油站的前提

加油器具是保证润滑规范化的前提条件，润滑油站内备齐领油大桶、固定式油桶(箱)、油抽子、提油桶(壶)、手油壶、过滤漏斗、接油盘、三级滤网、油脂桶等。其中油抽子、过滤漏斗、三级滤网为了保持清洁无尘，一律在专用的柜内保管。在加油站内专门设置了存放管理制度、装置润滑手册和添加、换油记录薄专用柜。

5）建立油品色标，避免错加

润滑器具放置规范整齐，油品色标清晰，专具专用。彻底改变了以往乱摆乱放的"低老坏"的习惯。按润滑油品的品种、规格，成套配备统一规格的润滑油品用具，每一种油品所配备的器具色标相同，指示明确便于确认，避免了器具的混乱和油品的混乱。尤其是夜间添加润滑油品时可以避免油品的错加，而导致润滑不良设备损坏。

6）油具管理坚持经常化，定期考核是关键

领用大桶和固定式油桶(箱)每3个月检查一次并记录，油桶(箱)干净整洁；其余各用具每周清洗一次，并作好检查清洗记录。所用过滤油网不仅洁净且保证没有破损，天津石化已经做到了润滑油过滤网班班检查，有记录。

7）润滑油站 PDCA 闭环管理见成效

(1) 润滑油站实行专人保管(联合装置设专职专人管理，小装置设专人代保管)钥匙，防止污染或错乱，用好后及时锁闭。

(2) 加换油后及时准确记录，及时签字，随时对 EM 设备管理系统进行维护添加，同时对使用情况进行分析，对于油品使用数量多或频繁添加的设备，及时把信息提供给专业管理部门和人员进行分析，采取必要的措施或修理。掌握油品的使用数量，做到油品储备适量。

(3) 结合 TPM 工作，天津石化实现润滑油站标准化管理。每台设备实施包机制，从作业部经理到倒班职工每人都参与到一台设备承包，确保把每台转动设备落实到具体的负责人，使设备确保在符合规范的要求下润滑良好，大大延长了设备的运行周期。

3　管理效果分析

通过强化润滑过程管理，由润滑管理不善造成的转动设备损坏故障逐年减少，据不完全统计，由 2010 年的 78 起减到 2013 年的 36 起，三年多已经下降了 50% 以上；由于改善了润滑管理模式，轴承的使用寿命提升了 30% 以上，关键机泵滚动轴承的寿命已经在 30000h 以上，达到一个大修周期。天津石化每年减少油品的采购费用在 300 万元以上。油雾润滑技术的应用对轴承延长使用周期提供了帮助。

通过润滑全过程的管理，把每一名参与润滑管理者的责任落实到位，从提报计划、采购、运输、储存、化验入库、保管、过滤到加入加油点及加油器具、添加记录的过程的规范化和程序化使设备润滑的管理始终处于可控状态。通过各种培训技术交流机会，使不同层次的管理人员掌握了润滑的技术和提升润滑管理的方法，使天津石化的润滑管理形成了良性的可持续的良好局面。

润滑管理的规范化管理模式，提升了天津公司整体设备管理水平，延长了设备运行周期，节省了大量的运行维护费用，形成了天津石化的特色管理标杆。润滑油站的标准管理体系具有在炼化企业推广的价值。

(中国石化天津分公司化工部　钱广华，彭乾冰)

2. 石化企业大型关键机组润滑油监测新体系的建立

润滑油监测是现代成熟工业为追求利益最大化而诞生的新技术，目前在我国机械、铁路、船舶、冶金、航空、国防、石化等行业的日常设备管理中已被广泛应用，其中不乏检测技术水平高，应用范围广的企业事例。润滑油监测是一门以鉴识技术为核心的学科，需要大量专业知识和工作经验的会聚。而实际工作中普遍存在着人员专业知识和工作经验分散，检测数据的操作误差和个体性差异较大，磨粒识别的方式、方法模糊等问题。

1　润滑油监测

针对润滑油中磨粒的监测主要有两个方面，一是磨粒浓度、大磨粒（颗粒>5μm）直读数、小磨粒（颗粒在1~2μm）直读数和相对比例关系、变化趋势的分析；二是磨粒特征形态及其摩擦、磨损机理的分析。润滑油监测可以有效的分析出设备和润滑油的状态，从而有效的指导设备运行和维护。

2　定量趋势分析

定量趋势分析结果的准确性主要依靠两个方面来保证，一是直读数据操作误差和个体性差异的控制；另一方面是定量判据和趋势分析方法的选取。

直读数据虽然是由直读式铁谱仪从油样中得出带有粗线条的粒度分布特点的两个数据 D_L 大磨粒直读数和 D_S 小磨粒直读数，但在实际工作中受操作误差和个体性差异的影响数值波动较大。必须指定完整的、量化的操作程序加以控制。

在理论和实践的不断结合过程中，人们所创造和使用的定量判据已不下十余种，它们的变化大多敏感于油样中磨粒浓度、大磨粒直读数、小磨粒直读数和相对比例关系等参数，根据以往石化大型关键机组润滑油检测结果数据统计，油样中磨粒浓度和大磨粒直读数较小；磨粒浓度、大、小磨粒直读数虽存在偶然性波动但数值波动幅度较小。根据上述统计结果，选取磨损烈度指数 I_S 作为定量趋势分析的判据是非常适合的，因为 I_S 同时敏感于油样中的磨粒浓度和大磨粒的浓度，综合地反映了磨损速率和磨损量，对于粒度分布差异较小的油样，可以提高判据的灵敏度。

定量趋势分析法选择的自变量为机组运行时间，因变量为 I_S 值，以考察其随自变量变化的趋势，同时组成趋势曲线图。定量趋势分析的另一关键是要找出监测的标准，对 I_S 值采用三线值法作为回归统计的方法。建立三线值所用的数学方法是概率数理统计模型。根据假设，机组正常运行期是一个平稳的随机过程，具有各态历经性，作为随机变量，I_S 值是由大量微小的独立的随机因素共同影响的结果，而每一种随机因素都没有起到压倒性的影响，因此认为 I_S 值服从正态分布。

3　磨粒自动识别

磨粒识别是根据磨粒形态特征对未知磨粒进行分析判断，达到确认磨粒的种类和成分的过程。在此基础上进而揭示被监测设备的磨损形式、原因、程度和严重磨损发生的零件部位。磨粒识别的准确性取决于分析人员所掌握的相关理论和实践经验的水平，将现有的成熟理论和经验与日常监测中不断获取的机组新信息汇聚、融合，是提高磨粒识别和磨损状况分析准确率的必要条件。

目前磨粒识别的过程是借助铁谱显微镜获得磨粒的尺寸、形貌、纹理和成分等信息，再根据上述信息进行分析识别。在分析识别的过程中由于人员掌握相关理论和实践经验的水平不同往往出现"仁者见仁，智者见智"的现象，影响磨粒识别的准确性和效率。将磨粒的沉积位置、沉积方向、排列形式、透光性、尺寸、形状、表面形状、外缘形状、表面颜色、厚度等方面的信息分别通过多项特征参量"是、非"形式的判断加以描述，以完成磨粒识别确认的过程。将上述识别方法编制计算机软件，同时构成可不断丰富、修订其内容的结构模式，建立磨粒自动识别体系。

表1中的内容是依据相关理论和实践工作经验归纳出的主要磨粒特征识别参量及其判断含义。

表1　磨粒特征参量识别的主要参量及判断含义

参量类型	特 征 参 量	判 断 意 义
透光性	透光/不透光	透光：金属磨粒；不透光：非金属磨粒
形　状	球形/水滴形/细唱丝状/短粗丝状/团形小颗粒	判断磨损类型主要依据
外缘形状	外缘圆滑/外缘形状清晰	判断是否是铁系金属的主要依据
厚　度	薄/较厚/厚	判断磨损类型主要依据
表面形状	圆润/有不规则条纹/有规则划痕/有积压褶皱	判断磨损类型及是否是铁系金属的主要依据
表面颜色	多种颜色/暗白色/黄色/草黄色/红色/蓝色等	判断磨粒材质及磨损状态的主要依据
顺磁性	小颗粒顺磁排列/大颗粒顺磁排列/顺磁方向沉积/非顺磁方向沉积	判断是否是铁系金属的主要依据
沉积位置	位于谱片入口/位于谱片中间/位于谱片出口	判断是否是铁系金属的主要依据

例如，下面三张图片中的磨粒（如图1~3）来自于芳烃部TC201空气压缩机的油样磨粒谱片，图1中磨粒的各特征参量"是、非"判断为：沉积位置为靠近谱片入口；顺磁性为顺磁场方向沉积；排列形式为大磨粒单独顺磁沉积；透光性为不透光；形状为细长丝状；表面形状光滑；外缘形状为清晰；表面颜色为暗白色；厚度为较厚。其中透光性参量是针对磨粒是否是金属颗粒的判断；顺磁性和排列形式两参量是针对磨粒是否是铁磁性材质的判断；形状、表面形状、外缘形状、表面颜色、厚度等参量是针对形成此磨粒的磨损类型的判断。根据对这些参量的判断磨粒自动识别给出的结果为三体切削磨粒。图2中的磨粒，其特征参量中形状为短粗丝状；表面形状为表面有挤压褶皱；表面颜色为多种颜色。由于这些特征参量的给出条件数据不同，磨粒自动识别给出的结果为二体切削磨粒。图1与图2中磨粒之所以存在上述特征参量的不同是由于产生磨粒的磨损类型和摩擦机理不同造成的。二体切削磨粒和三体切削磨粒是两种不同形式的磨料磨损产生的。二体切削磨粒由于黏着磨损或材料失效所造成的摩擦副粗糙表面，较硬凸起会刺入较软的相对表面，在相对运动过程中造成类似切削加工形式产生的。三体磨料磨损由于润滑油中存在外来或自身工作产生的硬质污染物颗粒，当润滑油过滤系统效能降低时，硬质颗粒进入摩擦副两表面之间造成磨损产生三体切削磨粒。

图 3 中的磨粒：其特征参量中形状为细长丝状；表面形状为表面有挤压褶皱，其余参量数据与图 2 中磨粒相同，磨粒自动识别给出的结果为二体切削磨粒，这是由于二体磨料磨损过程中较硬凸起对较软的相对表面同时存在切削和挤压力，造成磨粒表面出现挤压褶皱。上面 3 张图中磨粒虽然都是磨料磨损产生的磨粒，但是它们识别的特征参量是不完全相同的，显然，在判断是二体切削磨粒还是三体切削磨粒上，表面形状参量的加权权重应高于形状参量。

图 1 三体切削磨粒

图 2 二体切削磨粒

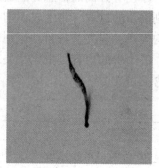

图 3 二体切削磨粒

图 4 是磨粒特征参量自动识别的应用软件界面。

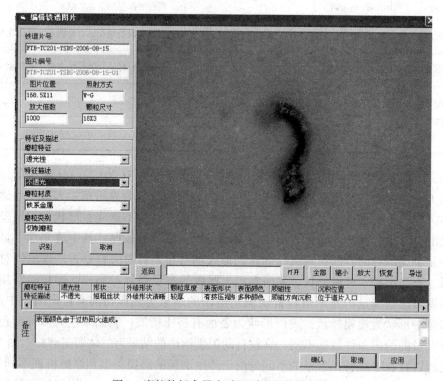

图 4 磨粒特征参量自动识别应用软件界面

4 磨损状态判定

摩擦学是一门新兴的学科，而关于磨损机理的研究更是建立在摩擦学基础之上的新内容。磨损是摩擦副表面在相对运动中，其上物质不断损失的现象。磨损状况分析是在磨损机理的基础上对磨损的宏观认识。而人们通过对磨损表面和磨损产物的微观观测也对磨损机理和区别不同的磨损类型做出解释。实践工作中最常见的是滑动磨损、滚动磨损和冲击磨损。通常每种磨损所产生的磨粒种类和形态是不相同的，通过磨粒判别结合其产生机理，就可以对摩擦副的磨损状况进行判断。当然，在实践生产中对每台设备磨损状况的分析和故障诊断需要经典理论和针对性的经验相结合才能得出。

5　磨损周期分析

设备的磨损周期分为磨合期、正常磨损期和异常磨损期。实践工作中不同行业设备运行的工况和环境不同，其润滑油中磨粒的数量、大小和种类及变化是不相同的，但抓住总的特点结合每台机组特有的磨损变化规律，为磨损周期各节点给出判定值，并根据日常监测数据加以补充、完善，最终实现对磨损周期的判定。

综合考虑上述因素，我们建立了公司几台关键机组的磨损状态和磨损周期分析软件界面，如图5所示，图中磨粒产生机理来源于相关基础理论。变化率参数来源于机组历史数据得出的经验值，它可以通过实践数据和经验积累逐步完善。

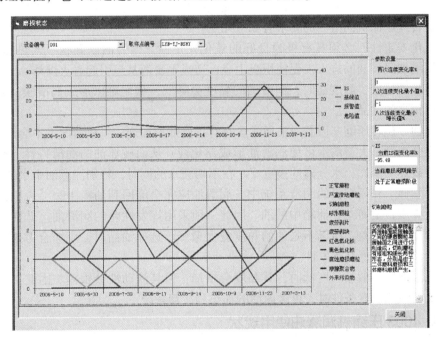

图5　磨损状态和磨损周期分析界面

6　实践应用

在炼油部和芳烃部关键机组的润滑油日常监测中，我们将监测体系的方法加以应用。在磨粒识别方面形成了监测分析人员判别加系统软件自动识别的模式，提高了磨粒识别的准确性及实现了磨粒识别技术和经验共享；在磨损状态分析方面即加入了典型磨粒的摩擦、磨损机理也加入了一些机组特有磨粒的内容，并在实践中不断丰富、完善；在磨损周期分析方面根据以往的实践经验对每台机组给出了分析参数值，同时能够根据日后的监测结果不断修正、完善，以最终实现磨损周期的自动判别。

（中国石化天津分公司机械研究所　山崧）

3. 聚乙烯循环气压缩机润滑油的国产化替代

高速透平机械、大型压缩机等设备广泛应用于石化行业，是石化行业的核心设备，任何一台关键机组发生故障均可能导致重大事故，并造成巨大经济损失。

随着技术的进步，压缩机向高压、高速、长寿命方向发展，这对压缩机性能提出了更为苛刻的要求。为保证压缩机组的高效安全运行，对压缩机润滑油的正确选择和合理使用的要求也日益严格。

根据压缩和输送气体的性质、压力、气量的不同，对压缩机润滑油的要求差别亦很大。合理的使用压缩机润滑油，首先要根据压缩机的类型和操作条件、压缩介质和气体的纯度来选择适当的压缩机油；同时严格控制给油量，定期换油，及时评定油品质量；注意控制排气系统和润滑系统的清洁，充分发挥润滑油的作用，保证机组安全高效的连续运转，满足生产要求。

对于旋转式压缩机润滑油的要求有如下几点：

（1）氧化安定性　必须具有极为良好的氧化安定性。因为油以雾状喷入热的机体内，氧化后黏度增加阻碍油的进入，促使积炭生成，造成不平衡甚至引起着火爆炸。

（2）适当的黏度　温度高时，润滑油的黏度会降低，从而难以形成润滑膜，因此，通常选用黏度稍高的油品。

（3）腐蚀　施转压缩基因润滑油通常含有有抗腐蚀添加剂，一般情况下不会产生锈蚀。

（4）水分离性　大量的水可使润滑油形成浮化液。从而破坏油的润滑特性，严重时可使润滑部位损坏。因此，水分离性很重要。在不切断水的同时，特别注意油中水的含量。

（5）挥发性　在压缩机的润滑系统中，润滑油应完全能回到油箱中去，否则会有大量的润滑油被介质带走而减少油箱中的油。因此，须采用挥发性差的润滑油。低黏度油比高黏度油的冷却作用较差。所以不是油的黏度愈大愈好。选择油品时，应综合考虑，加有添加剂的润滑油，可降低其挥发性。

（6）低温性能　油品温度低时，其黏度会增加，但其流动性会很差。因此，油品选用要考虑其低温性能。有条件时，可考虑油的加热和冷却系统。

1 K-4003 压缩机润滑油使用现状

K-4003 循环气压缩机是烯烃部聚乙烯装置的关键机组。目前，该机组使用的润滑油为壳牌安定来（Shell Ondina Oil）32#润滑油，该润滑油是优质药用级和食品级矿物油，主要由饱和直链烷烃和环烷烃组成。这种油是通过极高的提炼处理方法制成，基本不含芳香烃，可用于要求润滑油纯度极高的制药行业、化妆品制造业及食品加工业中。该牌号润滑油的部分主要的理化指标如下：

密度（15℃）：0.863kg/L；黏度（40℃）：32mm²/s；倾点：-18℃；闪点（开口杯）：226℃；黏度指数：88。

目前该机组润滑油使用中存在的缺陷：

（1）由于目前使用的润滑油没有加抗氧化、抗磨等添加制剂，因此该机组润滑油的润滑性能较差，其抗氧化的能力、黏温性能、抗磨性能等均较低。尽管采取了在油箱顶部加氮气密封，但润滑油的酸值、黏度上升成为影响聚乙烯装置循环气压缩机长周期运行的瓶颈。供货厂家提供的换油周期为两年，目前为使其在规定数据范围内运行，每三个月需进行部分在线换油，一年需1400kg。

（2）该润滑油的黏度指数为88是润滑油中黏温性能较差的牌号。机组各轴瓦实际运行温度在50~75℃之间，因此实际轴承润滑点处的油黏度较低，轴瓦径向承载和抗磨能力均较低。

（3）由于此牌号的润滑油是通过极高的提炼处理方法制成，因此购买成本较其他油品贵2~3倍。

2 润滑油替代可行性分析

1）机组原轴封分析

该机组原设计为机械密封，密封摩擦副介质为润滑油，其进入机械密封腔的压力高于缓冲气压力（见图1），微量润滑油进入缓冲气腔并返回脱气槽。因此，机械密封泄漏的润滑油是与缓冲气相接触的，微量润滑油进入压缩机循环气介质中，因此必须使用没有加抗氧化添加剂和其他制剂的优质药用及食品级矿物，才能保证聚乙烯的产品质量。

2）干气密封改造及使用情况

近几年随着密封技术的发展，干气密封陆续替代了机械密封和浮环密封。该机组在2002年10月检修中，将机械密封更换为由鼎名密封有限公司制造的TM02A型双端面干气密封（密封系统配置示意图见图2）。流程控制及说明如下：

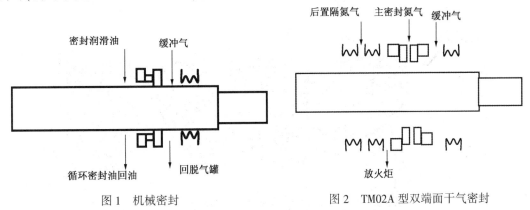

图1 机械密封　　　　　　　　　图2 TM02A型双端面干气密封

（1）主密封氮气　2.8~3.1MPa主密封氮气经控制阀稳压和1μm精度过滤器后，再经过流量计进入主密封腔作为主密封气。压缩机运转时，依靠刻在动环端面上的螺旋槽的泵送作用，形成气膜打开密封端面并润滑和冷却密封端面。主密封氮气消耗量小于等于3.0Nm³/h，密封气进入主密封腔压力与进入缓冲气腔压力差为0.2~0.3MPa。

（2）缓冲气　3.0MPa乙烯气经过滤器、截流孔板、流量计和阀门后进入缓冲气腔，以阻止机内气体扩散出来污染密封端面，因此用来作为缓冲气的乙烯气必需洁净，不含液体，过滤精度达1μm。

（3）后置隔离气　0.5MPa氮气经过滤器和自立式调节阀，达到3μm的过滤精度和0.05MPa稳定压力后进入后置密封腔。进入后置密封腔体内的氮气，一部分经碳环后与从密封端面泄漏的气体混合放火炬，另一部分经碳环后进入轴承回油腔。

从上述系统控制及说明中可以看到，因为干气密封的系统设置的特点，已将润滑油与缓冲乙烯气彻底隔离。在 2005 年装置大检修中，解体该干气密封时看到，经过近 3 年的密封平稳运行，密封完好有效。因此，润滑油污染工艺气的问题已经得到解决，完全可以用润滑性能更好和抗老化能力更强的润滑油代替目前的用油。

3 替代润滑油情况及现场应用效果

在多次论证的基础上，利用 2008 年设备大检修的有利时机，使用长城润滑油公司生产的"SH 合成极压汽轮机油 32#"进行了替代。该润滑油具有优异的极压和抗磨性能，较好的防锈和防腐蚀性能，适用于要求改善齿轮承载能力的发电机、工业驱动装置和船舶齿轮装置及其配套控制系统的润滑及密封，油品的使用寿命极长。其部分理化性能指标如下：

密度（15℃）：0.850kg/L；黏度（40℃）：32mm²/s；倾点：−30℃；闪点（开口杯）：228℃；黏度指数：131。

从 SH 合成极压汽轮机油 32# 的理化指标比较来看，40℃ 黏度等级一致，黏度指数和抗氧化安定性优于壳牌安定来（Shell Ondina Oil）32# 润滑油，该油品对改善目前机组轴承润滑性能有重要作用。

该机组大修后于 2009 年 3 月 6 日顺利开车，通过对机组在线振动监测系统 S8000 所采集的数据（机组测点布置见图 3）进行分析可以看出，机组在开车过程和正常运行后，机组各测点的转子轴振动和轴瓦温度均在正常范围内，机组各测点的振动特征频谱与机组大修前相比也无明显变化，开车后机组运行状态良好。说明本次润滑油的取代效果良好（进行润滑油取代前和使用新润滑油取代后机组的振动变化趋势见图 4）。

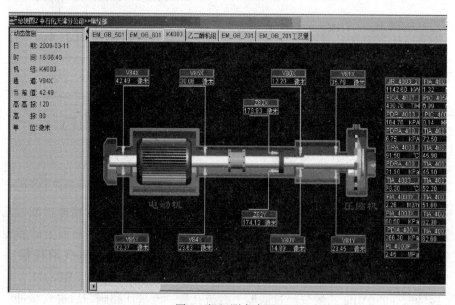

图 3　机组测点布置

目前，壳牌安定来（Shell Ondina Oil）32# 润滑油单价为 38000 元/吨（规格：180 公斤/桶），长城 SH 合成极压 32# 汽轮机润滑油单价为 16000 元/吨。该机组一次换油量约为 2900kg，并可达到四年长周期运行；按四年检修周期核算，可直接节省油品采购费用 28 万元。

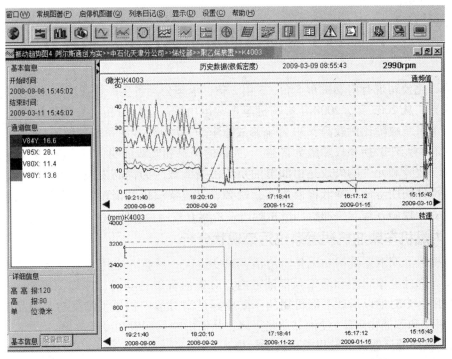

图4　润滑油取代前和使用新润滑油取代后机组的振动变化趋势

4　结论

从上述分析及现场应用效果可以看出，选用"SH 合成极压汽轮机油 32#"进行润滑油国产化替代，能够改善 K-4003 循环气压缩机的润滑状况，满足机组长周期安全稳定运行的要求，同时可以节约润滑油采购成本，大大降低机组安全运行的成本，具有十分明显的经济效益和社会效益。

（中国石化天津分公司机械研究所　屈世栋；

中国石化天津分公司烯烃部　马健和）

4. 内燃机车柴油机润滑系统污染控制探讨

天津石化公司现有内燃机车 5 台，3 用 2 备，承担公司各生产作业部产品原料进出厂铁路运输任务，从 2007 年、2008 年影响机车正常运用故障统计分析，柴油机故障占大部分，且机油润滑系统故障比例较高，30 件临修故障中 16 件为润滑油系统的故障(其中以固体颗粒污染引起的元件磨损和故障最为普遍)，大量的资料和实践证明，柴油机及增压系统的非正常磨损、故障和元件的失效是由润滑油系统污染所致。为提高内燃机车柴油机工作的可靠性和零部件使用寿命，降低检修成本，就必须弄清柴油机润滑系统污染产生的途径，选择合理有效的控制方式对柴油机润滑系统污染采取有效防范措施。

1 内燃机车柴油机润滑系统污染现状分析

柴油机机油润滑系统的功用是将清洁、温度适宜、具有一定压力及流量的机油送至柴油机各运动部件摩擦间隙和活塞顶部油道内，对柴油机进行润滑、冷却、清洗、密封。润滑油在使用一个时期以后就不能再用的主要原因是润滑油中积累了污染物及油品本身的化学物质(氧化和添加物降解)使油品质量下降，从而影响其润滑和冷却效果。

1.1 机油滤清器过滤效果差引起的污染

柴油机工作时，摩擦副表面的合金、金属颗粒以及进入柴油机燃烧室的空气所携带的部分沙尘，还有燃烧过程中形成的积炭颗粒，都会污染机油，如果机油滤清器效果差，就不能及时清除掉这些污染物，直接危害柴油机零部件的使用寿命，并且使润滑油的机械性能下降。目前铁路系统内燃机车润滑油滤清器滤芯使用的材料多为无纺布、普通滤纸、复合滤纸、聚酯纤维与超细玻纤复合滤材。我公司机车曾经使用过无纺布材料的滤芯，滤清效果很差，经过对滤芯分析，发现滤芯的无纺布材料结构松软，纤维之间不固定，孔径随着流量发生变化，类似棉花套，很难将杂质有效截流。经山海关机务段对我公司东风 5 型 1480 号机车大修实测，无纺布材料滤芯过滤效率一般在 5%～50%，过滤精度低于 $80\mu m$。另外滤芯的制造工艺也决定了滤芯过滤效果，比如黏结工艺的好坏、滤材折叠工艺及外形尺寸等都直接影响滤芯过滤质量。个别滤芯在制作过程中存在严重缺陷，有的滤芯黏结剂在燃油中浸泡后变软，这种劣质滤芯安装在柴油机润滑系统内，起不到有效过滤作用，使大量杂质随机油进入柴油机各摩擦副，进而对柴油机造成危害，影响柴油机正常使用。

1.2 空气滤清器结构设计不合理引起机油污染

当空气滤清器效率低时，空气中大量灰尘进入汽缸，会造成柴油机运动摩擦件和机油寿命缩短，一般认为，如果进入柴油机汽缸的空气滤清精度达到 $0.001g/cm^3$ 时，粒度小于 $5\mu m$ 时，(称为技术清洁空气)磨粒对气缸套的磨损很小；当进入汽缸的有害颗粒的当量直径在 $15～20\mu m$ 时，缸套磨损加剧。我公司东风 5 型机车空气滤清器为钢板网式，其滤清效率与储尘量有关，随滤网上的储尘量增加，滤清效率逐渐降低，在一个清洗周期中(季度)平均效率不高，当积尘量超过钢板网储尘能力后，效率更低，特别是大港地区，空气含砂量大，这种滤清器给机车带来的问题更为明显，在一个检修期内，柴油机汽缸套磨耗可达 0.2mm，以致使缸套、活塞间隙加大，使杂质颗粒进入油底壳污染机油，进而造成柴油机元件损坏、机油再次污染的恶性循环。

1.3　柴油机系统在加工、装配、包装、储存中残留有污染物

检修后的柴油机机体内污染物(如金属屑、焊渣、清洗剂等)来源主要是柴油机配件及机体等在冲洗后的搬运、存放过程中有很大一部分呈暴露状态,空气中的尘埃或人为污物又会使这些配件和机体遭到二次污染。一台柴油机的组装,需要十几个人通过各工序的有机衔接工作 5 天时间完成,工作者不可避免通过使用的工具、手、鞋等媒介将脏物带进柴油机机体内,使柴油机受到再次污染,进而造成机油系统污染。

综上所述,柴油机润滑系统污染途径主要包括:

(1)柴油机及增压器系统在运转中生成污染物,如元件磨损产生的磨屑、锈蚀剥落物、油液氧化和分解产生的颗粒胶状物质等对机油系统进行污染;

(2)进气系统污染后通过柴油机活塞环和缸套的间隙进入机油润滑系统;

(3)燃油燃烧不充分产生灰粉或积炭以及燃油中的添加剂通过柴油机活塞环和缸套的间隙进入机油润滑系统,添加剂经高温(80℃以上)加热而分解,产生有害化学物质;

(4)柴油机检修、加注机油、设备维修保养环节对机油系统直接造成污染。

2　机油系统污染带来的危害

所有机械设备的相对运动部件都需要润滑和冷却,机械设备的工作性能、可靠性及使用寿命主要取决于两个方面的因素:一是元件结构设计和工艺质量;二是系统内润滑油的清洁度。

有研究表明,机械设备功能失效 50% 归于磨损,美国 Massachusetts 技术学院的一项统计资料指出,修理机械磨损所致的损坏所需费用约占全国总产值的 6%~7%(2400 亿美元)。而磨损主要是由于系统油液内固体颗粒污染造成。

(1)固体颗粒。进入润滑油中的固体颗粒主要指灰尘和沙土及磨损的金属颗粒,它们能随机油循环,引起快速磨损。固体颗粒对系统和元件的损坏是以硬质固体颗粒、软质固体颗粒、纤维三者为基础。硬质颗粒引起元件迅速突发性失效,如严重划伤、压痕以及系统小通路堵塞,运动偶件卡滞,软质颗粒则会由于在动态间隙中堵塞及沉积引起磨蚀,增加运动部件的运动阻力,甚至卡死,纤维则黏附在滤网及孔口上,导致寿命降低,系统失效。

(2)结胶污染。柴油机汽缸在工作时产生的高温和摩擦副接触点的瞬间高温(均达1000℃以上),均可使机油氧化变质而生成胶质。进入润滑油中的水分和燃油会使机油乳化和稀释。油中的水分子与金属氧化物作用会产生酸性物质,与油中添加剂作用会产生结胶沥青等沉淀物,这些有害物质的产生使机油老化变质,变得又脏又黑,黏度迅速下降,油膜难以形成和保持,出现半干摩擦或干摩擦状态,使黏着磨损加剧。当温度超过材料熔点时,便会发生熔黏而导致咬死或片状撕裂,当活塞运动到上、下死点位置时速度为零,油膜的承载能力被破坏,便会使缸套磨损,总之,污染变质大大降低了润滑油原有机械性能,使机油系统作用不能正常发挥,进而导致柴油机故障频发。

(3)对于内燃机车而言,润滑系统所指元件,主要包括柴油机和增压器两个主油道所涉及的零部件,因磨损带来的直接危害主要归纳为如下几个方面:

①　机油泵、滑动轴承铜套表面耐磨层磨损和剥离。

②　曲轴主轴承、曲轴颈和轴瓦因磨损使间隙变大,使润滑油膜厚度达不到规定要求而出现故障。

③ 连杆大端(曲轴)和小端(活塞销)因磨损影响润滑油膜厚度,出现烧损等故障。

④ 活塞环和气缸套因磨损使间隙变大甚至拉缸,影响工作压力。

⑤ 凸轮轴、轴套和轴颈因磨损出现故障。

⑥ 增压器轴承、增压器工作转速高(3000r/min甚至更高),因磨损影响油膜建立使润滑和冷却不足,导致温度升高而烧损,进而影响柴油机正常工作。

3　柴油机润滑系统污染控制措施

3.1　污染控制措施

柴油机润滑系统污染控制的基本内容和目的是:通过污染控制措施使机油污染度保持在润滑系统内关键元件的污染耐受度以内,以保持机油润滑系统工作可靠性和元件使用寿命。

提高元件工作可靠性和使用寿命主要有两个途径:一是提高元件污染耐受度,二是采取有效污染度控制措施降低机油污染度。元件污染耐受度主要取决于元件污染敏感度和工作条件,从设计因素考虑,提高元件污染耐受度应采取以下措施:保证合理的运动副间隙和润滑状况;合理选择材料和表面处理工艺,提高摩擦表面的抗腐蚀性等。从管理角度出发,加强机油污染控制措施,降低机油污染度,是提高元件工作可靠性和寿命的经济而有效的途径。表1列出针对可能的污染物所采取的污染控制措施。

表1　污染源与污染控制措施

污染物类型	污染源	控制措施
固有	元件加工装配残留污染物	零件出厂前清洗要达到规定的清洁度,对受污染的元件在装入系统前进行再清洗。
	管件、油箱残留污染物	组装前对管件和油箱进行清洗(包括酸洗)
	系统组装残留污染物	组装后循环清洗,使其达到规定的清洁度要求
外界侵入	换油或补油	认真执行三级过滤的措施
	油箱呼吸孔	采用密封油箱
	维护、检修、更换	保持工作环境和工具清洁;彻底清除与机油不相容的清洗剂和脱脂剂,维修后清洗过滤各系统,循环过滤机油
	侵入水	脱水处理
	侵入空气	排放空气
内部生成	元件磨损物	过滤
	机油氧化产物	去除机油中的金属微粒和水,抑制机油氧化

3.2　机油滤清器使用和改进建议

ND5型机车机油滤清器的精度为10μm,原西德进口机车机油滤清精度为7μm,这些车都配备了较精细的滤清装置,故其汽缸寿命可达百万公里,而东风5型机车机油滤清精度仅70μm,因此机油中含有大量磨粒,污染严重。机油滤清器使用和改进建议如下:

(1) 使用符合要求的滤芯,提高滤清精度。东风5型柴油机传动部件之间的间隙较大,15μm以下的污染颗粒通常不会对其摩擦副表面造成大的危害,因而滤芯滤清精度控制15μm以上的污染颗粒。

（2）滤清器应设置安全阀和旁通管路，一旦滤芯压差达到规定值即开通（100kPa），保证机车正常工作，同时避免滤芯因压差过高而破裂。

（3）滤芯在清洗和封装后，应确保滤芯和工具的清洁。

（4）加强对机油滤清器工作状态的检查，在机油滤清器上盖加设玻璃检查孔盖，这样就可以观察到机油滤清器实际工作状态，便于及时维护和更换。

3.3　空气滤清器改造

网板式空气滤清器在风沙大的地区，显现出一定缺点，从而造成有关部件非正常磨损，建议安装两级空气滤清器，第一级旋风筒式滤清器作粗滤用，第二级用纸质滤清器。纸质滤清器有两方面的优点，其一是比钢板网滤清器效率高，滤清效率高达99%以上，其二是堵塞终了时，其效率也不下降，避免了钢板网式滤清器当积尘量超过储尘能力时，其效率下降的弊端。经我部 DF51380 号机车实际运用表明，换用两级滤清的机车在一个架修期内汽缸套磨耗甚微，均不超过 0.03mm，大大减少柴油机运动摩擦件的磨损。

3.4　油箱和管路净化

油箱和管路是柴油机润滑系统的重要组成部分，其清洁与否对整个机油润滑系统污染状况有直接影响。经大修后的柴油机，油箱和管路表面残留的焊渣和腐蚀物一般用机械方法清除；管道内壁的污染物可用管道内通压力蒸汽方法清洗；对于牢固黏附在油箱和管路内壁的氧化物则必须采用酸洗方法。柴油机组装后应进行全面清洗，以清除在系统组装过程中带入的污染物。在清洗完成后，排尽清洗机油，加入清洁机油。

3.5　管理措施

（1）建议制定科学有效管理规范。现阶段，机车润滑油管理参照《铁路机车运用规程》相关标准执行。应结合机车中小修的实际，进一步完善有关零件的清洗、清洁度等级和评定，机油润滑系统的清洗、清洁度的评定等机车检修管理细则。每月应采用铁谱分析仪对运用机车机油的污染状况进行监控，对机油的清洁度进行定期检测，发现超高控制标准，立即采取必要的措施。

（2）从内燃机车司机维护保养方面控制。专门指定有责任心的司机对机车柴油机进行维护保养，新油加注时必须严格执行三级过滤制度，进行有效过滤。同时要求司机在机车工作状态出现异常时及时反馈，联系修理人员及时处理，每月清洗柴油机机油滤清器，每季度清洗空气滤清器，以利柴油机正常润滑，消除对运动摩擦件工作性能的影响，力求减少故障发生。

（中国石化天津分公司　张彦军）

5. 改善紧张热定型机润滑效果方法探讨

紧张热定型机是短丝生产的重要设备。其主要作用是：与第二牵伸机及蒸汽箱共同完成对丝束的第二次牵伸，并对丝束进行干燥和紧张热定型。整台设备由 19 个辊组成，分为四个工作区，每个工作区分别由 5/6/4/4 个辊组成。各辊内通入中压蒸汽，其中 I、II 区通入 1.6MPa 蒸汽，III、IV 区通入 2.2MPa 蒸汽。每个区分别通过由变频器控制的电机驱动，经传动箱内齿轮传动到每个辊。传动箱由专门的润滑油循环系统进行润滑，润滑油牌号为：重庆一坪 SH5220，润滑方式采用油嘴喷淋。由于传动箱内温度高（I、II 区辊表面温度为 195℃，III、IV 区辊表面温度为 210℃），为防止齿轮及轴承过热损坏，在润滑油循环系统中安装了冷却器，对润滑油进行冷却降温，使润滑油温度控制在 80℃ 以下。紧张热定型机设备技术参数见表 1。

表 1 紧张热定型机设备技术参数

序号	内　　容	参　　　数
1	外形尺寸	100800mm×4700mm×2205mm
2	辊筒外形尺寸	φ800mm×1660mm
3	前轴承型号	23184EAK. M. C3
	后轴承型号	23164KMB. C3
4	牵伸力	175kN
5	润滑油牌号	长城 SH5220
6	润滑油温度	max 80℃
7	润滑油压力	max 0. 8MPa

1 问题的提出

紧张热定型机齿轮箱及润滑系统如图 1、图 2 所示。润滑油循环系统由润滑油泵、过滤器、冷却器、润滑油喷嘴、温度表、压力表及控制系统等组成。油泵将箱体内润滑油吸入油管，经过冷却器冷却后，经过滤器过滤后送入箱体，在各区经分支管线分配后由喷嘴对各润滑部位进行喷淋润滑。箱体内润滑点共 71 个，其中 I 区润滑点为 19 个，II 区润滑点为 24 个，III、IV 区润滑点各为 14 个。在实际生产中，由于个别喷嘴堵塞，造成其润滑部位缺油而发生点蚀现象，由于设备载荷大（175kN），进而造成轴承开裂导致设备损坏而停车。由于此设备零部件较大，而检修空间又非常狭小，检维修作业非常不便，停车检修耗时长且备件昂贵，给企业造成的损失非常大。因此，如何杜绝因润滑不良而造成设备损

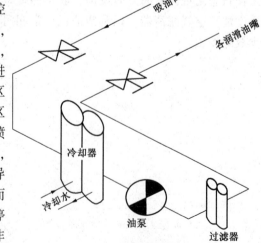

图 1 齿轮箱润滑系统简图

坏成为一个亟待解决的问题。

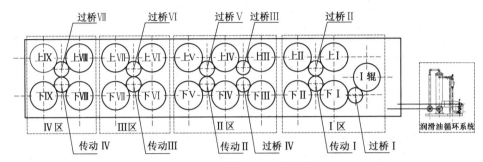

图 2　紧张热定型机齿轮箱简图

2　改善方法探讨

2.1　提高滤网过滤精度，减少润滑油中杂质数量

由图 1 可知，润滑油经过滤器过滤后直接喷淋到各个润滑部位，完成一个循环过程。润滑油在润滑系统中不断地循环流动，各传动部件磨损后的微粒也被不断地冲入到润滑油中，滤网的过滤精度直接影响润滑油的润滑性能。

考虑到提高滤网精度后，由于其过滤面积相对减少，润滑油的流量降低，造成润滑效果不好，因此必须增大过滤面积。将过滤器面积增大 50%，在使用过程中流量无明显变化，使润滑油过滤精度显著提高。

2.2　增加旁滤系统，继续提高过滤精度

由于紧张热定型机润滑系统设置有压力高报设置，如果再继续增大过滤网的精度，将会导致使用中润滑系统频繁高报，给生产带来不便。利用老区现有设备，组装一套润滑油旁滤系统，如图 3 所示，滤芯选用过滤精度由原来的 80 目提高到 120 目的过滤网，将过滤精度大幅度提高。

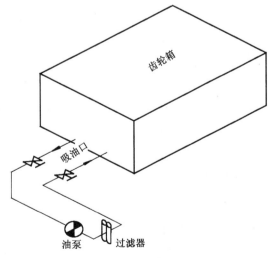

图 3　旁滤系统简图

2.3　简化换滤网操作，杜绝杂质堵塞油嘴

原润滑油过滤器底部安装有丝堵，更换滤芯操作时，需用工具拧开丝堵，将过滤器内

脏油放净，避免脏油进入过滤器后系统内，操作比较麻烦，且丝堵拆装多次容易损坏。为方便操作，将丝堵改为阀门结构，操作时只需打开阀门将脏油放净后即可更换滤芯。

2.4　安装在线监测系统，实时监测轴承运行状态

紧张热定型机箱体庞大，结构复杂，工作环境恶劣。在生产运行时巡检人员无法对每个轴承的润滑状态进行检查。车间引进了一套在线轴承运行状态监测系统，在每个轴承座下安装了监测头，对轴承运行时的温度及振动进行在线实时监测，一旦发现异常情况，及时停车进行处理，减少轴承因巡检不到而造成损坏的情况。

2.5　制定润滑油过滤器滤芯更换清洗操作规程并严格执行

保运人员在进行润滑油过滤器滤芯更换清洗操作时，由于缺少操作规程，个人随意性较大，滤芯更换清洗不规范而直接影响润滑质量。如果操作不当，滤芯上附着的污物进入喷淋油嘴，将会造成喷淋油嘴堵塞而使轴承缺油磨损而损坏。

3　结论

通过润滑系统的改造，紧张热定型机齿轮箱轴承磨损得到了初步改善，将进一步跟踪运行情况并摸索改进经验。

（中国石化天津分公司　陈大军）

第二章　油雾润滑技术应用案例

6. 油雾润滑技术应用及其存在问题的应对措施

　　油雾润滑作为新型的、先进的润滑方式,其耗油量低、润滑效果均匀良好、设备故障率低等独特的优越性已被越来越多的企业所认识。但是油雾润滑系统也有其自身的不足,了解系统的优缺点是油雾润滑装置得以正确推广应用的基础。在石油石化行业,装置机泵均为机泵群,由于数量多、维护人员作业量大、油液浪费大,更为不利的是运行机泵润滑油变质在更换时,极易造成事故,因此中海炼化一些装置在设计初期就采用了机泵群油雾润滑系统。中海炼化惠州炼化分公司11个单元装置共401台机泵使用了符合 API 610 标准的油雾润滑系统。通过三年多运行实践,发现了很多问题,积累一些经验,下面就应用情况浅谈一些自身的体会,共大家分享。

1　油雾润滑的工作原理

　　油雾润滑系统是一种集中供油润滑系统,它能产生、传输并自动分配润滑油,组成包括上位监控计算机、主机、管路、凝缩嘴、集油盒等。

　　油雾是指在高速空气喷射流中悬浮的油颗粒。油雾润滑系统是利用流动的干燥压缩空气在油雾发生器内通过一文氏(Venturi)管或利用涡旋效应,借助压缩空气载体将液态润滑油雾化成悬浮在高速空气(约 6m/s 以下,压力为 0.25~0.5MPa)喷射流中的微细油颗粒,形成空气与油颗粒的混合体即干燥油雾。图1为油雾发生原理图。

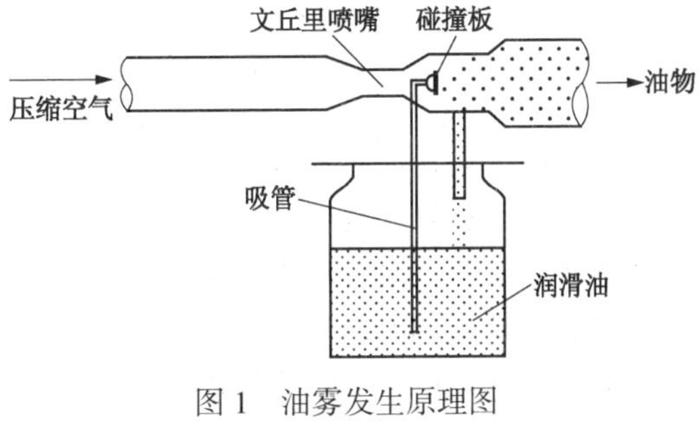

图 1　油雾发生原理图

2　油雾润滑方式

　　油雾润滑方式分纯油雾润滑和清洗型(吹扫型)油雾润滑两种。

2.1　纯油雾润滑

　　纯油雾润滑也称"干箱式"油雾润滑(见图2),轴承箱中没有油位,由油雾提供润滑,适用于滚动轴承。

2.2　清洗型油雾润滑

　　清洗型(吹扫型)雾化油润滑则称"湿箱式"油雾润滑(见图3),油位仍保持一定水平,油雾充满并流过油位以上的空间,仍用传统的内设溅喷润滑装置的油腔来提供润滑油以润滑轴承表面。在纯油雾润滑和清洗型油雾润滑技术中,轴承箱内都始终保持一定的压力,这样可以阻止外部污染杂质的进入,并使外露的轴承表面包裹上一层油膜。清洗型雾化润滑适用于滑动轴承、变速箱以及其他一些设备。这些设备都需要维持油槽中的油位。

3　油雾润滑系统的优势

相比于油浸和油脂润滑方式，油雾润滑技术具有较大的经济优势，还具有降低生产风险及技术上的优势。中海炼化惠州炼化分公司在 2006 年建设初期就根据现场机泵布置情况，结合机泵在装置中的重要性最终确定 11 个单元装置共 401 台机泵采用了 LubriMist-IVT 油雾润滑系统。其中，101 单元常减压装置采用油雾润滑 41 台，102 单元催化装置 41 台，103~105 气分、烷基化、MTBE 装置 46 台，106 单元加氢裂化装置 30 台，107/108 煤柴油加氢装置 50 台，111 单元芳烃联合装置 90 台，112 单元延迟焦化装置 45 台，113/115/116 脱硫联合、硫磺回收、酸性水汽提 56 台。三年来的使用表明，与其他润滑方式比较，油雾润滑具有许多优越性：

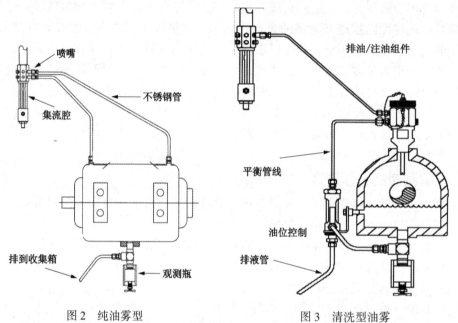

图2　纯油雾型　　　　　　　　　　图3　清洗型油雾

（1）由于运送油雾流仅需要 0.03~0.06MPa 的压力，使充满油雾的轴承腔存在微小的正压，可以起良好的密封作用，避免了外界的杂质、水分等侵入摩擦副，从而保证轴承箱和轴承润滑干净，改善润滑效果。

（2）颗粒极小的油雾能更好随压缩空气弥散到所有需要润滑的摩擦部位，甚至可以在润滑部位充分发挥油雾和摩擦副之间的分子亲和，起到良好的润滑效果，延长轴承寿命。

（3）油雾润滑系统压缩空气比热小、流速高，很容易带走摩擦所产生的热量。相对其他润滑形式的机泵，油雾润滑能够在金属表面形成润滑效果更好的层油膜，减小了摩擦及发热，使轴承温度下降 5~12℃，对某些机泵甚至可关闭其轴承套的冷却水。

（4）油雾润滑有效地利用设备集中润滑优势，因此可以减少设备加补油频次，降低机泵维修劳动强度。

（5）对于 A/B 泵配置(一用一备)及季节性运转的机泵，在备用期间整个轴承腔仍得到充分保护，确保了备用设备完好备用。

4　系统应用中存在问题及应对措施

经过三年来使用油雾润滑系统实践表明，虽然油雾润滑有着许多的优点，但我们也应该看到在推广这项技术的同时存在着许多应用上的不足，对其应引起足够重视。扬长避短，节能增效，才能更好地为企业生产服务。

比较突出问题是高温泵、轴承箱油腔大的泵及系统末端的机泵，其轴承磨损磨粒细小难以排除，长期累积影响润滑效果，且油雾润滑系统日常检查难以发现。2012 年通过对关键机泵定期的振动监测结合润滑油铁谱分析发现机泵轴承磨损，及时排查 120 台油雾润滑系统的重点机泵发现有 48 台设备存在问题，从油液铁谱分析谱图看出轴承箱有许多典型的陈旧磨损磨粒(见图 4)，有 2 台次机泵由于油雾润滑不足造成轴承保持架严重磨损，幸亏我们通过振动监测结合铁谱分析及时发现问题，才避免了恶性事故的发生。通过几次设备拆检和经验积累，我们发现油雾润滑系统存在以下劣势：

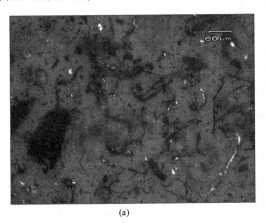

(a)　　　　　　　　　　　　　　　　　(b)

图 4　典型的磨损铁谱分析图谱

(1) 对轴承的清洗作用不十分明显。尤其是设备功率较大的大型轴承，容易在轴承表面和保持架部位堆积黑色的磨损颗粒和异物。

(2) 由于没有看窗和回油液位，不易观察到油质及轴承磨损状况，往往容易忽视异常的轴承磨损。

(3) 同样的油雾润滑系统，不同的轴承运行空间，其润滑效果是不同的。大型轴承和轴承箱空间较大的环境存在保持架润滑不良的情况。

(4) 恶劣工况下(振动、气蚀、轴承质量差、轴承环境脏、超温、窜动等)，轴承的耐用性呈明显下降趋势。

(5) 回到集油箱的油品已经受到水分和杂质的污染，不能得到回收利用，不能起到节油效果，油品消耗较大。备用泵不能从系统中切除，同样造成较大浪费。

(6) 油雾喷嘴的选型和安装位置对轴承的润滑效果影响较大。

(7) 系统的首端和末端的润滑效果不同。

为了确保关键机泵长期稳定运行，我们认为油雾润滑系统在使用维护中应该注意以下几个方面的问题：

(1) 机泵切入油雾条件：

① 新泵投用或机泵检修后，单机试运前必须先用稀油润滑进行转动冲洗。转动冲洗加

油量、油位按浸油润滑加油定量标准加油，当转速>3000r/min 时，油位应在轴承最低位置的滚球中心，或稍低于轴承最下部滚球中心；当 1500r/min<转速<3000r/min 时，油位应在轴承最下滚球中心以上，但不超过球子上缘；当转速<1500r/min 时，油位应在轴承下部滚球中心的上缘。

② 转动冲洗每次不得超过 15min，轴承温度不得超过 55℃。

③ 稀油转动冲洗用轴承箱下部放油，以检查是否冲洗干净。如果排放出来的油不干净应将轴承箱的脏油排尽，再次加油转动冲洗。

④ 转动冲洗合格后切换为油雾润滑，投运 5~10min 后放净轴承箱内存油。

⑤ 初次投用油雾润滑，各机泵应在通入油雾后 1h 启动。

（2）油雾的输送距离不宜太长，一般在50~80m 较为可靠，最长不得超过100m，否则系统末端泵油雾压力低，不能及时排除磨损磨粒，影响润滑效果，容易造成事故发生。对于末端润滑不足的机泵，要及时改为稀油润滑或吹扫型。

（3）对采用油雾润滑机泵的轴承箱定期用润滑油强制冲洗，及时排除累积的磨损磨粒，确保轴承箱清洁及轴承运行良好。建议每 2 个月对机泵进行切换，利用切换机会，对轴承箱进行不小于 2h 的稀油运转冲洗，检查轴承箱冲洗情况，发现问题，及时处理。

（4）设备巡检过程中，要及时检查轴承箱集油杯的油质情况，一旦发现油质浑浊和变色，就要对轴承部位进行清洗或拆检。检查集油杯的集油量，如果集油量过少，可能存在润滑不足的问题。

（5）高温泵、轴承箱油腔大的机泵，其轴承磨损磨粒细小难以排除，长期累积影响润滑效果，且油雾润滑系统巡检难以发现。高温泵、轴承箱油腔大的机泵以及油雾系统末端泵应采用吹扫型的润滑方式，不宜用纯油雾润滑形式。

（6）对关键机泵定期进行振动监测结合润滑油铁谱分析抽查，及早发现故障隐患。加强对现场的巡检、检修和状态监测管理，对出现振动异常的机泵每周都要进行分析。

（7）对全年轴承故障情况进行统计和分析，掌握设备故障的原因和规律，从中吸取经验和作好总结。

5 总结

油雾润滑技术作为一种低成本、安全集中的润滑系统，有着许多的优越性，但在广泛推广的同时，我们也应该深刻地认识到油雾润滑系统的局限性和不足，特别在系统装置的安装、使用和维护上，对每个企业都是一项全新的挑战。每项技术都存在优势和不足，只有充分认识到事物的本质，合理利用，取长补短，不断地实践和摸索，新技术才能得到广泛的发展和应用空间。

（中海炼化惠州炼化分公司设备管理中心　陈兆虎，田宏光）

7. 油雾润滑技术及应用实施

　　油雾润滑技术是一种能连续有效地将油雾化为小颗粒的集中供油方式，将适量加压后的润滑油雾输送到轴承和金属表面形成一层润滑油膜，以提高润滑效果并延长机械寿命。它产生、传输、并自动分配润滑油。对转动机械实现油雾润滑，在专利的雾化部件和计算机技术结合后，油雾润滑技术安全可靠方面得到了保障，也促进了应用发展。目前的油雾润滑系统利用压缩空气能量雾化润滑油，使它们转变成微米级的微小的粒子，这种油雾微粒在系统中形成一种稳定的悬浮物，通过管道能较长距离地输送到要求润滑的部位。图1为雾化部件示意图。

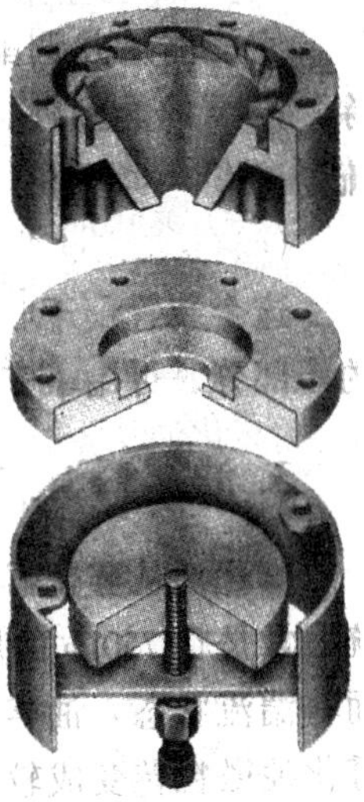

图1　雾化部件示意图

1　油雾润滑技术与传统润滑技术的比较

　　（1）轴承故障减少90%　运用油雾润滑技术，已经证明会减少停机时间，减少维修带来的麻烦。许多用户在用油雾润滑技术取代了传统的油槽、油脂后，凡与轴承润滑有关的故障最多可减少达90%。

　　（2）润滑油用量降低40%　润滑油的节省是由于对每个轴承进行准确定量的润滑油供应，每天少量的润滑油以油雾状润滑所起的作用要优于油槽中的更多量的润滑油。统计数据表明采用油雾润滑技术后润滑油的用量最多可以降低40%。

　　（3）设备的轴承温度下降　运用油雾润滑技术后，轴承运转温度更低。轴承转动而搅拌润滑油所产生的摩擦也会排除。这样，相应产生的热量会减少，能耗也随之下降。一般轴承的运转温度最大可以下降10～15℃，较低的运转温度可以延长轴承的使用寿命。

　　（4）轴承箱内的污染物被排除　引起过早轴承故障的2个主要原因是轴承表面的腐蚀和磨损。当水或其他腐蚀剂与轴承接触的时候，会发生腐蚀。当润滑油中所存在的固体颗粒(特别是直径接近于关键间隙尺寸的硬颗粒)被送到两个正在滚动的部件表面时，则会产生磨损。由于雾状润滑油能在轴承箱内维持较小的正压，外来的污染物和腐蚀剂会被排除。从中心雾化器产生的油雾微粒的直径通常小于设备的关键间隙尺寸，这样不会有其大小接近于危险尺寸范围的微粒进入装置。而且，在纯正型的雾化油润滑系统中，无油槽，从轴承箱、轴承自身、转轴产生的磨损微粒被连续不断地从轴承表面冲走，这样就保证了润滑油的清洁。已经用过的含有污染物的废油不再喷回轴承。这样，雾状润滑系统很好地排除了这两个与润滑油有关的轴承故障的起因。

　　（5）提高效率，节约人力　雾状润滑系统是一个集中系统，其中仅有一台主要部件：中心雾化器。这个中心雾化器的标准配置是通过一套微处理器控制的监控仪表，控制雾化油的产生和分配。它能为整个系统自动连续地提供清洁的不含污染杂质的雾化润滑油。操作人员只需定期检查系统而不再需要设专人去负责检查和维持油位，也不需添加油脂或更换油槽中的润滑油。

2　油雾润滑系统的组成

（1）油雾发生及控制部分　油雾的雾化采用一种涡流雾化工艺，它具有高效性和抗阻塞性；油雾的控制则是一套微处理器单元；该部分还包括有储存油箱，输送设备和加热设备。

（2）油雾输送及分配部分　从主控器至各注油点的连接为油雾输送管至分配器，经过喷嘴接到注油点。管件由经过洁净材料制作的主管和分支管线构成，油雾分配器上连支管下接一台泵的注油点，将雾化油分配到润滑点。每个分配器可以供应6个润滑点。

（3）油雾节流器　它能测量并调配输送到润滑点的雾化油量，也能将干性雾化油转变成湿性雾化油。除"雾化"的类型外，还可选择喷射式、压缩式或定向式。每个润滑点各要求有一个节流器。

（4）雾化油收集容器　这个装置用于收集从轴承箱排出的凝结油。它一般也是另外一套油回收系统的油收集器的一部分，可用于安排对回收油的重复利用。

3　油雾润滑主要原理和选型说明

雾化油从雾化器的顶部流出，先后经过雾状油分配器和输油管输送到润滑部位。这个系统通常是在750Pa的压力下运行，具有较低的系统压力，总管可长达180m。流体维持紊流而非湍流状态。油雾抵达润滑部位前，雾化油通过一个节流器，将从雾化器产生的非常小的雾化油微粒转变成较大的微粒，以便更有效地浸湿轴承表面，一个轴承所需的润滑油越多，所需的节流器上的喷嘴就越大。

油雾润滑方式分纯油雾润滑和清洗型油雾润滑两种：

（1）纯油雾润滑，也称"干箱式"油雾润滑。轴承箱中没有油位，只有雾化油提供润滑，适用于滚动轴承。该雾化润滑优点在于：

① 由清洁而新鲜的润滑油冲洗润滑轴承；

② 排除污染杂质和磨损微粒返回轴承的可能性；

③ 不需要检查和维持恒定的油位；

④ 泵不存在敞口使润滑介质不污染，不需人工换油；

⑤ 无需排放或更换润滑油，降低工人的劳动强度；

⑥ 消除了因轴承和抛油环搅拌润滑油而产生的热量，使轴承运转温度更低；

⑦ 润滑油不需要冷却，可以取消轴承箱的冷却水。

（2）清洗型油雾润滑，则称"湿箱式"油雾润滑。油位应保持一定水平，雾化油应充满并流过油位以上的空间，仍用传统的内设溅喷润滑装置的油腔来提供润滑油以润滑轴承表面。在纯油雾润滑和清洗型油雾润滑技术中，轴承箱内都始终保持一定的压力，这样可以阻止外部污染杂质的进入，并使外露的轴承表面包裹一层油膜。清洗型雾化润滑适用于滑动轴承、变速箱以及其他一些设备。这些设备都需要维持油槽中的油位。

工业中的许多装置都能有效地使用油雾润滑技术，在大多数的情况下，使用油雾润滑技术不需要对设备内部重新设计或加工。雾化油可通过油口或直接喷到润滑表面。对烃加工的一些新型装置，API 610发表了适用于雾化技术的泵设计的详细说明书。

4　油雾润滑技术项目实施指导

如何快速、有效、可靠地对石化厂机泵实施油雾润滑，其过程对于首次应用的用户而言，诸如技术的可靠性、安全性能、油晶的选用、环保问题、实施工作量、施工周期、服务、质量保证等，都是受关注的。

1）基础数据提供

（1）待实施机泵的确定

实施对象的确定由用户定位，从油雾润滑的适用性而言是宽阔的，但从经济性角度考虑的因素有：①集中布置的机泵优先考虑；②离心式机泵优先考虑；③非强制润滑机泵优先考虑。

（2）待实施机泵结构数据提供

油雾润滑可根据 APl 610 推荐的专用结构进行设计和制造，对在役机泵则通过改造实施，用户应准确提供与油雾润滑有关的结构数据，包括主轴轴径、支撑方式、轴承型号、轴承数量、泵功率、转速等，如表 1 所示。

表 1　提供实施油雾润滑机泵的数据样表

序号	工艺编号	设备名称	主轴轴径 ϕ/mm	轴承类型/数量	轴承类型/数量	功率/kW	转速/(r/min)
1	P213	回炼油泵	70	36314/2	32614/1	160	2950
2	P214	回炼油泵	80	7314/2	2314/1	160	2950

其中支撑方式表示方法为：悬臂泵类（可用 OH 表示），或双支泵类（可用 BB 表示），或特殊支撑类（可用 SP 表示）。

（3）待实施机泵结构图提供

油雾润滑是动态的流体化的润滑形式，要使被润滑部位得到良好的润滑，在结构上要有适合、畅通的流道，因此需要提供机泵的结构剖面图，如图 2 所示。该剖面图上将反映出机泵整体的油雾流向和被润滑点的油雾流向。图 3 为油雾在机泵内部的分布示意图。

图 2　机泵剖面结构图　　　　图 3　油雾分布示意图

（4）待实施机泵平面布置图的提供

由于油雾润滑涉及各润滑点到油雾发生器最大距离和油雾输送管的特殊设计要求，用户需要提供机泵布置的平面图纸，油雾发生器的定位可以由用户确定。

2）油雾润滑参数的设计

（1）油雾注入位置和油雾通道的确定

根据机泵结构数据表和结构剖面图，纯油雾润滑一般采用以下两种油雾注入方式：

① 普通油雾节流器的接入方式　外观特征为油雾节流器装在油雾分配器处，采用一个油雾进口和一个油雾出口，轴承两端轴承处在充满油雾环境内，满足建立润滑油膜的条件。

② 定向油雾节流器的接入方式　其外观特征为油雾节流器直接装在近润滑点处，油雾对着被润滑部位，一般具备各自的油雾出口，也可以共用一个油雾出口。定向油雾节流器主要为负荷比较大或对普通方式难以达到良好润滑的轴承而配置。

（2）油雾量的确定

每个润滑点的油雾需求量确定与"轴承英寸"单位有关，而"轴承英寸"则是为了计算任何轴承类型而人为设定的一种单位。有关的因素综合成分母，把各种类型轴承对油雾的需求量归纳成对一种当量直径的计算。根据每台泵轴承英寸和油雾的压力可以计算出需要的油雾量。得到油雾需求量后，选择圆整化的油雾节流器型号，如800系列的油雾节流器型号，见表2。

表2　800系列油雾节流器型号

流 量 值	喷嘴型号	流 量 值	喷嘴型号
0.03	77-800-500	0.30	77-800-503
0.09	77-800-501	0.45	77-800-504
0.18	77-800-502	0.60	77-800-505

（3）总油雾量的确定

根据每台基本需要的油雾量累加后得到油雾发生器所需要的总油雾量，以确定合适的硬件组合。

（4）系统需求

油雾润滑系统需要的外界支持包括：

① 净化动力空气的需求　净化动力空气的量与油雾总需求量有关，一般在8.5～53Nm³/h范围内。

② 电源的需求　电源仅用于油雾发生器显示和加热等功能，与油雾总量的关系属非紧密型，功率一般为2kW。

3）油雾润滑安装配管的设计

油雾润滑配管具有一些特殊要求，而这些要求在设计和安装中必须予以满足。

（1）总管规格直径为$DN50$ SCH40，采用镀锌焊接碳钢或以上的材料，管配件为150#等级或以上的镀锌管件。

（2）支管规格直径为$DN20$ SCH40，采用镀锌焊接碳钢或以上的材料，管配件为150#等级或以上的镀锌管件。

（3）所有的管道和管件连接采用螺纹而不建议焊接，螺纹间不得使用一般的密封填料。

（4）所有的管道切割时不得有减少内径的现象存在，并保证整个管道流程内部的洁净。

（5）管道安装时应有4/1000的坡度，向油雾发生器方向低倾斜，若不满足此条件将要求通过其他手段对沉淀的油液进行回收以保证最低点不积聚油。

上述要求主要是为了保证油雾以合适的流速、无阻塞管路和油雾节流口的环境下流动。

4）油雾润滑的安装、调试和操作

油雾润滑安装调试操作有着比较完整的手册，按照手册执行完全可以达到要求。

（1）对操作员的培训必须进行 由于使用了油雾润滑技术后，对机泵的润滑将由原操作员执行改为系统自动执行，但操作员应掌握对润滑系统的应急情况处理。

（2）对润滑系统的维护 油雾润滑系统的维护包括日维护、周维护、月度维护等，良好的维护对系统正常运行有着直接的关系。

5 结语

油雾润滑技术实施的对象为转动机械，对于炼油厂而言，主要为非强制性润滑的工艺流程机泵，是一项合算投资。从一些研究报告所提供的技术经济数据显示，这项投资有着快速、良好的资金回报。

（中国石化上海高桥分公司炼油事业部 陆磐谷）

8. 传统油浴润滑与集中油雾润滑的比较和分析

在炼化企业中，机泵设备占有重要地位。确保机泵设备安全稳定长周期运行，是设备管理体系的关键课题。对高速运转的动设备，要采用各种先进技术，降低易损件的磨损，延长其寿命。本文针对机泵的重要易损件——滚动轴承采用传统油浴润滑和集中油雾润滑两种方式的优缺点，从工作原理、润滑机理及经济性等方面进行比较和分析。

机泵的传统润滑方式一般采用油池润滑，也称为油浴润滑，需在轴承箱里保持一定液位的润滑油，油的液位由油杯来保证，轴上靠近轴承的位置一般还装有甩油环或甩油盘。当设备转动时，轴承下部约 1/5~1/4 浸入润滑油液面以下，甩油环或甩油盘带动一部分润滑油飞溅到液面以上的轴承滚动体上，提供润滑并带走滚动体摩擦产生的热量，油浴润滑方式见图 1。

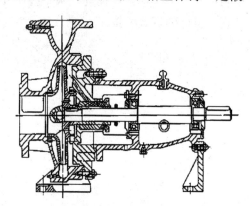

图 1   传统油浴润滑方式

集中油雾润滑则是由一套采用涡流雾化工艺的油雾发生器将润滑油雾化成微小的液滴，通过输送管、分配器、喷嘴送至润滑点，由油雾完成润滑和冷却作用，然后汇集成凝结油由安装在轴承箱下部的油雾收集系统进行处理，如图 2 所示。

(a)油雾产生   (b)油雾输送   (c)油雾的分配

图 2   油雾润滑方式

1   两种润滑方式的润滑机理比较

机泵传统的油浴润滑与油雾润滑从润滑机理上来看，存在很大区别。

图 3(a) 为油雾润滑轴承表面的电子显微照片，图 3(b) 为传统油浴润滑轴承表面的电子显微照片，放大倍数为 500 倍。轴承均使用同样的润滑油，运行条件相同。

对球轴承采用油雾润滑的疲劳实验中发现，对于一定的润滑油，运行在 80℃ 及以上的温度条件下的轴承表面，沿着液态润滑层可形成并维持一层显著的连续固态碳层，见图 3(a)。但对于同样的润滑油，采用传统油浴润滑方式，在同样的负载及速度情况下，轴承表面不能形成任何碳层，见图 3(b)。

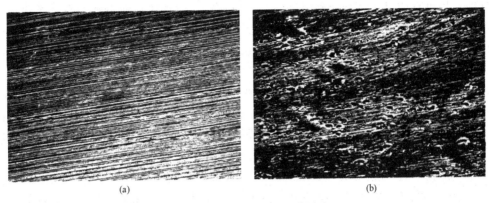

图 3　轴承表面的电子显微照片

在传统油浴润滑方式下，当发生超负荷、循环负荷或高温运行时，液态润滑层允许金属对金属直接接触，为此经常导致破坏。这是产生严重磨损并降低轴承使用寿命的直接原因。如在液态油膜下面，保持一层连续的润滑层，金属对金属的接触几乎完全被消除，摩擦力及磨损显著降低，这对当今高速、重载及高温运转设备，固态润滑层提供的额外保护具有显著意义，见图 4。在传统的油浴润滑方式下，脆弱的固态润滑层不能维持，运行过程中，会被负载及运行系统破坏掉。

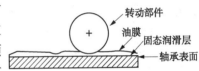

图 4　固态及液态混合润滑示意图

2　油雾润滑方式对比传统油浴润滑方式的优点

除润滑机理明显不同外，油雾润滑方式具有许多传统油浴润滑方式不具备的优点。

（1）可控制润滑量　传统油浴润滑方式不能对每一个润滑点按照实际需要量提供润滑，只能保证轴承箱里有一定的油位。油雾润滑方式可根据机泵的轴承型号及数量、功率、转速、机泵的具体支撑形式等计算每一侧轴承所需的润滑量，然后按量提供油雾，保证润滑。

（2）可防止润滑油污染　传统油浴润滑方式下，从润滑油加入轴承箱直到对轴承箱进行清洗前，都是这些润滑油在轴承箱内提供润滑。期间加入的少量新油，仅是对油量的补充，无法保证轴承箱内的润滑油不被污染，如轴承磨损产生的金属颗粒、长时间运行形成的油泥、可能发生的润滑油变质等，都会对润滑效果产生影响。若采用油雾润滑，提供给润滑点的是源源不断的新鲜油雾，进行润滑以后，油雾排出了轴承箱。在油雾产生和输送过程中，有足够的措施保证油雾总是洁净的。

（3）轴承箱内润滑环境良好　轴承箱虽然为一个相对封闭的空间，但由于轴要穿过轴承箱，因此轴承箱很难做到绝对封闭，无法防止外来污染物进入轴承箱。外来污染物包括水气和灰尘。在传统油浴润滑方式下，迷宫式加防尘盖油封以及骨架式油封，都不能阻止外来污染物进入轴承箱。同时由于外界环境温度的变化，轴承箱每天都在进行着呼吸。在轴承箱吸入气体时，外来污染物进入了轴承箱。当采用油雾润滑以后，由于在轴承箱里建立了微小的正压，轴承箱的呼吸现象不复存在，可以有效防止外来污染物进入，为轴承箱创造了一个良好的润滑环境。

（4）可降低轴承运行温度　传统油浴润滑方式下，轴承箱内存有一定量的润滑油。机泵运转时，甩油环或甩油盘搅拌润滑油，产生搅拌热。搅拌热与润滑油的黏度等级、机泵转速有关。采用油雾润滑后，由于轴承箱内没有润滑油存在，不会产生搅拌热。加之油雾润滑时，在轴承摩擦副的金属表面能够形成一层致密连续的固态碳层，可以极大地减少摩擦，因摩擦产生的热量大大减少，与传统润滑方式相比，轴承运行温度能降低 10~15℃。

（5）可使轴承免受金属颗粒磨损   设备在长期运行过程中，轴承得到了良好的润滑，但因滚动体不断地被磨损，产生了金属颗粒。在传统油浴润滑方式下，只要不对轴承箱进行换油和清洗，这些金属颗粒总是被甩油环或甩油盘带动进入到摩擦副中影响润滑并加大磨损。在油雾润滑方式下，由于油雾总在不停地流过轴承，然后从轴承箱底部排出，对轴承产生了一个长期的冲洗作用，可保证轴承免受金属颗粒的磨损。

（6）免除了操作人员对轴承箱的巡回检查   在传统油浴润滑方式下，为给轴承箱保持一定的油位，需要操作人员对轴承箱油杯进行巡回检查，若巡回检查不到位，轴承箱的油位未能保持，轴承的润滑将受到影响，可能会引起轴承润滑失效而停车。另外，还需要定期对轴承箱进行清洗并加上全新的润滑油。在油雾润滑方式下，只需通过 DCS 关注系统的各个运行参数。如果 DCS 没有给出油雾润滑系统的任何报警信号，主机的所有参数都控制在正常范围之内，用户可放心地使用。

（7）可保护轴承箱内的金属表面   在传统油浴润滑方式下，轴承箱里的油位通常均低于轴的底部。轴承箱内的金属部件包括轴承，长期暴露在空气中，另外备用的泵内部很容易发生锈蚀。虽然在现场定期进行盘车，但对防止内部发生锈蚀的作用是微不足道的。在油雾润滑方式下，轴承箱的内部总是充满了油雾，备用的泵也是如此，这就对机泵内部的金属表面起到了良好的保护。

（8）可省却轴承套的冷却水   在传统油浴润滑方式下，轴承箱内存有一定油位的润滑油，由于润滑油的黏度与温度有关，在某些场合，机泵设计了轴承套，要通冷却水来保证润滑油在一个合理的温度。特别是在一些高温物料的场合，冷却水尤为重要。但在油雾润滑方式下，由于轴承箱里始终是干燥的，因此可以省却轴承套的冷却水。

3   结语

集中油雾润滑的特点可以从各个方面进行分析，但最重要的，是油雾润滑在最终的润滑效果上达到了更加理想的效果，可使机泵更安全、更平稳、更长周期地运行，同时大大减轻了外部操人员的工作量。

（中海油东方石化有限责任公司   生毓龙，杨仲斌）

9. 旋动射流技术在油雾润滑系统中的应用

国内外为提高机泵可靠性，从而提高装置的运行可靠性，已经开始大面积将成群组、离散供油(加油)的中小型非强制润滑的机泵改为强制性润滑，且普遍采用油雾润滑技术。油雾润滑已经作为一项标准列入 API 610。国内炼油企业已开始应用油雾润滑系统。油雾润滑具有以下特点：

(1) 油雾能随压缩空气弥漫到所有需要润滑的摩擦副，可以获得良好而均匀的润滑效果。

(2) 压缩空气比热小、流速高，可以带走摩擦所产生的部分热量。

(3) 由于油雾具有一定的压力，因此可以起到良好的密封作用，避免了外界的杂质、水分、腐蚀性气体等侵入摩擦副。

(4) 机泵腔体内工作中产生的磨合物会随时被油雾排出到机泵外，减少了不必要的磨损。

(5) 由于这是一项集中润滑技术，润滑系统将可以实现自动控制，并可通过 DCS 对其监控。

在诸多油雾生成技术中，国际上炼油企业普遍使用旋动射流技术，其带来的传输距离，油雾稳定性等多方面的都有较大的优势。

1　镇海炼化机泵现有润滑状况

镇海炼化目前有各种类型的泵约 4800 台，基本上采用油润滑和脂润滑。油润滑主要有浸油润滑、溅油润滑及压力循环润滑。浸油润滑和溅油润滑是轴承或甩油环浸在润滑油中，润滑油中的污物不能及时清除，加大了轴承的磨损，对轴承构成危害。此外，轴承转动时搅拌润滑油所产生的热量不能及时排出，使轴承温度升高；润滑油中含有的在机械运转产生磨损后的小颗粒被再次带到摩擦副，缩短了轴承的使用寿命。由于换油、修理、泄漏等原因，润滑油浪费较为严重。普遍还是采用手工加油润滑方式。

本次重整装置选用了北京朗润德科技有限公司生产的旋动射流油雾润滑系统，对装置泵群进行了油雾润滑改造，该系统于 2012 年 11 月 5 日投用。

2　油雾润滑系统构成和原理

2.1　油雾润滑的基本原理

油雾润滑系统是用压缩空气使油雾化的。图 1 为油雾润滑系统工作流程图。由管线引入的压缩空气通过分水滤气器除去水分后，成为干燥的压缩空气，进入油雾发生器，利用旋动射流技术，借助压缩空气载体将润滑油雾化成悬浮在高速空气喷射流中的微细油颗粒，形成干油雾，干油雾通过油雾主管和支管送到润滑点附近的一个分配系统，再经适合的凝缩嘴转化为可以起到润滑作用的湿油雾，输送到各润滑点使用。经凝缩而成的油滴，随着压缩

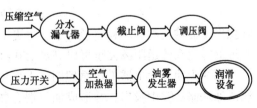

图 1　油雾润滑系统工作流程图

空气迅速向摩擦副集中,形成连续的油流,仅供给极少量的油量就能满足润滑,从而大大降低了摩擦副的工作温度。

2.2　旋动射流雾化

油雾产生技术(雾化)主要决定了传输距离、润滑效果和供雾的稳定性等方面,是泵群油雾润滑系统的关键技术。目前雾化技术有很多,如超声、文氏管、过滤片、旋动射流(涡流)等;由于石化对于长距离、多润滑点及稳定性的要求,目前普遍使用旋动射流技术。

旋动射流技术是人们为了增强射流的卷吸和掺混作用,设法使射流在喷射时旋转起来,这样射出后不仅有纵向速度,而且有径向和切向的分速,形成旋动射流。经过试验证实旋动射流可使油与空气产生的油雾混合得更加充分,油被雾化得更好,油雾有效传输距离更大。

旋动射流各点的速度可分解为三个量:轴向速度、径向速度和切向速度,用这三个流速分量的时均流场和脉动流场就可表示旋动射流的运动状态。旋动射流的旋动程度,简称旋度 S,旋度是区别于一般射流的一个影响运动的重要参数。

$$S = \frac{G_\phi}{r_0 G_x} \quad G_\phi = \int_0^{r_0} r^2 \rho u w \mathrm{d}r$$

$$G_x = \int_0^{r_0} (p + \rho u^2) r \mathrm{d}r$$

式中:r_0 为喷口半径;G_ϕ 为角动量;G_x 为压力与轴向动量之和。

旋动射流的形成一般都需要在喷口的上游采用一定的加旋措施。不同的加旋方式所得的射流出口轴向速度和旋动速度的分布各不相同,紊动特性也有差异。旋度的大小不同,旋动射流的特性也有差异,一般按旋度大小将旋度射流分为弱旋、中旋和强旋三类。

随着旋度 S 的增加,紊动强度会提前达到峰值,并提前衰减(延轴向方向)。紊动强度峰值会随着 S 的增大而显著增高。例如,$S = 0.37$ 时比 $S = 0$ 时增大 81.5%,表明掺混作用显著增强,但这时雾化发生器的设计、制造、控制难度也显著增加。

本次泵群油雾润滑系统采用的是切向注入法,用改变切向注入和轴向进入喷管内的气流比例来调节旋度。压缩空气在进入喉口前被加旋,如图 2 所示,A 腔是一个直径渐小的腔体,空气的切向速度随着接近喉口逐步加大。这样出射后不仅有纵向速度,而且有径向和切向的分速,形成旋动射流。当速度达到一定值后将油切碎,并在 B 区内进行充分的卷吸和掺混。油雾在 B 区掺混的同时,大颗粒被离心力甩到壁上,流回到油箱内,油雾被管道送出。

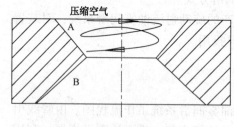

图 2　旋流雾化原理图

旋动射流雾化发生器出口一个高速旋转射流,旋转射流将较大颗粒用离心法分离,使得旋动射流雾化发生器输出油雾颗粒直径更小,也更干净(指大颗粒油雾数量少)。采用旋动射流雾化原理的雾化头传送距离完全可以满足 120~180m 的长距离需求。

图 3 为油雾发生器工作原理图。干燥压缩空气高速从喷管喷出,喷射时产生负压,将润滑油从储油罐中吸出,并形成油气混合物,用改变切向注入和轴向进入喷管内的气流比例来调节旋度。压缩空气在进入喉口前被加旋,图中:A 腔是一个直径渐小的腔体,空气

的切向速度随着接近喉口逐步加大。这样射出后不仅有纵向速度，而且有径向和切向的分速，形成旋动射流。当速度达到一定值后将油切碎，并在 B 区内进行充分的卷吸和掺混。油雾在 B 区掺混的同时，大颗粒被离心力甩到壁上，流回到油箱内，油雾则进入油雾输送管。油雾就是这样在油雾发生器中形成。

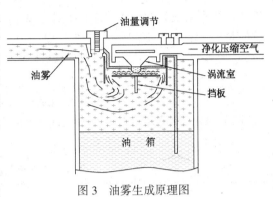

图 3　油雾生成原理图

2.3　雾化效果对于油雾润滑的影响

各种雾化方式均有各自的特点与适用性，针对油雾润滑而言，目前采用较多的是文氏管和旋动射流技术。

文氏管主要问题是产生的油雾颗粒中大直径的油雾颗粒较多，吸入的油只有极小部分转换成油雾送达润滑表面。由于结构、原理的差异，文氏管油雾发生器出口是只有轴向速度的射流，而旋动射流雾化发生器出口是一个高速旋转射流，旋转射流将较大颗粒用离心法分离，使得旋动射流雾化发生器输出油雾颗粒直径更小，也更干净(指大颗粒油雾数量少)。通过试验测试对比，油雾在输出管道中传输时，文氏管的发生器一般在前 15m 有大量凝回(这种凝回是油雾中没有分离的大颗粒油雾造成的)，其有效传输距离一般为 30m，这显然不能满足石化行业传输 80~120m 的需要。采用旋动射流雾化原理的雾化头传送距离完全可以满足 80~120m 的石化行业需求，油雾输送管中出现凝回的油量，为发生器输出量的 3%以内，并主要出现在距离出口 3~5m 范围内。

雾化效果对于油雾润滑的影响主要体现在传输、长期稳定性、凝回效率等多个方面。

传输距离的原因：石化行业的机泵(润滑点)相对分散，距离普遍大于 50m，更有超过 150m，这就要求油雾颗粒的直径较少(在 2μm 左右)。油雾传送过程中油雾自然凝回会使不同润滑点的润滑油供应量相差较大，使远处的机泵不能得到稳定可靠的润滑。而影响润滑油凝回量的主要原因是范德华力，当油雾粒子为 2μm 的颗粒时，以 5kPa 的压力传送，浓度在 3g/m³ 时，油雾粒子间的范德华力接近于零，油雾粒子不易凝结为大颗粒，适合于长距离传输当油雾。经过调校的旋动射流雾化装置的有效产雾量(在 2μm 左右)远远大于文氏管技术。但如传输距离小于 30m 时，油雾颗粒就不用必须达到 2μm 左右，此时文氏管也可满足要求。

长久稳定性原因：由于旋动射流在雾化时没有易损件，因此可以长久稳定地工作；而超声雾化和过滤片雾化分别会受到电器衰减、过滤片压降变大等多种因素的影响，会形成长久衰减的趋势，影响长周期运行可靠性。

2.4　旋动射流的监控

油雾发生器是油雾润滑系统的主要部分，润滑油就是在这里被压缩空气雾化。油雾发生部分上装有多个传感器，它们为控制系统提供实时的检测数据，为保证旋动射流的稳定可以对影响旋动射流运行稳定性的数据进行监测，如雾化压力、雾化温度、油位等。重整装置目前选用的油雾润滑系统，可以监测包括这些关键参数在内的十组运行数据。油雾系统主机是机泵群油雾润滑系统的核心。机泵群油雾润滑主机(以下简称油雾主机)由各自相互独立的主、辅两套油雾发生系统组成，这两套系统可以独立控制、独立工作，均可满足长期供给机泵良好润滑的要求。其中主系统为自动系统，辅系统为半自动系统，但需要注意的是主、辅系统不能同时工作。现场主机数据通过 RS485 通讯接口实时传送到控制室 DCS，使操作员随时了解润滑工作状态。

2.5 现场应用情况

现场投用旋动射流油雾润滑系统后，装置操作人员不仅免除了手动加油的工作量，而且现场泵群润滑情况检查也更加直观明了，同时并对现场润滑油油质的变化情况有了比较直观的判断。对现场使用油雾润滑的部分泵轴承箱温度进行了测试，数值见表1。

表1 部分泵轴承箱测试温度

序号	工艺编号	设备名称	介质温度/℃	使用油雾润滑前轴承箱温度/℃	使用油雾润滑后轴承箱温度/℃	备注
1	P-204	汽提塔回流泵	40	38	36	
2	P-211	C4/C5 分馏塔回流泵	40	40	35	
3	P-303	脱丁烷塔重沸炉泵	207	55	45	
4	P-304	脱丁烷塔回流泵	40	40	34	
5	P-501	脱已烷塔重沸炉泵	155	50	40	

泵群使用油雾润滑后，轴承箱温度下降明显，轴承箱温度平均可降低 4~6℃。轴承箱的润滑油质也有了明显的变化，具体见图4，大大改善了轴承的使用工况，也可延长轴承的使用寿命。

(a)油雾润滑刚使用　　(b)油雾润滑使用一段时间后

图4 轴承箱使用油雾润滑前后对比

3 总结

从以上旋动射流油雾润滑技术的论述和对比分析可得出下结论：

（1）旋动射流油雾润滑的产雾可满足装置长距离输送要求，润滑系统的稳定性较好；

（2）旋动射流油雾润滑适合石化炼油装置长周期、连续运行的要求；

（3）旋动射流油雾润滑对轴承的降温效果比较明显；

（4）通过对影响产雾效果的主要参数的监测，可以实现对炼油装置机泵群润滑进行统一的控制监测；

（5）通过油雾润滑的投用，大大减少了现场操作人员手动加油的工作量。

（中国石化镇海炼化分公司　胡庆球）

10. 油雾润滑技术在常减压装置机泵群上的应用

中国石化安庆分公司炼油一部Ⅱ套常减压装置于 1995 年 2 月建成投产，加工能力为 1000kt/a。装置中机泵有 47 台，绝大多数为 20 世纪 90 年代生产的 Y 型油泵，由于设备陈旧，运行效率低、维修频率高。为逐步实现装置的"三年一修"，延长开工周期，采取提高机泵运行的可靠性、降低维修率是重要的手段之一，而润滑问题又是直接影响机泵故障率、可靠性的关键因素。目前石化行业中机泵一般采用非强制、分散给油的润滑方式，自动化程度低，操作人员的劳动量大，也避免不了人为因素造成的不良影响。为了提高机泵润滑状况，保障装置长周期安全运行，安庆分公司炼油一部与北京朗润德公司合作于 2005 年 6 月对Ⅱ套常减压装置的 31 台油泵进行了油雾润滑改造，10 月正式建成投用。

1 油雾润滑的工作原理

机泵群油雾润滑系统是使用压缩空气将系统内油箱中的润滑油雾化成 $1\sim2\mu m$ 的粒子，这种油雾化粒子不会凝结、黏结在管壁上。微小的油粒子被空气通过管道带到需要润滑的位置上，在需要润滑的位置均装有凝缩嘴，油雾在这里变成具有润滑效果的湿油雾，对泵进行润滑，油雾在轴承表面形成良好的油膜。压缩空气会在油雾润滑的同时带走轴承的热量。油雾不断润滑设备轴承，使轴承套保持一种轻微的正向压力，以减少来自外界的污染。油雾润滑系统的工作原理如图 1 所示。

2 油雾润滑系统的组成

1) 油雾系统主机

机泵群油雾系统主机(以下简称油雾主机)是机泵群油雾润滑系统的核心。油雾主机由各自相互独立的主、辅两套油雾发生系统组成。这两套系统可以独立控制、独立工作，均可满足长期供给机泵良好润滑的要求。油雾主机中按功能可分为：空气供给、油料供给、油雾发生、控制、防护机箱等几个部分。油雾主机中有三个相对独立的油箱：大油箱、主油箱、辅油箱。

2) 管路部分

管路部分由空气供给管道和油雾输送管道两部分组成。空气供给管道主要是将压缩空气(净化风)送到油雾主机，主要由管道、接头、阀门等组成。油雾输送管道由油雾主管道、油雾分支管道、油雾岐管道和各式接头组成，且各管道的通径是不同的。

3) 油雾分配和凝回部分

油雾分配和凝回部分由油雾分配器、管道、接头、凝缩嘴和机泵连接过渡接头等组成。

4) 收集部分

收集部分包括润滑后残油的收集与残雾的处理。它由连接管道、专用接头、油杯、采样阀、收集箱等组成。

油杯可方便操作维修人员观察润滑后润滑油的情况，便于提前发现故障，提前处理。采样阀装在油杯下面可随时采集油样供分析使用，当油中金属粒子增多时，可能就是轴承达到寿命的现象。收集箱由箱体、油雾排放处理器、接头、溢流管、液位器、排油阀等组成。

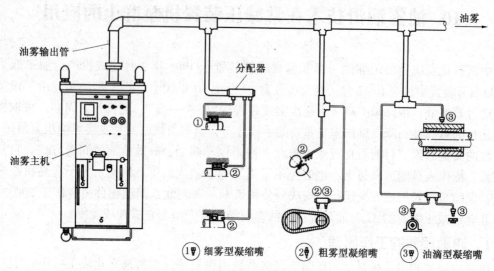

图1　油雾润滑系统的工作原理

3　传统润滑方式与油雾润滑的比较

传统润滑方式与油雾润滑的比较见表1。

表1　浸油式润滑与油雾润滑的比较

浸油式润滑	油雾润滑
产生的油膜不均匀，造成机泵轴承的磨损	油雾能随压缩空气弥漫到所有需要润滑的摩擦副表面，可以获得良好而均匀的润滑效果
产生的热量不易带走，产生点蚀，降低了轴承的寿命	压缩空气比热小、流速高，很容易带走摩擦所产生的热量
外界杂质易进入摩擦副部位，造成机泵轴承的磨损；由于现场的腐蚀性等气体进入轴承加快了轴承失效	由于油雾具有一定的压力，因此可以起到良好的密封作用，避免了外界的杂质、水分、腐蚀性气体等侵入摩擦副
轴承由于采用人工加油方式，可能产生一些人为因素造成的故障，也加重了操作人员的劳动强度	由于采用了集中润滑，润滑系统将可以自动控制
润滑系统无法做到实时自动监控	

4　效果

1）机泵润滑状况的改善

通过随机选取的2005年10月19日油雾润滑系统投用前后泵轴承测温数据（见表2）表明：热油泵轴承温度均下降了15℃以上，而冷油泵下降的温度也在9℃左右。

2）机泵维修频率的降低

据统计，2005年一季度（油雾润滑系统投用前）Ⅱ套常减压装置共检修机泵14台次，其中由于润滑故障检修的机泵10台次；而2005年四季度（油雾润滑系统10月投用）共检修机泵11台次，均是由于机械密封泄漏、泵内构件失效等原因造成，没有发生由于润滑故障导致的机泵检修。由此可以看出由于油雾润滑系统的投用，润滑状况大大改善，增加了轴承的工作寿命，机泵维修率下降了22%，进一步降低了维修费用。

表2 润滑油系统投用前后泵轴承测温数据 ℃

设备位号	设备名称	状 态	轴承温度	
			前端	后端
P101/1	原油泵	投用前	51	49
		投用后	36	30
P104/1	初底油泵	投用前	49	43
		投用后	35	32
P111/1	常四线泵	投用前	54	47
		投用后	39	31
P114	减一线泵	投用前	50	47
		投用后	33	31
P105/2	常顶汽油泵	投用前	40	38
		投用后	31	27

注：P101、P104为双支撑泵，P111、P114、P105为悬臂泵。

3）运行安全性增加

采用传统的润滑方式，机泵在运行中如果润滑油的供给中断，对机泵轴承的影响是很大的。为测试油雾润滑在意外情况下中断油雾供给时泵的运行情况，2005年10月17日对Ⅱ套常减压装置P111/1常四线泵进行了油雾润滑的中断试验。

试验进行了8h，主要测试油雾中断时泵的4个测温点温度的变化情况；同时在测试结束后将机泵改为油浴式润滑方式对比温度变化的情况。

测试时每15min测试一次数据。9：30中断油雾供给开始试验，17：30改为油浴式润滑。图2是8h内所测得的轴承温度变化情况，由此不难看出当油雾润滑系统出现意外中断后依然可以维持机泵在相当长的一段时间内正常运行，大大提高了机泵运行的可靠度。

而17：30以后改为油浴式润滑轴承温度明显上升，说明油雾润滑在轴承表面形成的油膜要比传统油浴式润滑形成的油膜对轴承产生的摩擦力要小得多。

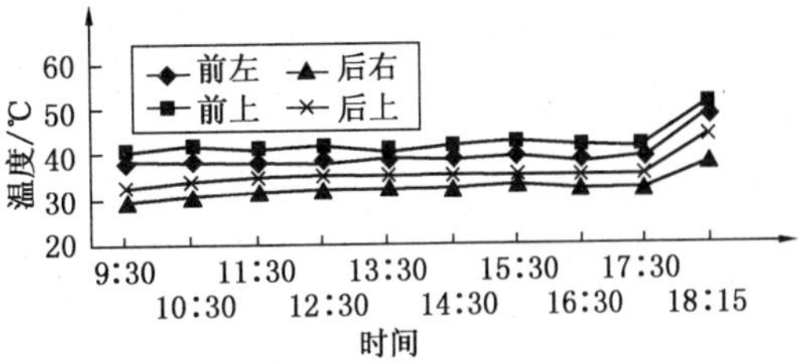

图2 轴承温度变化

4）其他方面

机泵传统的润滑都是采用人工加油、人工巡检的管理方式。这种方式操作人员工作量大，人为因素对实际润滑效果影响很大；油雾润滑系统使用后，从经常性逐台逐点人工加油，变为几十天给系统加一次油，极大地降低了操作工的劳动强度。经统计油雾润滑投用后的五个月里，泵用润滑油耗量下降到了传统方式下的1/3。

5 经济效益评估

Ⅱ套常减压装置投用油雾润滑系统后可产生的经济效益为307683元/年。其中：

机泵维修费用降低42966元；

机泵维修所需备件库存占用降低 24552 元；

人工费用降低 31902 元；

润滑油费用降低 2157 元；

电力消耗降低 67395 元；

减少装置可能停产的损失 138711 元。

通过减少机泵维修数量、机泵备件库存、工人人工、润滑油耗量以及电力消耗等可产生的直接经济效益约为 16.9 万元/年。

6　结论

通过 5 个月油雾润滑系统在安庆分公司炼油一部 II 套常减压装置上的实际应用，表明这种新型的润滑方式不仅可以有效地改善机泵的润滑状况、降低维修频率，还可以带来可观的经济效益。

（中国石化安庆分公司　李守权，方明）

11. 常减压装置机泵群应用油雾润滑技术效果显著

中国石油大港石化分公司现炼油处理能力为 500 万 t/a。配有 500 万 t/a 常、减压装置各一套。2006 年 10 月利用大修,对常、减压部分机泵润滑系统进行了改造,安装了两套油雾润滑装置。此润滑系统投用运转至今,无论从延长轴承使用寿命还是减少机泵设备维护的劳动强度及节约润滑油用量等均收到了良好的效果。与此同时也暴露出此项技术现存在的一些缺陷和隐患。

1 润滑系统改造安装前机泵运转维修状况

1.1 运转机泵轴承维修率居高不下

维修率居高不下的原因如下:

(1) 轴承及其周围环境不清洁,灰尘和杂质进入轴承,会增加轴承的磨损,振动和噪声。

(2) 轴承的锈蚀。此情况易发生在备用机泵的轴承箱内,由于有水或蒸汽进入轴承箱内,水长时间沉积,浸泡轴承,使轴承锈蚀,切换机泵轴承寿命降低。

(3) 运转机泵轴承箱由于发生意外缺油或缺油情况,使得轴承干磨造成轴承损坏,甚至导致抱轴事故发生。

1.2 机泵维护工作强度大、难度高

现在机泵设备润滑维护依然采用定时定点给机泵轴承箱加油换油,定时巡检。我们要求操作人员平均每 4h 巡检一次随时为轴承箱补油。4h 更换一次润滑油,关键机泵有时要求 2h 甚至 1h 更换一次润滑油。其目的是保证轴承箱内润滑油的新鲜和润滑环境良好。即使这样,由于基本内部运转环境的恶劣和气温突变等原因也经常发生轴承箱破裂润滑油外漏造成轴承缺油损坏。因此维护工作量很大并且难度也较高。

1.3 润滑油利用率低,耗量大

为了给轴承运转创造好的润滑环境,我们通过频繁地更换润滑油,保证润滑油油质的相对新鲜,以求发挥其良好的润滑特性。同时适当地将轴承箱油位控制高一些,一般为视窗的 2/3~3/4,以求一旦发生油窗漏油可以在某一个巡检点及时发现并紧急处理,避免由于轴承箱润滑油漏光造成的抱轴事故的发生。

可是从另一个层面讲,润滑油利用率相对较低,润滑油用量较大,维护成本相对较高。仅润滑油一项我车间的年消耗就达 80~100t。

2 油雾润滑技术的运用

2.1 油雾润滑机理

油雾润滑系统是一种新型的稀油集中润滑方式。将压缩空气接入主机,通过雾化工艺,产生微米级的油雾颗粒组成的油雾流,再通过管道送到需要润滑的部位。颗粒极小的油雾能在金属表面形成润滑效果更好的一层油膜,减少了摩擦及发热,使轴承温度明显下降。运送油雾流仅需要维持 0.05~0.1bar 的正压,由于充满油雾的轴承腔对外有微小的正压,从而使外来污染物不易进入轴承腔。油雾的生成由装备微电脑的主机控制,每个润滑部位

的油雾也可精密计量。油雾发生装置的主要参量有：液位控制、温度(润滑油、空气)、油雾浓度、油雾颗粒度、压缩空气压力等。每台油雾发生装置可为100m半径内的润滑点进行润滑。

2.2　油雾润滑应用实例

2006年10月利用大修，对常、减压部分机泵润滑系统进行了改造，采用了两套OMLD-1型润滑装置实施集中供油。其中减压除减低泵外共14台泵公用一套系统。

常压机泵群17台泵公用一套系统。常减压两套系统安装布管润滑的各润滑点半径均小于100m。其现场设备情况如图1、图2所示。

图1　油雾润滑主体装置柜　　　　图2　油雾润滑现场配管图

2.3　油雾润滑系统维护操作注意事项

油雾润滑投用后，经过一段时间运行，在系统维护操作上总结出一些注意事项：

(1) 在启动油雾润滑系统之前，要彻底检查系统所有连接部位的正确性和紧固性。通过给系统通入压缩空气的方法检查系统管路是否存在泄漏与堵塞的情况。油雾润滑装置的主要参量是预先设定好的，启动期间不需调整。启动前检查系统参数是否正常。系统参数包括：已设定的润滑油加热温度为50℃，油雾集管压力为>5kPa，稳定的空气压力为0.3~0.5MPa。

(2) 当控制面板上液位计读数为60mm时液位达到下限，开始加油。加入的润滑油必须经过过滤(过滤精度为10μm)，以确保油雾发生器可靠运行。当加油油位达到控制面板上液位计读数为230mm液位上限时，停止加油。加油过程严格按照切换主副油箱的操作规程操作，防止由于误操作造成系统油雾中断。

(3) 润滑系统还配备了声光报警。当系统油箱油位过低小于60mm或雾压低于5kPa或者气压小于0.2MPa时系统柜会发出警报。因此在正常巡检时操作人员必须留心这些参数的变化情况。发现变化留心观察，发现异常及时处理。

(4) 巡检时观察油雾雾压波动情况，如果雾压波动范围超过了2kPa(正常应该在0.5~1kPa波动)，可以检查管路是否有泄漏，或风压是否有波动，及时清理油雾分配器凝结的废油等。

2.4　机泵采用油雾润滑系统实现集中供油的应用效果分析

1) 整个系统流程简单、操作方便，便于安装、维护

（1）集中式供油雾，主机为微电脑控制，对系统的温度、压力、液位等操作参数设置监测报警信号，并可与工厂的主控室相连，启动后无需人为调整即可达到工艺要求，并可长期自动运行，易于管理。

（2）安装比较方便，不需要对机泵轴承腔重新设计或加工，油雾可以通过原有的轴承注油孔直接喷射到润滑部位，集油管线可以利用原轴承腔放油孔。

（3）整个系统涉及极少活动运转部件，运行可靠性高，非常有利于设备的长周期无故障运行。

2）改善润滑环境，降低故障率，延长轴承使用寿命

（1）机泵轴承集中供油润滑系统采用连续供油润滑，使轴承处于良好的动态润滑状态，采用油雾润滑可以使轴承温度降低 $10 \sim 15 ℃$，较低的运转温度可以延长轴承的使用寿命（L10 轴承寿命系数延长到 6）。

（2）雾状润滑油能在轴承箱内维持较小的正压，外来污染物和腐蚀剂会被排除。众所周知，引起过早的轴承故障的 2 个主要原因是轴承表面的腐蚀和磨损。当水或其他腐蚀剂与轴承接触时，会发生腐蚀；当润滑油中所存在的固体颗粒(特别是直径接近于关键间隙尺寸的硬颗粒)被送到两个正在滚动的部件表面时，则会产生磨损。而油雾润滑技术恰恰排除了上述两种起因。而对于 A/B 泵配置及季节性运转的泵，在其非运行期间整个轴承箱仍得到充分保护。使凡与轴承润滑有关的故障可最多减少达 90%。

3）节省费用，提高效率

（1）机泵群采用油雾润滑系统后，润滑油雾分配及时准确(油雾浓度只有 5×10^{-6})、适量，每天耗油量大大降低，总耗油量可降低 60%。

（2）采用油雾润滑，使原来油池搅拌热量消失，降低运行温度，保证轴承清洁，降低摩擦作功。对某些机泵甚至可以关闭其轴承套的冷却水。进而降低能耗，节约电费及其他能源费用。在大港石化分公司常减压装置减三泵 150AY-15×2C 型油泵上使用效果非常明显，原轴承箱温度超过 $60 ℃$，使用后轴承箱温度降至 $45 \sim 50 ℃$，轴承使用寿命大大提高。

（3）由于机泵轴承故障率的明显下降，轴密封损坏也可减少 45%~65%，机泵维修费用可降低 60%~80%，使得机泵库存的备品备件大幅减少，节约备件费用和设备维修费用。

（4）同时不再需要每班巡回检测机泵油位及为每台机泵定期换油，大大降低劳动强度，并可实现减员增效。

4）需要的改进和存在的问题及处理

（1）为了更好地监测油雾润滑系统的工作情况，将本地报警和部分重要参数连接到控制室主机(DSC)。

（2）若以后推广到有封闭泵房的要考虑油雾回收流程，因为雾化时有 20%~50% 的润滑剂通过排气进入外界空气中成为可吸入油雾，对环境和人身有影响。

（3）在设备运行过程中有几台机泵如 P-1204/1、P-1203/1.2、P-1010/1 等机泵运转过程中发生抱轴现象，经过分析发现有可能是使用用于管路密封的四氟带因失效后吹入润滑传输管路，造成凝缩嘴口堵塞油雾无法喷出而造成轴承缺油抱轴事故发生。因此可以考虑采用先进的螺纹密封，避免采用密封四氟带，防止管路的堵塞。

（4）设备运行过程中发现部分分支管路接头位置不同程度地出现了漏油现象。

由于泄漏可以直接影响润滑雾压得大小，雾压波动幅度很大。在 2007 年 2 月 28 日发

现常压系统雾压瞬时值从 4.8kPa 到 7kPa 大幅波动。经现场检查分别发现是 P-1023/1 分配器引出的两个接头泄漏。2007 年 5 月 15 日两 P-1011/2 分配器于管线连接的密封胶圈破损,造成油雾泄漏。经紧固后雾压恢复正常。鉴于连接接头经常发生泄漏,建议接头内改用质量好的防油 O 形圈,提高接头的可靠性。或者接头外部采用增加外部密封的方法提高接头的可靠性。

(5) 对于如何判断某个部位凝缩嘴是否堵塞及判断每个轴承箱的润滑状态,一直是此项技术不够完善的方面。为了能很好地监控每一个注入润滑点工作状态,可以考虑采用每一个注入点前增加一个压力,或者是流量传感器由中心电脑显示并监控其油雾的传输状态。若某一点发生异常可以及时现场确认及时处理。这样可以准确地判断出哪个部位的凝缩嘴出了问题。同时也可以在每个轴承箱内增加一个温度传感器,即时监控轴承箱内的工作环境温度,一旦发生温度急速升高,立刻切换处理,避免出现抱轴事故发生。但是由于配套设备造价较高,故可以作选用参考。

3　结论

通过接近一年的使用和维护,我们认为此项技术是一项较为有效的、成熟的技术。它能很好地改善运转机泵润滑环境,延长轴承的使用寿命,同时大大减少维修的频次,节约了大量的维修费用和维护费用。据了解此技术已被列入美国石油协会标准(API 610 第八版),并被众多国际石化企业定为标准配置而广泛应用。国内成套设备已经能工业化生产,该系统的投用可以给企业创造较大的经济和社会效益,在非强制润滑的机泵群上值得推广。

(中国石油大港石化分公司　刘瑞,刘震,李毅)

12. 青岛石化电气双控油雾润滑在催化裂化装置的应用

随着石化行业快速发展，机泵润滑技术的进步，性能优越的油雾润滑正被广泛采用。我公司催化装置机泵群，通过改造安装一套电气双控油雾润滑系统，即SJM-10-AE型喷射式油雾润滑系统，29台机泵直接由甩油润滑改为油雾润滑。自2009年安装运行至今，多次应对各类闪电情况，该系统自动切换保证了油雾供应平稳；经过多年实践检验，实现了机泵的低成本、稳定长周期运行。同时与其他装置的传统油雾润滑相比，具有突出优点。

1 系统介绍

1.1 油雾润滑系统的原理

油雾润滑系统的生雾原理是利用压缩空气（即仪表风）以文丘里射流方式把液体状态的润滑油雾化成粒径为 $2\mu m$ 左右的油雾，然后通过分选把部分油雾颗粒凝结，进入系统输送的确保是干燥油雾。油雾从主机内出发后通过管道把干燥油雾输送和分配到各个需要润滑的轴承前端（见图1），再通过安装在轴承箱内部的凝缩嘴，把干燥油雾凝缩为大而湿的油雾颗粒，这些大而湿的油雾颗粒附着于轴承摩擦副上以形成一层薄薄的油膜起到润滑作用，同时利用压缩空气把轴承运转所产生的热量带出以散热（见图2）。

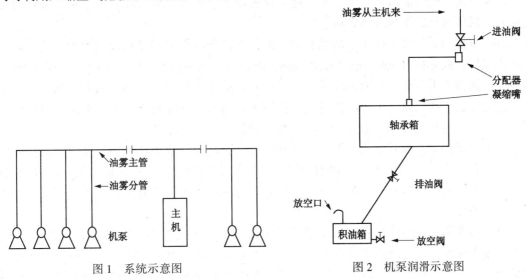

图1 系统示意图　　　　　　　　图2 机泵润滑示意图

1.2 双控油雾润滑的特点

SJM-10-AE型双控油雾润滑系统与甩油润滑是完全不同的，与传统油雾润滑也有多个不同点。

（1）凝缩嘴是根据机泵量身打造，具有定向性（见图3）。厂家结合泵群特点设计不同的凝缩嘴，主要考虑泵轴功率大小、悬臂式多级泵、双支撑多级泵、双排轴承泵等。凝缩嘴高度可调，在保证方向合适的前提下，可以实现在多个厂家的机泵上安装，为适应润滑改造提供了条件。在催化泵群中，重要而且功率大的油浆泵也全部使用油雾润滑，实现了全覆盖。

（2）具有凝缩嘴喷射的功能。因为任何高速旋转的物体都会在它的周围形成气障，旋转的轴承当然也是这样，气障会阻碍大而湿的油雾颗粒附着于轴承的摩擦副上，不利于润滑油膜的生成。喷射的目的就是为了突破气障，到达轴承的内圈及另一侧，使得大而湿的油雾粒子更好地穿过并附着于轴承摩擦副上形成持续新鲜的润滑油膜。因而满足双排轴承润滑，润滑更全面、附着率更高、更稳定，轴承的散热效果也更好。与此同时，喷射犹如一把扫帚一样周期性地对轴承的摩擦副表面进行清扫，以便排除轴承磨损所产生的微粒，使轴承的摩擦副更加洁净，可以延长轴承的使用寿命。另外，周期性地对轴承进行高压喷射，可以打破轴承新的温度平衡，使轴承的散热更加充分有效。这个过程始终保证了轴承箱内是微正压，避免了外界的污染。

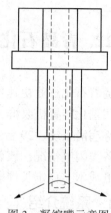

图3　凝缩嘴示意图

（3）双控油雾润滑系统的突出特点是控制方式采用电、气双控方式，构成油雾润滑系统的主、副系统。主系统采取电控方式，副系统采取气控方式。主、副系统可以自动切换也可以人工切换，在断电状态下自动切换到气控方式，恢复供电时自动切回到主系统。换句话说，该油雾润滑系统即使没有电也可以用仪表风作动力正常运行。它对供电的要求很低，但是抗击闪电的能力是非常强的。但是仪表风不能中断，如果仪表风中断系统就会停止运行，风压恢复后系统自动启动。

（4）双控油雾润滑系统产生的油雾是干的，在输送过程中不存在液体油滴出现。从主机内出发后，油雾只有在轴承箱内凝成油滴，其他部位均是油雾。这大大改善了现场卫生，减少了巡回检查强度和润滑油消耗量以及现场人员操作工作量。另外，油雾凝缩在摩擦副上是很稳定的，我们通过实际检验得出：在停止向轴承箱供雾的条件下，机泵可以凭借黏附的油雾安全运行超过4h。这给启动应急预案预留了足够的时间。

（5）恒温供雾。油雾生成主机内设有PID自动控制的连续加热设备，保证油温在设定值上（常规为45℃）。为了避免加热器升温不均匀和局部超温导致润滑油变质，双控油雾润滑系统采用了间接加热方式，在保证动力风温度的同时实现了油液的恒温，为保证油雾质量创造了条件。

（6）高度集成控制使巡检操作简单。现场设置的主机是生雾、控制与监控的综合体，这种高度集成的方式使该系统具有两个条件：①现场主机自控程度高，具有独立和远程控制能力，可在操作室内设置监控操作站，所有现场主机的参数均可以显示或者设置；②系统自动化设置高，所有控制参数均设有异常报警，室内、室外同步显示，现场主机上设有指示灯，利于操作和巡检。我们实际的操作只有两个月加油一次和机泵废油收集（从积油盒收集至废油桶）。

（7）能够满足磁力油封的要求。在2009年改造时，我们只是把原来轴承箱的加油口改为凝缩嘴安装孔，轴承箱排油口改为回收接管，即油雾是从中间进入轴承箱的。在2012年改造后，部分机泵轴承压盖上安装了磁力油封。按照要求应该把油雾喷嘴安装在轴承压盖上，但是我们没有动改。经过两年多的运行可以得出结论：喷射式油雾润滑完全能够满足磁力油封的要求，保证机泵的润滑。

另外，润滑油消耗量方面也较传统形式的油雾润滑少。由于 SJM-10-AE 型喷射式油雾润滑系统的雾化效率比较高，润滑油消耗量明显降低。经过多年的运行，我们对关于油耗的设置进行了多次优化，所有机泵平均计算，每台泵的用油量约 1.5 g/h。

1.3 油雾润滑与传统油雾润滑性能对比（见表1）

表1 油雾润滑与传统油雾润滑性能对比

形式\项目	双控油雾润滑	传统油雾润滑
凝缩嘴	按泵个体设置	泵群整体设置
油雾压力	周期性变化	恒定
清理能力	强	弱
控制方式	电、气双控	两路电控
是否远传	远传	不远传
失电结果	正常运行	停运
故障率	极低	偶尔
凝油漏点	很少	多
耗油量	少	较少
轴承寿命	平均大于3万h	平均2万h

2 使用注意事项

（1）根据机泵数量以及安装方向等方面的具体情况，在主机上设定合适的油雾压力、生雾时间、喷射时间、喷射周期等以及各个参数的报警值。一定要在满足设计值的前提下优化设置。

（2）凝缩嘴的轴线标志需要准确到位。尤其第一次安装，一定要避免管线安装应力，防止管线缓慢变形的发生。另外，对检修回装的机泵，一定要核对轴线标志（凝缩嘴上有明显的标记）。

（3）避免混用不同标志的凝缩嘴。理论上大功率泵的凝缩嘴可以装在小功率泵上；双向喷射的凝缩嘴可以装在单向喷射的机泵上。但是实际上没有必要，我们在5年的运行中没有出现喷嘴失效，只是在运行泵和备用泵上做过对换凝缩嘴运行。

（4）凝缩嘴与轴承箱之间可以是螺纹连接，也可以靠管线支撑直接插入轴承箱。我们是老装置改造，机泵轴承箱上没有螺纹，均是直接插入的。安装的关键是保证凝缩嘴的定向性。

（5）废油收集可以直接使用盘子承接，操作人员当班收集完成即可，无需等待。

（6）现场主机指示灯绿灯亮表示正常；红灯亮表示有报警，需要立即检查；室内监控显示器有报警栏，供室内人员查看。

3 使用效果

喷射式电气双控油雾润滑系在催化装置上连续运行了5年，其故障率极低。润滑油消耗量较甩油润滑低很多，较传统的油雾润滑也是省油的，并且其生雾效率高，综合能耗低。机泵轴承的寿命从原来的约8000h增加到平均超过30000h。人力成本方面基本与其他油雾润滑系统一样，不同点就是现场巡检点少，日常基本没有现场操作。

4　结论

SJM-10-AE 型喷射式电气双控油雾润滑系统结构紧凑、安装简单、投资少，适合石油化工装置改造安装。我们 5 年的运行证明了该系统增加了机泵润滑的可靠性，减少了维修工作量，节约了成本，避免了操作波动，同时大大减轻了操作人员的工作强度，改善了现场卫生，为装置的长期平稳生产运行提供了有力保障。

（中国石化青岛石油化工有限责任公司　周庆杰，姜恒，刘鹏，周亮）

13. 机泵群油雾润滑系统在大芳烃 PX 装置的应用

机泵群油雾润滑是一种新型的稀油集中润滑方式，油雾润滑与其他润滑方式比较，具有许多独特的优点：油雾能随压缩空气弥漫到所有需要润滑的摩擦副，在摩擦副表面总能形成一层洁净质优的润滑油膜，可高效润滑并防止锈蚀；压缩空气比热小、流速高，很容易带走摩擦所产生的热量，在纯油雾条件下轴承运行温度降低 10 ~15℃；减少润滑油用量40%，从而使成本降低；与润滑有关的轴承故障降低 90%；轴承寿命可延长 6 倍；由于油雾具有一定的压力，因此可以起良好的密封作用，避免了外界的杂质、水分等侵入摩擦副，与轴密封损坏相关的故障降低 45% ~65%；机泵群油雾润滑系统重量轻、占地面积小、维修费用低和便于集中管理。

1 油雾润滑工作原理

大芳烃 PX 装置机泵群油雾润滑采用沈阳佳益油雾技术有限公司 OMLD-I-25Y 型主机(见图1)，相关参数如下：油雾发生量为25m³/h，油雾压力为 0.002~0.02MPa，供气压力为 0.4~0.6MPa，最高油温为 70℃。油雾润滑工作过程简单可归纳为四个阶段：油雾的形成、油雾的输送、油雾的凝缩和油雾的润滑。

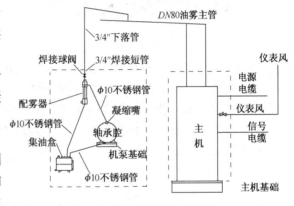

图 1　油雾润滑系统示意图

1.1 油雾的形成

压缩空气经过滤、减压后使压力达到工作气压，经减压后的压缩空气经空气加热器加热后进入油雾发生器。在油雾发生器内，高速流动的气流产生涡流效应，将油吸入发生器雾化室进行雾化，油雾产生后经油雾主机出口排出。油雾颗粒的直径一般为1~3μm，含油量仅为 5ppm。

1.2 油雾的输送

油雾主机油雾排出线搭入油雾输送主线(DN50)上部，各机泵点从油雾主线顶部引出分支线(DN20)进入各机泵点的配雾器(见图2)。配雾器主体采用不锈钢材质制作，带有机玻璃管观察油位。每个机泵配备一台配雾器，每个配雾器有三个备用出口以供分配油雾。为了保证进入轴承摩擦表面为完全型油雾，油雾在管路的传输过程中会有微小的一部分凝结在管道内壁形成油滴，油滴沿着管道进入配雾器内，在配雾器底部设有放油推杆，当配雾器中凝结油到指示标线时向上推动此杆，待润滑油放净后松开此杆复位。配雾器的功能有以下几点：通过进油缸体上的接口连接 φ10 管路把油雾分配到机泵的润滑点；通过配雾器上的玻璃管来存放凝油，并可以观察凝油的存储情况；通过放油缸体上的放油活塞杆排放配雾器中的凝油。油雾在管道中的输送速度为 5~7m/s，一台主机提供的输送距离一般不超过 150m。

1.3　油雾的凝缩、润滑

从配雾器来的油雾在进入摩擦副部位之前，必须将先前微小油颗粒经过特定的装置凝缩成颗粒度较大的油颗粒，这种装置即为凝缩嘴（见图3）。凝缩嘴根据摩擦副的不同，与摩擦副保持5~25mm的距离。

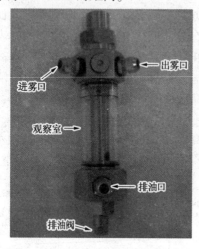

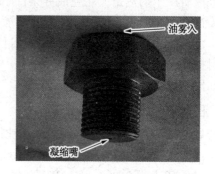

图2　配雾器示意图　　　　　　　　　　图3　凝缩嘴示意图

当油雾流经凝缩嘴细长的小孔时，一方面由于油雾的密度突然增大，处于饱和状态；另一方面高速通过的油雾与孔壁发生强烈的摩擦与碰撞，显示出随机的布朗运动特性，则油颗粒会出现随机脉动。依靠这种脉动产生油颗粒与孔壁的碰撞，从而破坏了油颗粒的表面张力，使之转化为较大的油颗粒，投向摩擦副的表面形成油膜，起到有效润滑摩擦副的作用（见图4）。

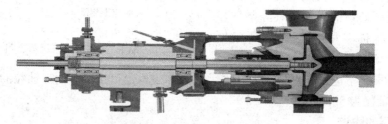

图4　油雾凝缩后润滑示意图

2　应用效果

大芳烃吸附分离和二甲苯装置进口离心泵（P-2601除外，车间提前进行了改造）采用油浴润滑，其他国产机泵采用油雾润滑，现将使用情况进行对比如下。

2.1　润滑效果对比

通过以表1、表2中油雾和油浴润滑机泵运行情况可以看出，在外界气温相同的情况下（-8℃）监测数据，采用油雾润滑的主要机泵其轴承温度一般在20℃以下，P-2601采用的为径向滑动轴瓦，轴瓦温度比较低；采用油浴润滑的机泵轴承温度一般在40℃以上。

大芳烃装置运行到现在，无一台机泵由于油雾润滑问题造成泵轴承损坏或抱轴事故。针对P-2601运行情况，计划在装置运行稳定后，对吸附分离及二甲苯单元进口机泵P-2801、P-2802、P-2803、P-2701、P-2603、P-2605进行油雾润滑改造。

表1　大芳烃PX装置油雾机泵轴承温度监测表

	外界气温: -8℃		监测时间: 2010年11月15日		
序号	工艺位号	润滑方式	功率/kW	前轴承温度/℃	后轴承温度/℃
1	P-2602	油雾	15	10	7
2	P-2604	油雾	315	18	11
3	P-2804	油雾	110	16	13
4	P-2601	湿油雾	1600	32	38

表2　大芳烃PX装置油浴机泵轴承温度监测表

	外界气温: -8℃		监测时间: 2010年11月15日		
序号	工艺位号	润滑方式	功率/kW	前轴承温度/℃	后轴承温度/℃
1	P-2603	油浴	800	43	36
2	P-2605	油浴	400	40	43
3	P-2801	油浴	800	46	42

2.2　耗油量

通过表3对比可以看出,使用油雾润滑机泵相对于使用油浴润滑机泵的耗油量大大减少。

表3　大芳烃PX装置机泵耗油表

机泵润滑形式	机泵数量	每月消耗润滑油量/L	每台泵月消耗润滑油量/L	预计全年用量/桶
油雾	22	66	3	5
油浴	15	180	12	13

通过以上对比说明使用油雾润滑系统后,装置提高了自动化生产和管理水平,由于减少了换油、加油等日常维护工作,大幅度降低了操作人员的劳动强度,润滑油用量相对较少,润滑效果良好。

3　现场存在的问题及处理方法

（1）问题:现场的配雾管线接头为卡套连接,施工单位存在将卡套装反造成油雾泄漏情况,造成管线及轴承箱卫生差,施工前对施工人员的技术培训尤为重要。解决方法:协同厂家给施工单位交底,施工完成后投用油雾系统进行查漏整改。

（2）问题:对于吹扫型油雾润滑（带油位指示）,在P-2601现场安装过程中,出现油杯安装位置不合适,造成润滑油大量从轴承箱油封泄漏情况。解决方法:保证油位指示中油与泄油管管口持平,确认油杯中有油。

（3）问题:设计单位及厂家未设计从油雾主线到机泵配雾支线伴热及保温;2010年冬季新疆出现罕见低温情况,现场配雾器出现润滑油凝析情况,如未及时处理会造成配雾口堵塞油雾无法到达凝缩嘴,造成润滑不良事故发生。解决方法:现场操作人员及时进行切油;安排施工单位立即对油雾主线到机泵配雾支线进行保温,报计划对油雾主线到机泵配雾支线加电伴热。

（4）问题:厂家未设计补油箱电加热器,冬季气温低润滑油冻凝无法补入主油箱。解决方法:需要向主油箱补油前,投用辅油箱电加热器,利用辅油箱给补油箱传热,补油结束后停辅油箱电加热器；报计划对补油箱及补油线系统加电伴热。

（5）问题：系统总管回油电磁阀密封性差，主油箱油位到报警值时，补油箱补压电磁阀打开后，仪表风从回油电磁阀卸出造成润滑油无法补入主油箱。解决方法：此问题目前未彻底解决，厂家多次更换的回油电磁阀使用一段时间均存在泄漏的情况。目前车间规定主油箱油位到 75cm 时关闭总管回油线球阀，补油结束后再打开球阀。

（中国石油乌鲁木齐石化分公司炼油厂芳烃车间　吴东山）

第三章　机械密封应用维修案例

14. 离心泵机械密封泄漏原因分析与防止对策

离心泵的长周期运转直接影响整个炼油装置安全、平稳、满负荷运行。机械密封是炼油厂动设备密封的主要方式，是减少设备跑、冒、滴、漏的主要手段，是关系到动设备是否正常运转的重要部件，决定了设备的安全性、可靠性和耐久性。由于我厂100万t/a延迟焦化装置的副产品之一为石油焦，因此该装置所有离心泵的介质中都或多或少地含有焦粉，加上反应分馏部分介质多为高温，如何保证该工况下机械密封的良好使用，成为设备技术人员的一大课题。本文将用故障树分析法分析三起机械密封失效案例，并提出相应的防止措施。

1　机械密封的基本结构、原理与泄漏点

1.1　机械密封的基本结构

机械密封是一种依靠弹性元件对静、动环端面密封副的预紧和介质压力与弹性元件压力（或磁力）的压紧而达到密封的轴向端面密封装置（见图1），故又称端面密封。构成机械密封的基本元件有：端面密封副（静环1和动环2）——使密封面紧密贴合，防止介质泄漏，动环可以轴向灵活的移动，自动补偿密封面磨损，使之与静环良好的贴合，静环具有浮动性，起缓冲作用；弹性元件（弹簧4）——起预紧、补偿和缓冲的作用，其弹性用于克服辅助密封和传动件的摩擦和动环的惯性，保证端面密封副良好的贴合和动环的追随性；辅助密封（如O形圈8、9和10）——起静环（静环与压盖之间）和动环（动环与轴或轴套）的密封作用，也起到浮动和缓冲的作用；传动件（如传动销3和传动螺钉6）——将轴的转矩转给动环；防转件（如防转销11）——防止静环转动和脱出；紧固件（如弹簧座5、推环13、压盖12、紧定螺钉6与轴套14）——起动、静环的定位、紧固的作用。

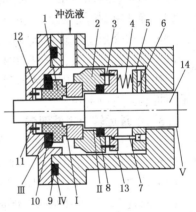

图1　典型单端面机械密封示意图

1—静环；2—动环；3—传动销；4—弹簧；
5—弹簧座；6—紧定螺钉；7—传动螺钉；
8—动环O形圈；9—压盖与密封箱O形环；
10—静环O形圈；11—防转销；12—压盖；
13—压环；14—轴套；Ⅰ、Ⅱ、Ⅲ、
Ⅳ、Ⅴ—泄漏点

1.2　机械密封可能泄漏的部位

静环与动环的端面之间Ⅰ是主要密封面，是决定机械密封摩擦、磨损和密封性能的关

键，也决定机械密封的寿命；静环与密封压盖之间Ⅱ和动环与轴（或轴套）之间Ⅲ是辅助密封，是决定机械密封密封性和动环追随性的关键；密封压盖与壳体之间Ⅳ和轴套与轴之间Ⅴ为静密封。

2　机械密封泄漏原因分析

2.1　安装静试时泄漏

机械密封安装调试好后，一般要进行静试，观察泄漏量。如泄漏量较小，多为动环或静环密封圈存在问题；泄漏量较大时，则表明动、静环摩擦副间存在问题。在初步观察泄漏量、判断泄漏部位的基础上，再手动盘车观察，若泄漏量无明显变化则静、动环密封圈有问题；如盘车时泄漏量有明显变化则可断定是动、静环摩擦副存在问题；如泄漏介质沿轴向喷射，则动环密封圈存在问题居多，泄漏介质向四周喷射或从水冷却孔中漏出，则多为静环密封圈失效。此外，泄漏通道也可同时存在，但一般有主次区别，只要观察细致，熟悉结构，一定能正确判断。

2.2　试运转时出现的泄漏

泵用机械密封经过静试后，运转时高速旋转产生的离心力，会抑制介质的泄漏。因此，试运转时机械密封泄漏在排除轴间及端盖密封失效后，基本上都是由于动、静环摩擦副受破坏所致。引起摩擦副密封失效的因素主要有：

（1）操作中因抽空、气蚀、憋压等异常现象，引起较大的轴向力使动、静环接触面分离；

（2）对安装机械密封时压缩量过大，导致摩擦副端面严重磨损、擦伤；

（3）动环密封圈过紧，弹簧无法调整动环的轴向浮动量；

（4）静环密封圈过松，当动环轴向浮动时，静环脱离静环座；

（5）工作介质中有颗粒状物质，运转中进入摩擦副，擦伤动、静环密封端面；

（6）设计选型有误，密封端面比压偏低或密封材质冷缩性较大等。

上述现象在试运转中经常出现，有时可以通过适当调整静环座等予以消除，但多数需要重新拆装，更换密封。

2.3　正常运转中突然泄漏

离心泵在运转中突然泄漏，少数是因正常磨损或已达到使用寿命，而大多数是由于工况变化较大或操作、维护不当引起的。

（1）抽空、气蚀或较长时间憋压，导致密封破坏；

（2）对泵实际输出量偏小，大量介质泵内循环，热量积聚，引起介质冷化，导致密封失效；

（3）回流量偏大，导致吸入管侧容器（塔、釜、罐、池）底部沉渣泛起，损坏密封；

（4）对较长时间停运，重新启动时没有手动盘车，摩擦副因黏连而扯坏密封面；

（5）介质中腐蚀性、聚合性、结胶性物质增多；

（6）环境温度急剧变化；

（7）工况频繁变化或调整；

（8）突然停电或故障停机等。离心泵在正常运转中突然泄漏，如不能及时发现，往往会酿成较大事故或损失，须予以重视并采取有效措施。

3　机械密封泄漏案例分析

3.1　案例一

2010年5月我厂延迟焦化装置柴油泵 P-3105/B[介质温度为（230±10）℃]，出口端机封自冲洗冷却水盘管(见图2)由于年久腐蚀严重,水管部分整体减薄并出现多处腐蚀的贯穿孔,在经过多次电焊补焊后仍然不断出现新的漏洞,联系该泵厂家被告知已经停止生产该种冷却盘管,于是将该冷却水盘管切除,将自冲洗油管预制直接连上,该泵在之后仅仅运转7天便出现机封泄漏。经过拆检发现是由于汽化引起的密封端面破坏。因为自冲洗油管直连后,冲洗油未经过冷却直接注入密封面,导致密封面过热,密封的工作压力低于介质的饱和蒸汽压造成端面的液膜发生局部沸腾(液膜汽化),变成气液混合物,瞬间逸出大量的蒸汽,同时产生大量的泄漏并破坏密封面,最终使动静环上产生径向裂纹(见图3)。查到原因后联系该泵厂家,购买了替代冷却器后目前该泵运转良好。

柴油泵机械密封泄漏故障树如图4所示。

图2 P-3105/B 更换出口端机械密封

图3 硬质合金产生径向裂纹

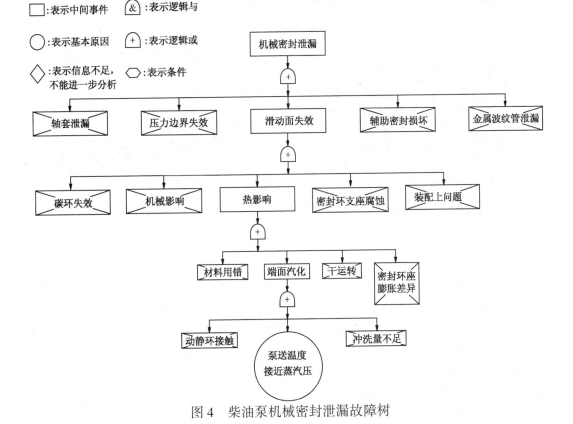

图4 柴油泵机械密封泄漏故障树

3.2　案例二

我厂延迟焦化冷焦水系统 P-3201/AB、P-3202/ABC（大弹簧式机械密封）主要负责将循环水运送至焦炭塔内进行冷却高温焦碳，并将冷焦后的热水运送至空冷冷器却后作为下一次冷焦时用。2009 年这五台泵多次出现机封泄漏（见图 5），经拆检后发现大弹簧上沉积大量焦粉（见图 6），导致大弹簧补偿性能下降，动环的追随性随之下降，虽然这五台泵均有机封自冲洗，但介质本身就含有焦粉，焦粉进入密封面，加剧了密封面的磨损（见图 7），最终导致机械密封泄漏。鉴于此，在 2009 年底将这五台泵改造为机封外冲洗（见图 8，循环水作为机封冲洗水）。截至 2010 年 5 月，这五台泵运转良好，没有一台因为机械密封泄漏拆修，改造效果十分明显。

冷焦水系统泵机械密封泄漏故障树见图 9。

图 5　运转中正在泄漏的冷焦水系统泵

图 6　大弹簧上沉积焦粉

图 7　动静环高度磨损

图 8　改造后增加机封外冲洗

3.3　案例三

我厂延迟焦化分馏部分蜡油泵 P-3107/A（见图 10，介质温度为 330℃）在备用情况下出现机械密封泄漏（见图 11）。由于泵 P-3107/B 为变频泵，班组操作更倾向于使用该泵便于调节操作，因此 A 泵经常长时间处于备用状态，经过拆检发现波纹管波片间由于该泵长时间备用且机封冷却蒸汽量不足已经严重结焦，致使波纹管失去补偿性，最终导致机械密封泄漏。在更换新的机械密封后，车间技术组要求班组定期切换该泵，并保证该泵机封冷却蒸汽在备用与运转期间的良好投用，经过一段时间的定期切换，目前这两台泵均运转良好，机械密封泄漏率明显减小。

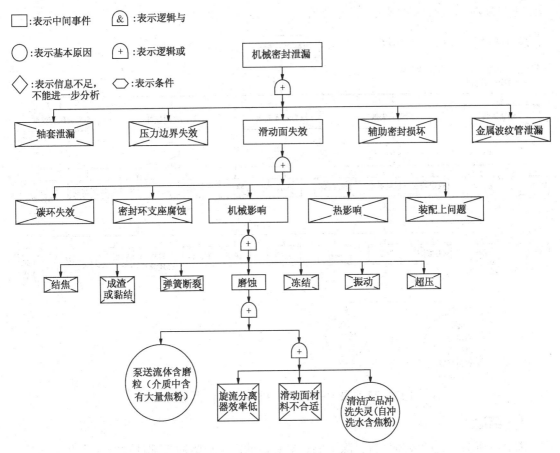

图 9　冷焦水系统泵机械密封泄漏故障树

图 10　热油泵 P-3107/A

图 11　机封泄漏留在泵座上的油污

热油泵 P-3107/A 机械密封泄漏故障树见图 12。

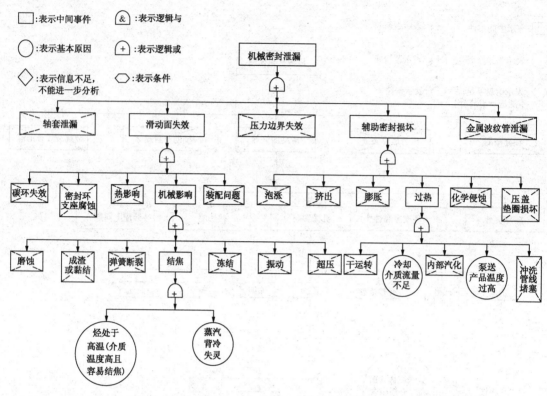

图 12　热油泵 P-3107/A 机械密封泄漏故障树

4　结语

离心泵机械密封的故障分析，除了要针对具体的产生故障的各部件进行单个分析之外，还应检查工艺状况，确保工艺指标的稳定，防止压力、温度变化过大等引起的机械密封损坏，即进行系统分析。同时，对有冷却装置的机械密封要重点检查，定期清理冷却水管路，确保冷却水的畅通，防止冷却水结垢而引起机械密封的失效。重要的是，对于每一次机械密封泄漏，现场技术人员一定要查明原因，并提出相应解决的措施，避免机械密封因为同样的原因泄漏，这样才能有效地减少机械密封泄漏频率。

（中国石油大港石化分公司第一联合车间　刘明冲，赵津，李刚，邵锋）

15. 油浆泵机械密封系统技术改造

　　中海炼化惠州炼化分公司120万t/a重油催化装置油浆泵，2009年6月生产装置投产，为重油催化装置主要设备，也是惠州炼化重点设备，石化企业都定为A类设备，位号102-P207A、B两台，日常生产一开一备，三个月切换一次运行，开工初期运行较为平稳，维修次数趋于合理，2012年11月初开始，由于装置生产工艺波动，分流系统柴油受到携带催化剂粉末污染，机泵机械密封为双封，采用为plan54+62密封方案，隔离液采用装置工艺系统柴油，短时间内，机械密封多次发生泄漏，该泵油浆操作温度为340℃，如果漏量过大遇空气会自燃，严重威胁装置的安全生产。为了保证装置安稳长满优生产，决定对机械密封系统进行技术改造，以提高机泵运行的安全性、可靠性。

1　技术改造

1.1　泵基本概况

　　分流系统油浆泵为浙江嘉利特荏原泵业有限公司制造，型号为250ZPY-400，为单级悬臂离心泵，介质重油催化油浆，泵工艺条件见表1，机械密封双封为约翰克兰科技（天津）有限公司设计及制造。

表1　油浆泵主要工艺参数

设备名称	数量/台	操作温度/℃	操作压力/MPa		流量/（m³/h）	扬程/m	电机功率/kW
			入口	出口			
油浆泵	2	340	0.44	1.29	533	129	400

1.2　机械密封污染情况

　　2012年12月11日初开始至1013年1月4日止，102-P207B不到1个月的时间，机械密封外封泄漏超标四次，进行连夜抢修处理，几次机械密封解体检查发现，密封腔被催化剂污染，特别是第一次拆解机械密封内件，拆解检查发现污染很严重，如图1所示。从几次拆解情况看，第一次污染最为严重，以后几次越来越轻，污染减轻的原因是，在工艺上，对储罐的柴油多次进行置换处理，这样，设备运行情况才逐渐好转，保证了设备安全平稳运行。虽然设备运行状况得到缓解，但隐患没有排除，如果遇到异常情况，不排除还会发生，我们只有从设备本身去考虑，机械密封系统应该是一个独立的系统，与装置分开，机械密封隔离液应不受装置工艺介质干扰，才能平稳安全运行，基于这个想法，准备对设备机械密封系统进行改造。

图1　双封内件污染情况

1.3　技术改造

1.3.1　方案的确立

该泵原机械密封系统采用 Plan54+62 密封方案，我们提出密封总体方案不变，即保留 Plan54+62 方案不变，隔离液不用装置系统柴油，增设单独循环系统，同时，增加 Plan32 冲洗方案，即 Plan54+32+62 方案，保留 Plan62 方案，可以不投用，保留 Plan62 方案目的，是从安全的角度去考虑，对双封本身意义不大，因为增加了 Plan32 冲洗方案，已经防止了油浆在外封处结焦，经过与约翰克兰有关专业人士多次技术交流，增设隔离液油站，设计两台油泵互为备用，增设连锁系统，对机械密封双封按新型的 Plan54 冲洗方案进行重新设计，增加 Plan32 冲洗方案柴油冲洗孔。

为了保证该隔离液系统安全可靠运行，保留了原来 Plan54 冲洗方案工艺系统柴油管线，即保留了原来的装置柴油隔离液，单独循环隔离液管线与装置工艺柴油管道相连接，用闸阀进行隔离，如图 2 所示，在隔离液油站两台油泵都不好用的极特殊情况下，我们应有手段，对运转的机械密封进行充液保护，这样，设备运行更安全可靠，达到双保险作用。

1.3.2　Plan54 系统主要组成

改造后的 Plan54 方案辅助系统增设油站，主要由油箱、齿轮泵、过滤器、蓄能器、调压阀、压力变送器、液位开关、压力表、流量计、液控单向阀、换热器和阀门等组成，是一个独立的循环系统，如图 3 所示。油箱容积 $1.0m^3$，材质 304，采用 QC310 热传导油，过滤器过滤精度 $20\mu m$；蓄能器采用专业厂产品，型号为 NXQ 系列，容积 6.3L；换热器型号为 GLC 系列，冷却面积 $1.7m^2$，列管材质 304。齿轮泵主要参数见表 2。

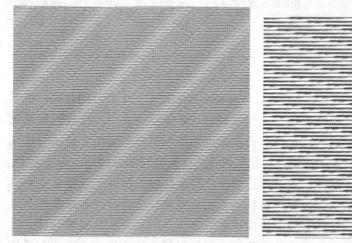

图 2　隔离液局部管路

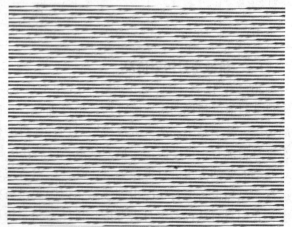

图 3　隔离液油站

表 2　油泵主要参数

设备名称	数量/台	操作温度/℃	设计压力/MPa		设计流量/(m^3/h)	入口管径/mm	电机功率/kW
			入口	出口			
齿轮油泵	2	80	常压	2.5	48	25	5.5

1.3.3　辅助系统工作原理

油箱内的隔离液经过吸油过滤器进入齿轮泵，再经过单向阀进入机械密封为其提供润滑和冷却，随即经液控单向阀及换热器、过滤器返回油箱，沉淀杂质后进入下一循环。系统的工作压力通过背压阀调整达到，溢流阀（安全阀）起安全保护作用，其额定压力应高于背压阀的工作压力。隔离液的工作压力可以通过压力表显示，当压力低于压力变送器的设定压力时触发开关报警。箱体上配置有液温计以显示液位和温度高低；当液位下降至液位开关安装位置时触发开关报警。

1.3.4　辅助系统调试

首先投用 Plan32 方案；油站辅助系统空载运转以后，将蓄能器卸荷的截止阀缓慢关闭，再将背压阀缓慢调整至关闭状态，调节过程中，观察压力表变化；调整溢流阀，观察一段时间压力表视值是否稳定，如压力变化继续微调至压力稳定，将溢流阀调节手柄处背母锁紧；溢流阀调整完毕后，将背压阀开启，缓慢调整至系统操作压力，观察一段时间压力表视值是否稳定，如压力变化继续微调至压力稳定，将背压阀调节手柄处背母锁紧；检查隔离液流过为正常，并检查整个管路的泄漏现象；观察支路流量表，调节流量控制阀将各个支路流量调成一样，也就是将总流量平均分配到各个支路中。

1.3.5　操作注意事项

（1）运转前确保管路清洁，无杂质颗粒。

（2）务必在设备运转前启动系统，在设备停车后关闭系统。

（3）启动后，要将管路中的气体排净。

（4）系统运转时应经常检查管线是否有松动、泄漏现象。

（5）注意液位变化和压力变化是否正常；当液位报警时必须及时补充隔离液至要求液位高度，并检查隔离液缺失的原因，及时排除。压力报警意味着压力系统中（包含密封）存在泄漏点，应及时查明检修。

（6）定期检查蓄能器压力是否正常。

（7）隔离液应保持清洁，定期更换，过滤器应及时清洗或更换。

（8）维修时，要释放掉系统的压力；系统关闭后，隔离液压力仍可保持很长时间，维修时要注意先缓慢打开蓄能器卸荷阀，释放掉系统压力。

（9）系统长时间停车时排空管路和箱体内的隔离液。

（10）此系统双泵为一开一备，定期切换使用。

（11）泵站无法正常工作，而油浆泵又不能停机时，可以先打开柴油管线阀门，再关闭泵站输出和返回总阀门，然后断开泵站进行彻底检修。当恢复泵站工作时，需要先排净管线中的柴油，再进行泵站的工作。

2　运行效果

2014 年 10 月全厂装置大检修中进行改造，12 月初装置开工投用，现已经投入生产使用 10 个多月，运行情况良好，机械密封外封没有发现滴漏现象，隔离液压力稳定，内封也没有发生泄漏现象，此次改造，不论在理论上还是在实际运行上，方案都是可行的，随着运行时间的增加，使用效果会越来越好，技术改造是成功的，保证了装置安全生产，确保了设备长周期运行。

3　结语

重油催化装置油浆泵密封系统改造方案，据了解，plan54 隔离液设立油站单独循环，国内同行很少采用，国外采用多些。采用 plan54+32+62 方案，同时，外加工艺柴油备用冲洗方案，国内还是第一次使用。在经济上，我们保留了原有的 Plan54 方案双封不变，只是在密封本体上开孔，增加了 Plan32 冲洗方案，节约了成本，以最少的资金，获得较大的经济效益，也是企业降本增效的一个举措。

（中海炼化惠州炼化分公司　张柏成）

16. 串联式波纹管机械密封在减底泵上的应用

2004年6月份以前，中国石化沧州分公司常减压装置一直存在500℃馏出指标超标问题，经常超出10%，严重时达到18%，造成二次加工困难，影响了企业的经济效益。这里500℃馏出指常减压装置减压渣油（以下称减渣）在常压下升温到500℃时的馏出物质量百分比。减渣由减底泵输送出装置。500℃馏出产物主要由正常生产未馏出的成分及为改善减底泵机械密封使用条件而外注的冲洗液组成，同行业先进指标在6%左右，允许指标10%。以下对影响原因进行了分析并采取措施进行了解决。

1 原因分析

1.1 生产工艺方面原因

装置加工生产过程中，500℃馏出的多少受原料性质及加工工艺影响，因为正常情况下减压蒸馏过程在375℃左右进行，因此，升温至500℃还会有馏出物产生。石化行业要求此指标应低于10%。因此，此指标在生产工艺方面只能得到一定改善，不能完全消除。

1.2 机械密封冲洗液方面原因

我厂减底泵型号为150AY$_{\text{III}}$-150*2B，双支点离心泵，1开1备，流量100t/h，介质温度375℃，高低压端均使用单端面波纹管机械密封，采用注入式冲洗，冲洗液为重柴。重柴为装置已经蒸馏出的馏分，在此处又重新注入减渣中，因此，该冲洗液的注入增加了减渣的500℃馏出。

经调查，实际使用时，备用泵2个密封腔压力为负压，运行泵高压端密封腔压力0.3MPa，低压端密封腔压力负压，冲洗液注入压力高达1.0MPa。经初略计算，在此条件下，2台减底泵共4个注入点，合计注入冲洗液约10.6t/h。减渣冲洗液含量为10.6/100＝10.6%，即此因素使500℃馏出增加了10.6%。冲洗液注入量没有得到有效控制，导致了冲洗液注入介质过量，是500℃馏出不合格的主要原因。

2 改善措施

2.1 控制合理冲洗压力

根据有关资料，对于现在泵用机械密封工作压力2MPa以下，压力变化不大而又较为准确的情况下冲洗液比密封腔内的压力高0.05~0.2MPa[1~2]。因此，备用泵应关闭冲洗液，运行泵确保冲洗液压力高于密封腔压力0.05~0.2MPa，由于实际操作波动，该指标很难准确控制，因此，需选高值即0.2MPa。

2.2 控制合理冲洗量

根据有关资料，机械密封轴径在90mm时冲洗液用量在8L/min以上是比较合适的[1~2]，即此泵2个冲洗点用量应为960L/h以上。装置所有运行泵冲洗液调整达到要求，所有备用泵停用冲洗液后，装置冲洗液总消耗量9t/h，共9个注入点，按平均值计算，减底泵2个注入点合计注入冲洗液约2.0t/h，此值高于理论控制量。

根据现场实际使用经验，在冲洗量较小的情况下机械密封使用寿命缩短、使用效果明显变差，即约2.0t/h冲洗液注入量是必要的，因此，冲洗液注入使500℃馏出仍会增加

2%。为彻底消除冲洗液的影响，需采取其他技术改造才能更进一步降低机械密封冲洗量。

3 技术改造

采用成熟的串联式波纹管机械密封，可避免冲洗液进入机泵内部，因而，也就彻底消除了冲洗液对 500℃ 馏出影响。

3.1 串联式波纹管机械密封的特点

串联式机械密封由两套机械密封前、后布置组合在一起，中间采用冲洗液循环，当中间冲洗液压力超过介质压力时就起到了双端面机械密封的作用，前置密封主要起防止介质侵入到冲洗液的作用，机械密封损坏时会发生内漏、外漏等不同情况[3]。采用波纹管做弹性原件可以提高它的对高温的适应能力。

3.2 串联式波纹管机械密封示意图

图 1 为串联式波纹管机械密封示意图。

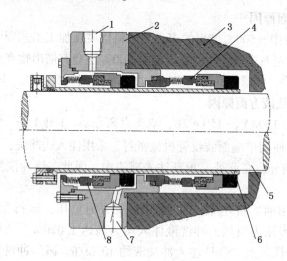

图 1 串联式波纹管机械密封示意图

1—冲洗液入口；2—压盖；3—泵体；4—前置机械密封；5—泵轴；6—轴套；7—后置机械密封；8—冲洗液出口

冲洗液自入口注入机械密封内部，自出口返回冲洗液罐，冷却后循环利用，不进入被输送介质。这样，就可以彻底避免原先采用单端面机械密封时使用的冲洗液进入机泵密封腔，对被输送介质产生影响。控制冲洗液压力高于密封腔压力，避免前置机械密封泄漏后输送介质进入冲洗液，影响污染冲洗液及机械密封使用寿命。

3.3 改造

我厂在 1 台减底泵上使用了西安永华集团有限公司生产的 YHECS-604-58A 串联式波纹管机械密封，利用原先的冲洗液，增加一条返回冲洗罐的管线，使冲洗液可以循环利用。控制冲洗液比密封腔内的压力高 0.2MPa 以上，同时加大冲洗液用量，确保冲洗温升不致太高，以保证机械密封在较低温度下运行，提高机械密封使用寿命。

4 改造效果

（1）改造后，由于冲洗液不进入介质，现在 500℃ 馏出已经在 6% 左右，完全消除了冲洗液对 500℃ 馏出的影响，解决了 500℃ 馏出不合格的问题。

（2）直接经济效益：彻底避免 2t/h 高品质冲洗液进入低品质油品中，（重柴 3000 元/t—渣油 1500 元/t）×冲洗液注入量 2t/h×8000h/年＝240 万元/年。

（3）实际控制冲洗液进口温度 60℃，出口温度可以控制到 80℃左右，因此密封效果更好，同时取消了机械密封冷却水，提高现场管理水平。

5　结语

在炼油厂，应用串联式波纹管机械密封可以解决使用普通机械密封带来的高品质冲洗液进入低品质介质的经济损失；同时，冲洗液不进入介质可提高机泵及炼油装置的整体效率；并且，由于冲洗液加大后的冷却作用使得机械密封使用温度大大降低，进而提高了机械密封的使用效果。因此，对于炼油厂必须使用冲洗液的常减压装置塔底泵、催化装置油浆泵、焦化装置辐射进料泵等具有很高的推广价值。

（中国石化沧州分公司　何峰）

17. 焦化180泵机械密封结构的改进

扬子石化有限公司炼油厂800kt/a延迟焦化装置两台辐射多级进料泵（位号P102）是整个装置的心脏设备，型号HGBR4/1+3，流量为180m³/h，所以俗称180泵。该泵系整台（包括润滑系统）从德国KSB公司引进，轴端采用单端面波纹管机械密封。该泵开工后，两端机械密封经常泄漏，检修后使用效果也达不到要求，对加热炉炉管影响很大，影响了装置的安全生产。通过反复统计分析，找到了机封泄漏的原因，对该密封结构实施改造。

1 设备状况和介质状况

1.1 泵的技术参数

型号：HGBR4/1+3；流量：$Q = 180\text{m}^3/\text{h}$；扬程：$H = 500\text{m}$；转速：$m = 2950\text{r/min}$；输送介质：焦化渣油；进口压力：0.12MPa；出口压力：3.72MPa；介质温度：385℃；冲洗液：焦化蜡油；背冷介质：蒸汽。

1.2 输送介质的性质

上游两套常减压来减压渣油：

含硫：3.43%；残炭：20.8%；氮含量：0.54%；黏度（100℃）：2160mm²/s；金属含量：129.5×10⁻⁶。

2 机械密封失效原因分析

经过统计分析认为导致密封失效的主要原因如下，其结构型式如图1所示。

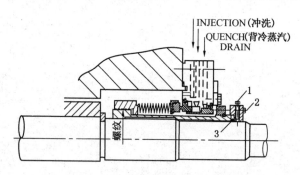

图1 HGBR4/1+3机械密封图
1—径向螺栓M6；2—轴向螺栓M5；3—不锈钢锥型环

（1）机械密封轴套与波纹管间用螺纹连接，螺纹密封效果不好，造成泄漏。同时该波纹管和轴套的螺纹有左右旋之分，稍不注意，极易装错。

（2）轴套与轴之间用不锈钢锥型环做密封，密封效果不好，易造成轴套与轴之间的泄漏。

（3）轴套定位是通过一对卡环与轴封的连接法兰盘固定，固定效果不好，造成机封泄漏。通过分析有以下问题：

① 法兰盘用 9 个 M5 的轴向螺钉连接，造成轴套与轴沟锥型环变形量不大，从而引起轴封泄漏。

② 法兰盘用 3 个 M6 的螺钉径向固定在传动轴上，这样三个 M6 的螺栓既要固定轴套，又要作为轴套传动的工具，同时承受机封端面的摩擦力，从而造成轴套在传动轴上的移动，使机封失效，造成机封泄漏。

（4）所输送介质焦化渣油温度高且易燃，黏度大易结焦并含有固体颗粒，使波纹管变形，失去弹力，这样对机械密封的要求更高。

通过上面分析，造成 P102AB 密封泄漏主要由轴套与波纹管间密封、轴套与轴之间密封、轴套在轴上的定位以及工艺状况高温易结焦等因素造成，说明原机械密封存在问题。

3　机械密封的选型及轴套等改进

（1）改变机封轴套结构，使波纹管与轴套用 6 个 M6 螺栓连接，同时在轴套上增加一传动螺钉，以便承担传动轴套扭矩，如图 2 所示。

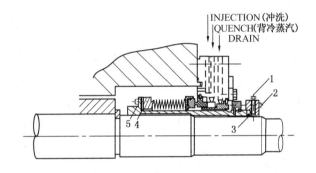

图 2　改进后机械密封图

1—径向螺栓 M6；2—轴向螺栓 M8；3—聚四氟乙烯锥型环；4—柔性石墨垫片；5—固定螺栓

（2）波纹管与轴套台阶间加柔性石墨垫片，从而保证轴套与波纹管间的密封。

（3）改变轴套定位方式，同时保证轴套与轴之间的密封。

① 改进法兰盘，将原先轴向 9 个 M5 螺栓设计成 8 个 M8 的螺栓，径向原先 3 个 M6 的螺栓设计成 8 个 M6 的螺栓，这样 8 个 M6 的螺栓与轴套上的一对卡环保证了轴套在轴上的定位，同时承担了轴套转动的扭矩。

② 将原先轴与轴套间不锈钢锥型环改为聚四氟乙烯锥型环，通过 8 个 M8 螺栓的法兰连接后，使四氟环内径与轴之间形成过盈，锥面与轴套锥面形成过盈，从而保证了轴与轴套之间的密封。

③ 在连接法兰铣一个键槽，使之与轴套上的传动销钉配合，从而承担一部分轴套旋转的扭矩。

4　国产密封的选择

根据工艺介质的特点及其失效原因的分析，对密封的改造提出了要求：新密封除了具有密封性能好、摩擦功率低、寿命长外，还要求具有耐高黏度液体的可靠密封性，以抵抗高黏度液体在端面的固结；同时新设计的密封要满足密封腔内的压力(0.25MPa)范围，且拆装方便。选择国产同类型机封，通过比较选择丹东机械密封件厂生产的 DBM-85A 型机械密封，要求波纹管材料为进口件，保证波纹管的刚度。

5　改造后运行效果

改造后投入运行，密封性能良好，稳定且无泄漏，可靠性高，使用寿命长，结构简单。最重要的是消除了由于热渣油泄漏导致的火灾隐患，确保了装置的安全稳定生产。同时还有显著的经济效益。焦化 HGBR4/1+3 多级泵机械密封改造成功，从根本上解决了该泵泄漏问题，延长了泵的使用寿命，确保了装置的"安、稳、长、满、优"生产。也为焦化辐射泵国产化密封的设计制造摸索出一条可行之路。

（中国石化扬子石油化工有限公司　李学勇，高长生）

18. P-102 泵机械密封故障原因分析及改造

制苯装置 P-102A/B 泵是脱戊烷塔 T-101 塔塔底循环泵，是预分馏系统的关键机泵，在生产过程中为一开一备。由于介质温度高且易聚合、结焦，从 2005 年装置提高负荷以来，该泵故障率始终很高。P-102A 泵平均运行周期为 3.5 个月，最短为 1 个月，P-102B 平均运行周期为 4 个月，最短为 1 个月，如图 1、图 2 所示。

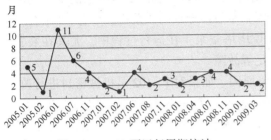

图 1　P-102A 泵运行周期统计

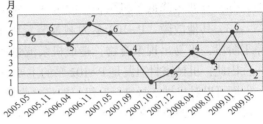

图 2　P-102B 泵运行周期统计

该设备为单级离心泵，轴封型号为 DBM80A 单级非集装式机械密封，机械密封冲洗采用自冲洗形式，即从泵出口端引物料直接对机械密封进行冲洗，P-102 泵主要参数见表 1。

表 1　P-102 泵主要参数

机械密封型号	介质	介质温度/℃	介质密度/(kg/m³)	入口压力/MPa	出口压力/MPa	冲洗形式
DBM80A	$C_6 \sim C_9$	128	729.7	0.25	0.75	自冲洗

P-102 泵的主要故障现象为机械密封在运行较短的一段时间后发生泄漏。通过解体检查，发现机械密封波纹管的褶皱内有大量的聚合物和结焦物，如图 3 所示。

(a)

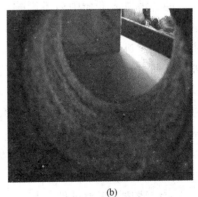
(b)

图 3　机械密封波纹管的褶皱介质聚合物

聚合物和结焦物的形成影响了波纹管的补偿性，加快了机械密封端面磨损，从而造成机械密封在较短时间内出现泄漏。机泵频繁的故障，不但造成维修率高，影响现场环境，同时也给装置预分馏系统的高负荷、平稳运行带来很大的隐患。

1　P-102泵常见故障及原因分析

从每次机泵检修的拆检情况发现，该泵主要故障现象为以下几个方面：

（1）机械密封故障　P-102泵机械密封采用型号为DBM80A的单级非集装式机械密封，运行过程中经常因机械密封泄漏进行检修，其故障率占该泵故障次数的85%。对机械密封的失效型式进行分析，发现其主要原因为机械密封冲洗、冷却效果不好，高温$C_6 \sim C_9$在机械密封波纹管的褶皱内聚合、结焦，影响波纹管的补偿性，造成机械密封在较短时间内便出现了泄漏。

（2）轴承故障　制苯装置所有离心泵均采用统一的油雾润滑，使得机泵的轴承润滑更加充分，有效地降低了机泵轴承故障率，所以因轴承故障导致的该泵检修只有5%左右。

（3）其他故障　P-102泵为制苯装置脱戊烷塔塔釜泵，在运行过程中，尤其在装置开停工阶段，极易出现聚合物，造成机泵流量不足等故障。

因此，机械密封泄漏是P-102泵的主要故障原因。如果对P-102泵机械密封进行改造，一方面可以对机械密封进行升级，即将之前的单端面波纹管机械密封改造为串联式机械密封。或者对机械密封的冲洗进行改造，达到冷却和润滑机械密封的效果。由于P-102泵输送的介质为128℃的$C_6 \sim C_9$，在介质流动缓慢的地方，如机械密封波纹管的褶皱、冲洗液换热器的管束里，介质极易聚合，形成颗粒状的聚合物，达不到预期的效果。所以对P-102泵的机械密封改造，单从机械密封本身的升级或增加冲洗液换热器不能实现其长周期运行的目的。只有改善机械密封的工作条件，消除介质在密封腔内形成的聚合，达到冲洗液对机械密封进行冲洗、冷却和润滑的效果，才能延长机械密封的运转周期，降低机泵故障率。

2　机械密封冲洗液改造方案

机械密封的冲洗形式一般可以分为3种：①自身冲洗（P-102泵目前采取的冲洗方式）。即介质由泵的出口端引入，冲洗摩擦副后直接进入泵腔。②外部冲洗。在工艺系统中选取一种压力高于密封介质、温度低于密封介质且比较洁净的液体作冲洗液，对密封腔进行冲洗，要求所选冲洗液进入介质中后不影响产品质量，外部冲洗是机械密封冲洗中使用最多的一种方法，常用在含有颗粒及较多杂质的介质密封处。③反向冲洗。反向冲洗就是将密封腔中介质引出到泵进口端，密封腔中介质不断更新，防止介质中颗粒、杂质沉淀，使摩擦副过早破坏。通过对P-102泵机械密封故障现象的分析得出，其目前的自冲洗液对机械密封几乎没有冷却效果，同时介质易聚合、结焦，造成了机械密封在很苛刻的状况下运行，所以考虑将P-102泵机械密封的冲洗在选取合适冲洗液的前提下，改造成外冲洗形式，从而改善机械密封的运行环境，延长其使用寿命。

总结以往的工作经验和P-102泵的具体工况后，得出针对该机械密封的良好冲洗液应具备以下条件：

（1）冲洗液应清洁，无腐蚀性，与泵内介质相容，工作温度较低（不高于50℃），且有良好的润滑性。冲洗液进入泵内不影响产品质量，不影响泵的运转（如抽空和气蚀）。

（2）冲洗液的压力应高于泵密封腔的压力，一般外冲洗液压力应比密封腔大$0.1 \sim 0.2MPa$为宜。

（3）冲洗液应具有一定的流量，可以保证将机械密封的温度冲洗带走。根据长期的实践和经验，一般冲洗流量控制在$3 \sim 30L/min$（换算成流速为$3.18 \sim 33 m/s$），对挥发介质或高温介质冲洗量可以适当大些。冲洗液量相对于预分馏塔系的处理量可以忽略不计。

根据 P-102 泵输送介质的组分、压力、温度与制苯装置 P-103 泵输送介质参数进行对比分析,得出 P-103 泵介质能满足 P-102 泵冲洗要求。P-103 泵主要参数见表2。

表2　P-103 泵主要参数

流量/(m^3/s)	密度/(kg/m^3)	动力黏度/($mPa \cdot s$)	出口管路直径/mm	出口压/MPa
0.026	804.4	0.3209	200	0.85

2.1　机械密封冲洗液组分分析对比

P-103 泵为预分馏塔 T-102 的回流泵,其输送介质为 $C_6 \sim C_7$,温度只有40℃,在生产流程中已经应用于装置 P-104A/B 和 P-201A/B 高速泵的机械密封冲洗、冷却和润滑,效果一直很理想。对比 P-102 泵与 P-103 泵及脱戊烷塔 T-101 的介质组分,如表3、表4所示。

表3　P-102 与 P-103 泵介质组成对比表

设备位号	温度/℃	密度/(kg/m^3)	介质组成对比(质量分数)/%								
			碳五	碳六	碳七	碳八非芳烃	苯	甲苯	苯乙烯	碳八芳烃	碳九以上
P-102	128	729.7	0.34	7.28	5.07	2.95	30.33	16.42	2.68	11.03	23.77
P-103	40	804.4	0.56	12.02	8.37	1.55	50.11	27.10	0.0	0.07	0.0

表4　P-102 与 P-103 泵介质组成对比表

设备位号	温度/℃	密度/(kg/m^3)	介质组成对比(质量分数)/%								
			碳五	碳六	碳七	碳八非芳烃	苯	甲苯	苯乙烯	碳八芳烃	碳九以上
P-103	40	804.4	0.56	12.02	8.37	1.55	50.11	27.10	0	0.07	0
T-101	128	729.7	19.03	6.07	4.08	2.38	24.34	13.22	2.16	8.89	19.23

通过对比,P-102 泵介质组分涵盖了 P-103 泵的所有介质组分,T-101 塔的介质组分也涵盖了 P-103 泵的所有介质组分,说明 P-103 泵的出口物料可以消耗在 P-102 泵内,同时不影响 T-101 塔的工艺操作,即两种物料具有互容性。P-103 泵物料的组成主要是 C_6 和 C_7,介质纯净无杂质,没有腐蚀性。该处介质温度为40℃,小于50℃的要求,在该温度下介质中的有效组分不易挥发或造成气蚀,不影响泵的正常运行。由于已经作为 P-104 泵和 P-201 泵的机械密封冲洗液,物料的润滑效果也很好。

2.2　机械密封冲洗液压力计算

装置 P-103 泵的出口物料在生产过程中部分用作 P-104A/B、P-201A/B 高速泵的机械密封冲洗液,所以可以考虑从 P-103 泵出口管线引物料至 P-102 密封腔,作为 P-102 泵机械密封冲洗液,进行冲洗、冷却,并直接损失在 P-102 泵腔内,改造流程如图4所示。

冲洗液在进入 P-102 泵处压力可以现场配管实测得到,流量可以通过伯努利方程求得。参照图4,设 P-103 泵出口压力为 P_0,流速为 u_0,自 P-103 泵出口管路引出支管线处压力为 P_1,流速为 u_1,配置管线将冲洗液引至 P-102 泵密

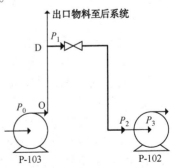

图4　改造流程简图
(粗实线为改造管路)

封腔处的压力为 P_2，流速为 u_2，P-102 泵密封腔压力为 P_3，介质流速为 u_3。现场配管将 P-103 泵介质引至 P-102 密封腔处的 P_2 为 0.56MPa。

　　离心泵的密封腔压力与泵进出口压力、泵的结构型式、叶轮口环间隙等因素有关。P-102 泵为单级悬臂式，叶轮上均布了 4 个平衡孔，口环间隙为 0.6mm，所以其密封腔压力 P_3 一般比入口压力高 0.05~0.1MPa。参照表 1，密封腔压力 P_3 为 0.25+0.1=0.35MPa。所以只要密封液输送至 P-102 泵处压力 P_2 大于等于 0.55MPa 即可满足该泵冲洗要求，通过配管路将密封液引至 P-102 泵加装压力表实测得 P_2 为 0.56MPa。$P_2-P_3=0.21$MPa，即冲洗液满足压力比被密封腔压力大 0.1~0.2MPa 的要求，说明 P-103 泵出口介质在 P-102 泵处压力能满足该泵机械密封冲洗液要求。

2.3　机械密封冲洗液流量计算

　　经相关计算可得冲洗液在 P-102 泵处流速为 23.86 m/s，即 P-103 泵冲洗液流速满足在 3.18~33m/s 之间的要求，且对于 P-102 泵的高温介质，流速可以适当大些。说明 P-103 泵介质的流量也满足要求。

　　经过对 P-103 泵介质的物性、温度分析及压力、流量计算，证明该处介质满足作为 P-102 泵冲洗液的各项条件，改造方案成立。

3　机械密封冲洗液改造方案实施及效果

3.1　机械密封冲洗液改造方案实施

2009 年 5 月对该 P-102B 泵机械密封冲洗液进行了改造，如图 5 所示。同时考虑到该泵在开停工阶段的特殊操作（即在装置开停工阶段，P-102 泵先于 P-103 泵运行），保留了之前的自冲洗管路，加装切换阀进行切换，确保装置平稳运行。

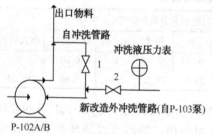

图 5　P-102 泵机械密封冲洗管路简图

3.2　改造后的效果

　　P-102B 泵的机械密封冲洗液进行改造后，一次试车成功。低温、洁净的 C_6~C_7 进入 P-102 泵系统后，对 T-101 塔各项工艺指标进行监测，均未出现异常。现场实测机械密封的工作温度由 120℃ 降至 45℃，有效地降低了机械密封的工作温度，延长了机械密封运转周期，降低了机泵的故障率。自 2009 年 5 月改造后，P-102B 泵已连续运转 7 个月，未出现机械密封泄漏现象，远大于该泵未改造前的平均 4 个月的运行周期。在 2009 年 9 月，对 P-102A 泵也进行了相应的改造。

4　结论

　　通过对 P-102 泵机械密封改造的成功，得出以下结论：

　　（1）对于高温、易聚合介质，应从改善机泵机械密封的工作环境入手，寻找良好的冲洗液介质进行冲洗，保证机械密封的长周期运行。

　　（2）机械密封的升级改造，要走出单纯提高机械密封材质或改变密封型式的误区。在分析机械密封故障原因时，要多考虑到相关的工艺参数和操作条件。

　　（3）机械密封冲洗液的选取标准，要密切联系生产实际，从工作经验中总结、联想，并有一定的理论基础和核算依据才能应用，以保证机械密封改造的合理性和安全性。

（中国石化北京燕山分公司化工七厂　张颖）

19. 耐腐蚀泵机械密封的改进

1.2 万 t/a DCP 装置是精细化工厂的龙头装置。它以异丙苯为原料，硫化碱为催化剂，氧化液为助催化剂进行反应生成 DCP。

ZA 型耐腐蚀泵是 DCP 装置中的关键设备，是由 IS 型泵改型而来，由于介质工艺的特殊性，其故障率相对较高，修理难度大、时间长，对 1.2 万 t/a DCP 装置的平稳操作、长周期运行影响很大。故对 DCP 装置 ZA 型耐腐蚀泵常见故障进行分析和总结，找出故障产生的原因，并采取有效措施加以改进处理，来降低故障率，提高使用寿命意义非常重要。

1 ZA 型耐腐蚀泵结构性能分析

目前 DCP200 区装置选用 6 台 ZA50-220B 耐腐蚀泵由大连耐酸泵厂生产，正常生产开三台备三台，它是单级离心泵，零部件主要有叶轮、泵轴、泵体、泵盖、密封、托架等。

它的主要工作性能是在流量变化较大时，其扬程变化不大，具有平坦形的 H-Q 曲线的离心泵特点。

ZA50-220B 型号耐腐蚀泵，原来选用的机械密封属于外装式单弹簧四氟波纹管，型号为 826 型。它的基本参数如下：

原密封摩擦副材料：静环为氧化铝，动环为硬质合金。

动环密封圈形式：聚四氟乙烯波纹管。

密封弹簧形式：单弹簧。

轴套外径：叶轮联体轴套(材料：聚四氟乙烯)。

密封室价质温度：68℃。

输送介质：氧化液复合体。

冲洗状况：无冲洗。

2 密封改进前的设备运行状况

从 1.2 万 t/a DCP 车间 200 区装置设备运行情况看，ZA50-220B 型耐腐蚀泵是影响生产好坏的主要原因，究其故障发生的部位，往往会发现故障频率集中于轴封部件，这是 ZA 型耐腐蚀泵一个难题，主要表现在机械密封的使用寿命短，泄漏无常，平均寿命只有 200h 左右，在严格控制密封件的精度及装配质量的情况下，密封使用寿命也只有 250h 左右，当工艺稍有波动的情况下，密封便失效泄漏，严重时物料进入轴承室，污染润滑油，造成停车，同时外溢的强腐蚀物料将泵体严重腐蚀，频繁检修与抢修经常造成泵零部件备件紧张，有时引起工艺波动，同时也造成产品质量波动，反之由于工艺波动，对腐蚀泵使用寿命影响较大，形成了一种设备与工艺之间的恶性循环。另外对现场环境保护又有很大影响。

以上的密封使用状况，不但浪费了大量的配件、人力，也影响了装置正常生产，造成了较大的经济损失。所以必须对原有的机械密封进行改进，以保证 1.2 万 t/aDCP 车间设备的正常运行，并增加经济效益。

3 造成泄漏的原因和后果

3.1 泄漏的原因

（1）氧化液复合体的强腐蚀性；

（2）介质中有一定量的颗粒；

（3）由于工艺温度变化造成介质黏度增大，固化介质黏结，使动环失去浮动。

3.2 造成的后果

（1）轴套联体叶轮密封处（聚四氧乙烯）因摩擦磨损而引起表面裂纹，但断裂通常是由某一垂直于主拉应力的裂纹扩展所造成。

（2）固体颗粒进入摩擦副端面加快磨损，造成密封失效。

（3）摩擦时温度升高，严重时会使动环和静环间的液体汽化，造成密封失效。

（4）密封泄漏造成四周弥漫有毒烟气，对设备及环保造成影响，对人体产生伤害。

4 改进措施与方案

（1）首先将轴套联体叶轮改为分体轴套及叶轮，轴套的材质采用哈氏合金，它对络合物复合体有很强的耐腐蚀性并有良好的机械性能，同时在轴套上铣长为22mm、宽为5mm、深为3mm的槽子，用于双端面密封弹簧座支头螺丝的固定，其优点是起到自动调节弹簧比压的作用。

（2）根据泄漏部位和泄漏介质的情况，合理选择丹东克隆集团有限责任公司生产的双端面机械密封，密封结构如图1所示，选用材料如下：

① 动环：碳化硅，它具有较高的耐腐蚀性能，能承受一定的耐热性；

② 静环：石墨浸渍树脂，它具有较好的导热性和耐腐蚀性，耐温度急变性好；

③ O形圈：包氟橡校（FPM），具有使用温度范围大（−30～120℃）；

④ V形圈：聚四氟乙烯（PTFE）具有优良的耐腐蚀性，使用温度范围更大（−175～230℃）；

在事业部相关部门的关心下，在大连耐酸泵厂的帮助下，丹东克隆集团有限责任公司从以下3个方面确定密封尺寸：①摩擦副动静环尺寸的确定；②弹簧比压与反压系数的确定；③端面比压的计算。

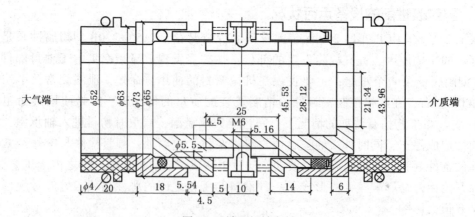

图1　双端面机械密封

这套双端面机械密封除具有一般的双端面密封优点外，关键在于接触腐蚀性较强的一面内密封采用聚四氟乙烯V形圈，另一面外密封采用密封性能良好的包氟橡胶O形圈，以提高密封使用效果和寿命。

（3）为了使用双端面机械密封，我们另外在泵上增加了一只密封罐，用来专门输送密封冲洗液，压力是通过外加氮气组合瓶输送，介质选用多乙苯，通过管线分别连接到6台ZA50-220B型耐腐蚀泵的密封腔上，在密封腔上（水平对称位置）分别钻孔，进口为14mm、出口为10mm并联接，然后在出口管线上安装控制阀与压力表，便于随时调节控制密封冲洗液压力高于泵的工作压力（0.05~0.15MPa）。这样通过介质的不断循环，将端面摩擦产生的热量带走起冷却作用。

（4）采用这套双端面机械密封由于磨损与腐蚀而引起密封泄漏，有两种情况：

① 当与接触腐蚀性能较强的络合物一面内密封损坏时，由于冲洗液压力高于泵的工作压力，故多乙苯向内漏控制络合物外泄，既不影响环境，也确保泵体外部不腐蚀。

② 当与接触腐蚀性能较弱的多乙苯一面外密封泄漏时，由于泄漏的是多乙苯，故对人体伤害相对不大。

5 正确安装密封的重要性

通过一段时间的试用后，改进后 ZA50-220B 型耐腐蚀泵虽然故障率有较大的改观，但由于机械密封安装不慎，导致零件压坏、端面发热、过早磨损等后果，同样缩短机械密封的使用寿命。因此对新安装或经修复后的机械密封安装，使用中积累了一定经验，归纳为以下几点：

（1）组装及总装之前，将所有零件（包括密封腔冷却孔等）清洗干净。特别是动环和静环接触面上，不允许有任何污物黏附，并在轴套表面摩擦副工作端面涂以低黏度润滑油。

（2）拆装过程中，不能敲击零件。组装后，用手沿轴向推动动环，来验证弹簧的弹力，除克服动环内 O 形或 V 形圈与轴套的摩擦阻力外，应使其滑动正常。

（3）静环装入泵盖或静环座时应先检查轴向间隙，控制在 1mm 以上，以免静环在轴向顶住，导致 O 形或 V 形密封圈失效。

（4）轴套表面的径向跳动量不得超过 0.05mm，泵轴的窜动量不允许超过 ±0.50mm。

（5）安装完毕后，用手盘车。检查转矩是否适当，然后进行静压试验，观察是否泄漏，在密封装置启动前，保持密封腔内充满液体。

（6）要经常检查多乙苯冲洗液的压力，确定冲洗液压力大于泵的排出压力（0.05~0.15MPa）。

通过对 6 台 ZA50-220B 型耐腐蚀泵的机械密封改进与正确安装，其使用寿命大大提高，由原来平均使用寿命 200h 左右提高到现在的 1200h 左右。实践证明改进后的机械密封性能无疑是优越的，它延长了耐腐蚀泵的检修周期，既节约了大量的人力、物力，又确保了 1.2 万 t/a DCP 装置的正常生产。

（上海高桥捷派克二分公司 徐跃华）

20. HDPE 装置淤浆泵机械密封故障分析及改造

中韩乙烯(武汉)聚烯烃分部 HDPE 装置共有 5 台淤浆泵,分别是 P3003A/B、P3005、P3006、P3007,机械密封采用 32+52 方案。淤浆泵运行时间为 12 个月,已损坏 6 个机械密封,因此提出更改机械密封型号,减少更换机封频率,保证装置生产平稳。HDPE 装置进行双峰生产时因工艺要求,需把淤浆泵 32 异丁烷冲洗液 LSR 溶剂改为 HSR 溶剂,HSR 溶剂夹带细粉较多,机械密封受损严重,密封主要靠第一道密封。淤浆泵密封油变黑时间均发生在生产双峰产品 PN049 期间,主要原因包括:①异丁烷冲洗介质含有杂质聚乙烯颗粒较多,机械密封中动环静环密封面被聚乙烯颗粒破坏,密封面之间无法形成油膜;②淤浆泵机械密封冲洗介质异丁烷含有大量己烯。拆开机械密封检查发现机械密封 32 异丁烷冲洗系统夹带细粉,第一道密封动静环密封因细粉导致动静环密封面损坏,异丁烷反窜到密封油 52 系统,异丁烷夹带细粉,沉积在密封腔内,第二道机械密封动环的弹性元件受到破坏,无法及时补偿,破坏第二道机械密封,所以整个机械密封损坏。

输送介质聚乙烯浆料特性:聚乙烯浆料固体含量 10%~20%。泵体形式为多蜗壳类型,叶轮采用敞开式叶轮,机械密封采用约翰克兰公司机械密封,机械密封型号为 RREP+48mp;机械密封冲洗方案采用 API PLAN 32+52。聚乙烯浆料含量包括:烃(主要是异丁烷和聚乙烯)+ 聚乙烯细料+TEAL 痕量,聚乙烯细料最大正常片状颗粒尺寸为 2 mm。对于主密封(方案 32):从高压源提供异丁烷(HSR/LSR),冲洗液可能含有痕量的最大尺寸为 5μm 的聚乙烯粉料。

1 机械密封故障分析

机械密封是靠一对或数对垂直于轴作相对滑动的端面,在流体压力和补偿机构的弹力(或磁力)作用下保持贴合并配以辅助密封而达到阻漏的轴封装置。机械密封采用两组密封端面"背靠背",由两组动、静环摩擦副、弹性元件、辅助密封圈组成。轴通过传动座和静环,带动动环旋转,静环固定不动,依靠介质压力和弹簧力使动静环之间的密封端面紧密贴合,防止介质的泄漏。摩擦副表面磨损后,在弹簧的推动下实现补偿,此时双端面之间的密封腔引入密封油进行封堵、润滑、冷却。淤浆泵机械密封采用串联集装式机械密封,对于旋转式机械密封,动环在弹性力作用下,保持两密封端面的贴合。动环紧固在轴上,通过轴套压紧在轴上。动环采用补偿型动环,密封端面磨损后,动环在弹性力作用下,自动补偿,动环和轴套的密封方式靠辅助密封圈实现。辅助密封圈轴向安装的动环,靠弹簧力压紧密封圈来实现密封。弹簧力可视为不变化,密封可靠。静环与动环组成的密封端面防止介质泄漏,第一道密封属于非补偿型静环,当补偿机构设计在动环一侧时,密封端面磨损后,静环不能进行补偿。

拆开机械密封检查,分析机械密封失效的主要原因:通过密封油罐液位上涨以及排除的密封油夹带己烯判断,密封失效不是因磨损造成,而是在磨损前就已泄漏了;当密封面一打开,介质中的固体微粒在液体压力的作用下进入密封面,密封面闭合后,这些固体微粒就嵌入静环的密封面上,这实际成了一个"砂轮"会损坏硬环表面;由于动环或橡胶圈紧固在轴(轴套)上,当轴串动时,动环不能及时贴合,而使密封面打开,并且密封面的滞后闭合，就使固体微粒进入密封面中；同时轴（轴套）和滑动部件之间也存在有固体微粒，影响橡胶圈或动环的滑动；另外，介质也会在橡胶圈与轴（轴套）磨擦部位产生结晶物，在弹簧处也会存有固体物质，动环无法在弹性力作用下，进行自动补偿从而会使密封面打开，动静环之间无法形成油膜，导致密封端面磨损，如图1所示。

图1

2　机械密封改造

通过改造淤浆泵机械密封结构，降低设备故障率，减少设备维修频率。在机械密封第一道密封动环处增加弹簧，动环在弹性力作用下，保持两密封端面的贴合。动环材料采用碳化硅+石墨，静环材料采用碳化硅，如图2所示。

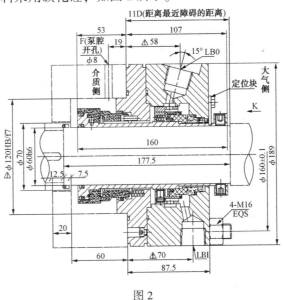

图2

通过改造机械密封优化达到如下目的：机械密封采用32+52冲洗方案，外部系统为密封腔提供洁净的密封液，密封液压力大于被密封工艺介质压力。第一道机械密封动静环选用硬密封材料碳化硅+石墨，减少摩擦损伤，密封主要靠第一道密封。动环和静环是构成机械密封最主要的元件，密封环在很大程度上决定了机械密封的使用性能和寿命，动静环材质要求很严格，动环材质为碳化硅+石墨，静环材质为碳化硅。因此，密封环材质有以下优点：

（1）有足够的强度和刚度。在工作条件下（如压力、温度和滑动速度等）不损坏，变形应尽量地小，工作条件波动时仍能保持密封性。尤其是密封端面要有足够的强度以及一定的耐腐蚀能力，以保证产品有满意的使用寿命。

（2）有良好的耐热冲击能力。为此，要求材料有较高的导热系数和较小的线膨胀系数，承受热冲击时不至于开裂。

（3）有较小的摩擦系数。密封环匹配应有较小的摩擦系数。

（4）有良好的自润滑性。工作中如发生短时间的干摩擦，而不损伤密封端面，因此，要求密封环要有良好的自润滑性，密封环材料与密封流体还要有很好的浸润性。

3　结论

HDPE 装置淤浆泵机械密封改造，解决了淤浆泵运行中出现的机械密封故障，降低了设备故障率，保证了装置安全稳定生产。同时，需要不断提高操作人员和维修人员的专业知识水平和操作技能，加强和完善设备管理体制，使得淤浆泵能够长期安稳地运行，保证装置安稳生产。

（中韩乙烯（武汉）聚烯烃分部　何强）

21. 窄腔泵机械密封失效分析及优化改进

大庆炼化丙烯腈脱腈酸塔侧线泵介质为90%丙烯腈，丙烯腈属有毒有害液体，其蒸气可与空气形成爆炸性混合物。该泵被列入了2012年中国石油高危泵改造项目，机械密封由单端面密封改为更加可靠的双端面密封。由于泵体密封腔标准不符合API 682标准，空间狭小，同时设备的轴向传动及径向跳动大，改造为双端面机封密封难度大，初次改造的双端面密封上线后运转不良，泄漏量超标。

1 失效分析

机械密封在运转时受压力、温度、介质、材料等诸多因素的影响，而单一因素就足以导致密封的失效，这使机械密封失效分析尤为复杂。

1.1 拆解分析

1.1.1 介质侧补偿环

介质侧动环材料为石墨，环面有多处极其明显的泡疤现象（见图1）。石墨环的泡疤现象是较为普遍的问题，主要由以下几个原因造成：

（1）密封端面温度变化异常，局部过热；

（2）密封端面的载荷过大；

（3）密封材料的不致密性；

（4）介质黏度大。

图1　介质侧动环

其最根本的机理是密封端面的局部区域剪切应力载荷超过密封环端面材料能承受应力载荷的极限，引起密封端面起泡并在旋转滑动中将其带走，引起泡疤的产生。

1.1.2 介质侧非补偿环

介质静环材料为碳化硅，可见清晰的磨损痕迹（见图2），没有与其配对石墨环的泡疤现象，其机理也是由于其材料的机械性能要高于石墨环一个数量级别，所以碳化硅没有异常现象出现，仅仅是使用时的磨损痕迹。

图 2　介质侧静环

1.1.3　大气侧密封环

大气侧补偿环（见图 3）有外圆处切（磕）边痕迹，磨损痕迹较重，非补偿环（见图 4）密封端面严重磨损，并且靠外径侧清晰可见，磨损的深度可以达到毫米级别，说明该机封存在过量压缩。原密封轴套定位于轴，如果现场轴发生了轴向窜动，便会引起密封环过压缩，使其弹簧比压增大，导致其载荷加重，引起急剧磨损及过热，产生切（磕）边及严重磨损。

图 3　大气侧补偿环

图 4　大气侧非补偿环

1.1.4　轴套

密封轴套存在与腔体摩擦的痕迹（见图 5），说明泵轴的跳动较大，使摩擦副追随性下降。

1.1.5　密封腔体

腔体内部存积颗粒物和硬质杂质（见图 6），从微小颗粒物的颜色判断，可能为水垢与杂质的混合物。系统的循环封液不够清洁，含有大量的矿物质和不洁物，导致密封面的磨损加剧，失效加快。

图5 密封轴套

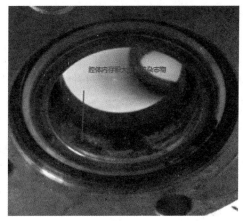

图6 密封腔体

1.2 设计分析

1.2.1 工况参数

泵的工况参数见表1。

表1 工 况 参 数

设备名称	脱氢腈酸塔侧线泵	设备名称	脱氢腈酸塔侧线泵
主机厂	美国高质泵有限公司	泵入口压力	0.4MPa
介质	90%丙烯腈	泵出口压力	0.8MPa
温度	78℃	冲洗方案	PLAN11+53A
转速	2850r/min		

1.2.2 结构分析

原机封为非集式机械密封，勾轴套结构，由泵轴及泵盖的相对距离来定位机械密封的工作高度，见图7。在这种结构下，只要发生轴向窜动，就会引起机械密封工作高度的变化，对机封端面比压造成较大的影响。密封非补偿环为固定式设计，设备轴窜时适应性较差。

2 改进措施

依据上述分析结果，从以下几个方面进行改进。

2.1 设备改进

调整泵的跳动值，保证安装密封前，泵轴静态的跳动值满足技术要求，并且泵在运转时的振动值也符合标准。

2.2 机械密封辅助冲洗系统改进

针对封液存在杂质的问题，清洗辅助系统管线后更换封液为更清洁的脱离子水，避免密封运转时封液杂质结垢而导致换热不良，从而引起密封面温升过高汽化失效。

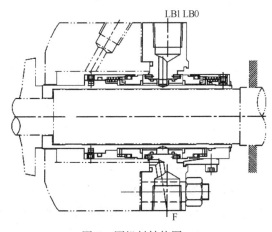

图7 原机封结构图

2.3　机械密封改进

2.3.1　材料优化

温度引起的密封面泡疤问题，是导致机械密封失效的常见形式之一。由于泵送介质丙烯腈易挥发，润滑性差，密封补偿环原采用润滑性较好的树脂石墨材料，现更替为性能更优的进口浸锑石墨。

2.3.2　结构优化

（1）通过采用轴套搭接结构来提高密封整体的耐轴窜能力，同时降低密封拆装的难度，保证密封的主体集装性。

（2）非补偿环改为浮装式结构，提高密封环的耐轴窜能力，使其具有更好的适应性。

（3）优化摩擦副结构，配对密封环重新设计，如图8所示。

3　优化设计分析

3.1　参数计算

对改进后机封介质侧密封芯进行参数计算，其结构如图9所示。

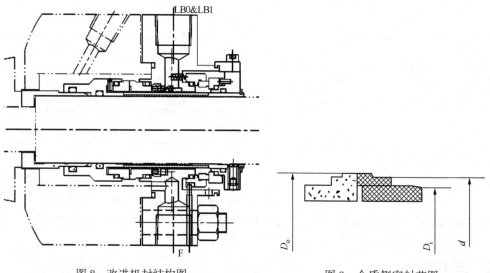

图8　改进机封结构图　　　　　　图9　介质侧密封芯图

平衡系数：$B = \dfrac{d^2 - D_i^2}{D_o^2 - D_i^2} = \dfrac{55^2 - 50^2}{56^2 - 50^2} = 0.825$

弹簧比压：$P_S = \dfrac{p_{sp}}{\dfrac{\pi}{4}(D_o^2 - D_i^2)} = \dfrac{99.36}{\dfrac{\pi}{4}(56^2 - 50^2)} = 0.2\text{MPa}$（$p_{sp}$——弹簧力）

结论：上述参数满足易汽化介质工况的密封设计要求。

3.2　数值模拟分析

（1）分别建立原密封及改进后密封摩擦副有限元模型（见图10、图11）。

（2）加载压力温度等边界条件预测运转时密封面变形及温度分布（见图12、图13）。

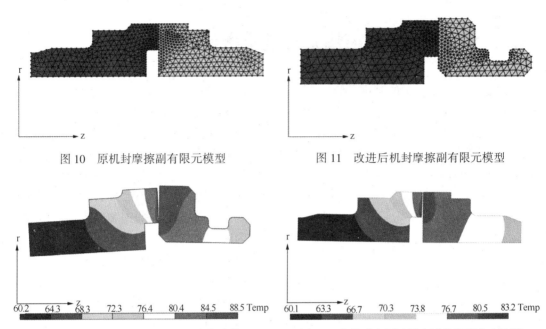

图 10 原机封摩擦副有限元模型　　　　图 11 改进后机封摩擦副有限元模型

图 12 原密封运转变形及温度分布计算　　图 13 改进后密封运转变形及温度分布计算

由分析结果可看出，改进后的密封补偿环较原密封环发热量显著减少。密封端面运转时由原扩散式变形，变更为收敛式。收敛式密封面的接触状态更有利于密封流体进入密封端面，提高密封端面的润滑性，其流体膜刚度为正刚度，密封效果好，可靠性高。

3.3 计算分析结果

计算分析结果见表 2。

表 2 计算分析结果

左环变形锥度/氦光带	0.5
右环变形锥度/氦光带	3.6
总变形锥度/氦光带	4.0
密封面最高温度/℃	83.2
最小膜厚/μm	0.375

由表 2 可见改进后密封摩擦副总变形量为 4 条氦光带（1 条氦光带 = 1/2 波长 = 0.29μm），密封润滑膜适中，发热量不大，保证了在小尺寸密封环的情况下具有较好的密封能力。

4 结语

改进后的机械密封针对窄腔泵工况的特点，通过调整密封环的设计参数及结构等一系列措施，使其具有更好的密封性能，同时对泵轴的轴向窜动也有着更好的容差性。密封替换安装后，至今已经一年多，运转稳定，保证了工艺设备的长周期运行，降低了因密封泄漏引起的安全隐患。

（大连华阳密封股份有限公司　李雪怡，马丽雅）

22. 液态丙烯泵用机械密封改造设计

丙烯是三大合成材料的基本原料，主要用于生产丙烯腈、异丙烯、丙酮和环氧丙烷等，用以生产多种重要有机化工原料、生成合成树脂、合成橡胶及多种精细化学品等。

石油裂解制丙烯的过程中，丙烯在常温常压下为无色气体，在高压和低温下能液化。介质由液态转变成气态或者由气态变成液态相变的压力点，我们称之为饱和蒸汽压，在不同的温度下，饱和蒸汽压的值不同，温度越高，饱和蒸汽压的值就越大。丙烯泵输送丙烯时，丙烯必须呈液态形式，因此丙烯泵的入口压力和密封腔压力必须要高于工况温度下的饱和蒸汽压，丙烯泵输送的丙烯才能为液态丙烯。

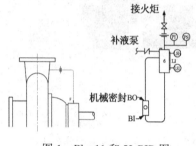

图 1　Plan11 和 52 PID 图

中国石油大连分公司在高危泵改造过程中，有机合成分厂液态丙烯泵用机械密封由华阳改造，此台丙烯泵轴径为 $\phi 44$，密封腔原为填料密封使用的密封腔，径向空间狭小，改造前使用的是单端面，华阳公司采用了 H110 型机械密封面对面布置双封结构，采用的系统方案是 PLAN11+52，如图 1 所示。

1　初始设计方案

丙烯泵工况参数见表 1。

表 1　机械密封工况参数

介　质	液态丙烯	介　质	液态丙烯
入口压力 p/MPa	0.6	轴径 d/mm	44
出口压力 p/MPa	2	转速 n/(r/min)	2950
温度 t/℃	常温（大气温度）		

设计图纸见图 2。

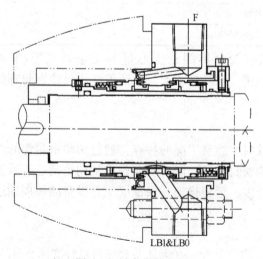

图 2　机械密封装配图

该密封为 2012 年 11 月份安装，安装初期密封使用状态良好。运行到 2013 年 7 月，密封出现泄露。

2 故障分析

问题发生后，立即与设备人员和机修人员进行了现场讨论。介质为液态轻烃丙烯，在冬季气温较低，饱和蒸汽压也随之降低，入口压力在初始设计的 0.6MPa。在夏季温度较高，饱和蒸汽压也随之升高，入口压力提高到了 1.6MPa。所以 H110 机封在冬季更换时并没有什么异常，随着气温升高，问题逐渐体现。

问题 1：经拆解机封，由于冲洗方案为 PLAN11+52，且密封腔压力较高，这使得介质侧密封芯的挡环在受压后变形，最终导致密封泄露。图 3 为挡环受力变形过程示意图。

问题 2：机械密封在运转过程中石墨密封环的变形是由于温度与压力共同作用引起的，重新对动环(石墨环)承压能力进行分析和计算，在入口压力达到 1.6MPa 后，补偿环已不能满足压力条件。图 4 为 H110 密封芯补偿环承压曲线。

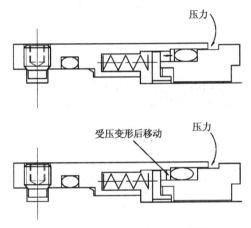

图 3 挡环受力变形过程示意图

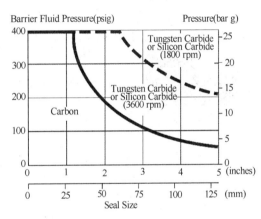

图 4 承压曲线

3 改进设计

由于此台丙烯泵的泵腔为填料密封设计，泵腔径向尺寸小，因此选择华阳 H197 密封。图 5 为重新设计的机械密封装配图，为静止式背靠背双封。

在给定初始设计后，需要进行校核计算，运用了有限元(FEA 与 FVM)的方法，计算密封环在极端工况压力与低温作用下密封环的变形情况，以及端面的压力分布和泄漏量。

3.1 有限元模型

根据密封的工况参数，假设压力为 2MPa，温度为 30℃。根据设计参数以及密封尺寸建立模型并划分网格，并加载边界条件进行模拟计算分析。

图 6 为建立模型并且划分网格的摩擦副，

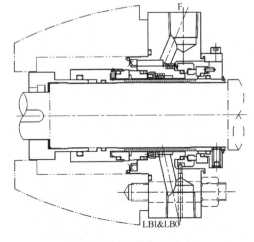

图 5 机械密封装配图

图7为加载边界条件的情况，针对摩擦副需要加载流体边界条件和摩擦副的材料属性。

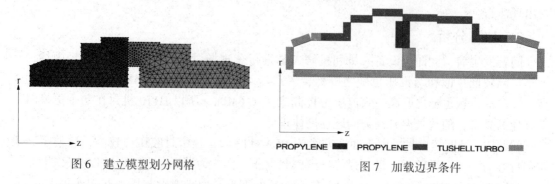

图6　建立模型划分网格　　　　　　　　　图7　加载边界条件

3.2　密封的接触压力及变形量

图8示出了计算得到的主密封摩擦副在压力作用下产生的变形，图9示出了计算得到的主密封的摩擦副在温度作用下产生的变形，图10示出了计算得到的密封环在压力与温度共同作用下的变形情况。图11示出了计算得到的密封端面间的流体压力分布与接触压力分布情况，可见，密封面间的流体压力梯度由密封外径向密封内径侧递减，在封面接触压力平直。

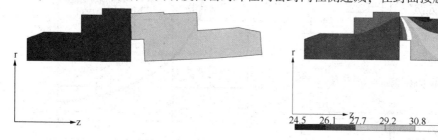

图8　压力引起的密封环变形　　　　　　　图9　温度引起的密封环变形

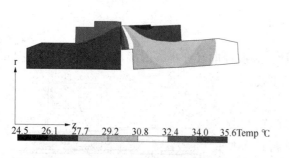

图10　压力与温度耦合后引起的总变形　　　图11　密封面间流体压力与接触压力分布

计算分析得到的结果见表2(机械密封的微变形量是通过密封端面的光带来衡量)。

表2　分析结果

左边环变形量/氦光带	-0.1
右边环变形量/氦光带	-7.3
总变形量/氦光带	-7.4
最小膜厚 h/μm	0.4215

密封面的变形仅约为 7.4 个氦光带，此变形量是微小的，说明密封环的结构设计在一定程度上抵消了流体压力的变形，并且当温度与压力共同耦合时，密封变形量协调到比较好的程度，达到了密封端面变形仅为 7.4 条氦光带（1 条氦光带 = 1/2 波长 = 0.29μm）。

3.3 密封的泄漏量

机械密封的泄漏量是一项重要的指标，在控制变形的同时，密封的泄漏量也需要分析，通过专业机械密封计算软件得出泄漏量为 7.6g/h（74.3mL/min），泄漏量满足设计要求的。

由于压力在端面间呈下降趋势，当端面压力低于介质的饱和蒸汽压时，介质便会在端面汽化，因此从密封面间泄漏的为丙烯气体。丙烯气体易燃易爆且有毒，需要对泄漏的气体进行处理以保护环境，可通过 PLAN52 系统接火炬烧掉。

4 结语

液态丙烯输送泵的机械密封改进设计通过计算满足使用要求，符合 API 682 标准规定的相关参数。经过实践证明，改后的机械密封结构经受住了现场压力变化的考验，保证了密封能够长周期稳定地运转。

（大连华阳密封股份有限公司　王玉鹏，鲁大强）

23. 液力透平机械密封失效分析

中国石化北京燕山分公司 2.0Mt/a 加氢裂化装置的, 反应进料泵的辅助驱动设备液力透平 P-3102A-HT, 自 2007 年 6 月投用后, 机械密封频繁发生泄漏。更换新密封之后, 最短的运行几个小时就出现滴漏, 最长的也不到一个月时间。密封频繁泄漏, 导致液力透平无法平稳同步运行, 长期处于停运状态, 节电效果很不理想。为此, 装置技术人员联合液力透平主机厂 EBARA(日本)公司及密封供应商 John Crane(日本)公司, 希望通过三方的共同努力, 彻底解决该问题。

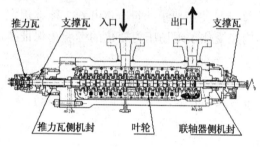

图 1　液力透平结构图

液力透平 P-3102A-HT 的型号是 6×101/4B-11stgHDB, 其结构如图 1 所示。

热高压分离器油流过透平里的喷管, 降压增速, 将压力能转换成动能, 高速冲击叶轮上的叶片, 推动叶轮转动, 从而驱动液力透平轴旋转。做完功后的油经透平出口流至热低压分离器。液力透平轴经离合器与电机轴串联, 辅助电机驱动反应进料泵, 从而实现节电的功能。P-3102A-HT 的有关技术参数如表 1 所示。

表 1　液力透平技术参数表

入口压力	正常 13.8MPa/最高 14.2MPa	出口压力	2.7MPa
操作温度	正常 240℃/最高 280℃	额定流量	322.5m³/h
正常流量	280.13m³/h	最小流量	168m³/h
额定转速	2980r/min	扬程	1843m
额定输出功率	604.2kW	效率	70%

1　失效分析

P-3102A-HT 的轴封采用 API 682 的 Plan53B 方案, 如图 2 所示。机封工作前, 先将整个管路保持循环通路状态。然后, 操作手压泵将隔离液打入管路系统, 将整个管路系统内的空气从排气口完全赶出, 关闭排气阀门。继续升压, 待压力传送器显示循环管路系统内的压力稳定在 3.0~3.2MPa 时, 液力透平就可以开始暖机、试车运行了。隔离液流过机械密封取走热量后, 进入水冷器冷却, 然后再进入机械密封循环流动。隔离液压力如果偏低, 可以通过操作手压泵加压补隔离液。P-3102A-HT 使用的隔离液牌号为 SHELL Thermia B 系列导热油。

机械密封为"背靠背"布置的双端面结构, 如图 3 所示。第一道密封用于封堵透平介质和隔离液, 第二道密封实现隔离液和大气之间的封堵。隔离液由第一道密封处进入, 取走热量后, 流向第二道密封, 再取走第二道密封的热量后, 通过导液轮从第二道密封处送出, 实现隔离液系统的循环流动。隔离液的压力稳定在 3.0~3.2MPa, 比介质侧的压力高出

0.3~0.5MPa。

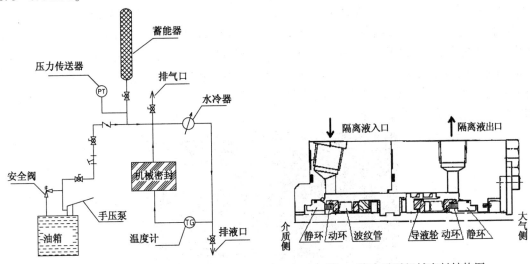

图2　机械密封隔离液系统流程示意图　　图3　液力透平机械密封结构图

从2007年6月到2008年底将近一年半的时间里，P-3102A-HT的机械密封一共出现过六次比较严重的失效故障。表2列出了这六次严重失效的具体情况及处理措施。除了2008年6月3日那一次，由于John Crane(日本)公司的工作失误，导致密封人为造成损坏外，其余五次都是密封泄漏失效。由于P-3102A-HT的密封价格相当昂贵，为了节省费用，2007年8月8日和2008年2月25日这两次更换的密封，都是将该透平换下的密封中表面状况稍好的那道密封环，经现场组装后再利旧使用的。这两次利旧的密封，在投用后很短的时间内，就出现了轻微内漏的现象，隔离液保压很困难，不得不停机等待更换新密封。

表2　机械密封失效情况统计

序号	故障日期	故障情况	处理措施
1	2007年8月8日	两侧机械密封均外漏，机体内介质明显漏出	利用旧机封的动、静环组合拼装两只机封
2	2008年1月30日	推力瓦侧机械密封出现内漏，隔离液压力每小时下降0.2MPa	更换两侧机械密封，新机封由John Crane提供
3	2008年2月25日	联轴器侧机械密封外漏	联轴器侧机封利用旧机封的动、静环组合拼装
4	2008年3月5日	联轴器侧机械密封内漏，隔离液压力每小时下降0.1MPa	停运透平，联轴器侧机封返回John Crane修理
5	2008年6月3日	透平试车运行15min时，联轴器侧机封入口隔离液温度超高，达到140℃，密封环烧坏	机封导液轮安装错误，旋向不对，现场解体后，重新安装
6	2008年7月3日	联轴器侧机械密封外漏	停运透平，机封返回John Crane修理

这六次泄漏失效发生后，检查机械密封时，都发现了如下情况：

（1）外侧密封波纹管的内表面黏着着一层较厚的固体碳化物；

（2）隔离液中存在少量的碳化颗粒；

（3）两道密封环的表面都有不同程度的硬物损伤痕迹。

如图4、图5所示，可以看到黑色的固体碳化物布满了从动环座到波纹管的整个动环组件内表面。特别是波纹管上的碳化物，已经完全占据了波纹管内整个压缩空隙部位。波纹管作为机械密封最主要的补偿机构，此时由于碳化物的黏着影响，几乎不能自由压缩补偿。两道密封环表面的损伤，可以肯定是由隔离液中的碳化颗粒划伤造成的。如图6所示，密封环表面发生损伤，严重影响了动、静环之间液膜的阻隔效果。所以，波纹管不能自由伸缩补偿、密封环表面损伤等两大因素，是造成密封发生泄漏的直接原因。

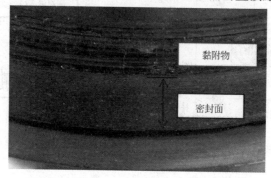

图4　外侧密封动环组件碳化物黏着情况

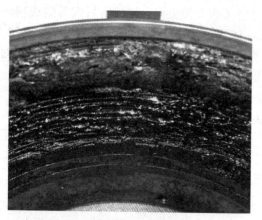

图5　外侧密封波纹管内碳化物黏着情况

图6　内侧密封动环表面损伤情况

2　改进措施

不管是波纹管补偿效果不佳，还是密封环表面损伤，都跟固体碳化物有关。归根到底，都是由于碳化物的存在，才出现了这些非正常的情况。可以肯定，碳化物是由于隔离液在高温条件下所产生的。如果周边环境有氧，碳化现象会急速加剧。高温显然是密封工作时产生的热量过大或者是热量不能被及时带走所造成的。John Crane（日本）公司委托 FEM 机构所做的分析，证实了这一点。如图7、图8所示，FEM 模拟了 P-3102A-HT 密封工作时的温度分布情况。根据其研究结论，第一道密封的最高工作温度达232.7℃，第二道密封的最高工作温度更高，达到245.4℃。依据壳牌公司提供的 SHELL Thermia B 隔离液理化指标，其碳化的温度范围是 250~270℃。P-3102A-HT 密封的实际工作温度已经非常接近隔离液的碳化温度。也就是说，P-3102A-HT 的密封隔离液必然存在碳化的情况。

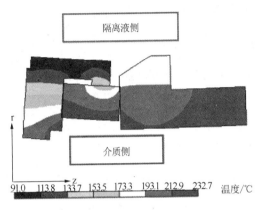

图 7 内侧密封模拟温度分布情况

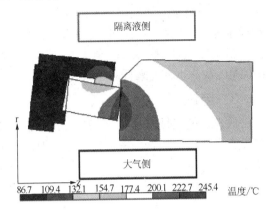

图 8 外侧密封模拟温度分布情况

所以，要么大幅降低密封工作时的温度，要么大幅提高隔离液的碳化温度，才能确保隔离液不会被轻易碳化。大幅提高隔离液的碳化温度，就必须要更换隔离液牌号。但是，高性能的隔离液价格非常昂贵，很不经济。经三方协商后，一致同意由 John Crane（日本）公司重新设计改造 P-3102A-HT 的机械密封，确保密封工作温度不会造成 SHELL Thermia B 隔离液碳化。

如图 9 所示，在确保安全封住介质的前提下，围绕降低密封工作温度这一核心主题，新的机械密封有如下六处改进设计：

（1）减小了密封环的接触宽度。在满足受力的前提下，减小了密封环的接触宽度也就减少了密封环摩擦时产生的热量。这对减少密封工作时的热量积聚及降低工作温度，具有明显的效果。FEM 机构模拟实验的数据显示，新密封最高工作温度只有 115℃，远低

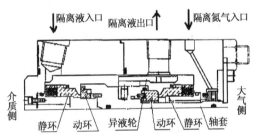

图 9 改造后的密封结构图

于改造前，也远低于隔离液的碳化温度。同时，密封环宽度变窄，其温度分布相对均匀，降低了受热变形。这有利于密封环的良好贴合，降低了泄漏风险。

（2）由旋转式密封改为静止式密封。旋转式机封的补偿机构在动环上，动环高速旋转时易造成补偿机构出现补偿不均衡的情况。静止式机封的补偿机构在静环上，可以避免补偿不均衡情况的出现，有利于密封环的均匀贴合。

（3）补偿机构由波纹管改为多弹簧。多弹簧机封较波纹管机封轴向力分配均匀，密封面贴合情况较好。增加的静密封点，用耐温性能优秀的全氟醚橡胶圈进行密封。该材料在 280℃ 以下的使用工况下，性能稳定可靠。

（4）两道密封动、静密封环的材料由碳化硅-碳化硅组合改为碳化硅-碳化硅复合石墨组合。碳化硅复合石墨的导热性比碳化硅的要好。这样就能将密封接触面摩擦时产生的热量及时导出，有效地降低了密封接触面工作时的温度。

（5）导液轮由螺旋槽式改为离心式。离心式导液轮循环隔离液的能力更强、流量更大。

增加了隔离液的强制循环流速，大大提高了取热效率。

（6）密封阻隔环处增加了隔离氮气。空气如果越过阻隔环进入外侧密封环附近，极易造成该区域碳化物的快速形成和积聚，严重威胁到密封的正常工作。隔离氮气的引入就是为了阻止氧气的进入，避免造成不良后果。隔离氮气只要保持微正压即可，一般为 $0.01MPa(G)$。氮气来自低压氮气管网，经过过滤、减压后，就可以直接通入机封内。

3　结论

改造后的机械密封自 2008 年底投用后，P-3102A-HT 运行至今已经将近三年时间，一直没有出现任何问题，密封失效原因把握完全正确，改造完全成功。

（中国石化北京燕山分公司炼油一厂　吴松华）

24. 进口机械密封改波纹管机械密封的应用

近年来，国产机械密封的生产制造技术已逐渐走向成熟，不但在国产泵上得到广泛使用，而且由于其经济性、可靠性和使用寿命等都已基本达到甚至超过了进口机械密封的水平，在进口泵的使用上也已逐渐形成并有取代进口同类密封之势。现以我装置一台物料输送泵金属焊接波纹管机械密封的国产化改造为例作一分析和讨论。

1　机械密封出现的问题

我装置用于输送皂液的为一台进口低流量泵，该泵的原密封采用 JohnCrane（美国约翰克兰）的单端面、静止型、外装式机械密封，此密封的结构摩擦副为石墨材料，挠性圈补偿机构，由于物料的特性，不允许有内外冲洗方式。此泵在开车半年后，连续频繁出现机械密封泄漏情况，运行周期都在两周左右，对损坏机封进行解体发现，静环座及摩擦副等部位存在细小杂质，挠性片由于长期处在压缩状态，弹性压缩量已失效。

2　机械密封失效原因分析

2.1　输送介质因素

此泵正常运转时机封部位温度在 80℃左右，由于皂液物料在温度降至常温时在密封腔及摩擦副之间极易结晶成微小颗粒，而且在配制皂液过程中会混入细微的杂质，结晶物和杂质都会对摩擦副造成磨蚀，导致泄漏。

2.2　机械密封结构因素

此密封为外装式结构，如图 1 所示。由于外装式结构的密封流体作用力与弹性元件的弹力方向相反，同时由于补偿机构的弹性元件为挠性片，弹性比压较小，当物料压力有波动时，静环会被微量压缩，这时静环与静环座之间会因为密封腔内微小结晶物和杂质的存在而卡住，不能迅速回位，使密封动、静环端面脱离破坏了润滑膜，从而致使泄漏。

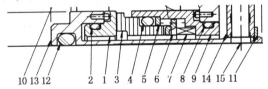

图 1　原机械密封局部示意图

1—动环；2、4、8、12—O 形圈；3—静环；5—挡圈；6—调整垫；7—挠性片；9—静环座；
10—四氟垫片；11—卡片；13—轴套；14—卡簧；15—顶丝

2.3　操作使用因素

泵在使用过程中，常常会因为装置生产波动、操作工艺的调整、频繁的开停和切换操作，此时动环密封圈的存在使端面打开后不能及时复位，从而造成机械密封的泄漏。

3　故障解决措施

从以上分析可知该机械密封使用条件为易结晶、颗粒介质，介质温度>80℃。因此改造时要求材料致密性好，不易泄露介质；有适当的机械强度和硬度，压缩性和回弹性好，永久变形小；高温下不软化，低温下不硬化，不脆裂；抗腐蚀性能好，在酸碱油等介质中能长期工作，其体积和硬度变化小，且不黏附在金属表面上；加工制造方便，价格便宜。综上分析决定采用集装式波纹管密封，结构为单端面、摩擦副采用硬质合金、成型波纹管补偿元件。所以决定将原机械密封改为集装式波纹管机械密封。

3.1　波纹管机械密封的特点及性能

3.1.1　工作原理

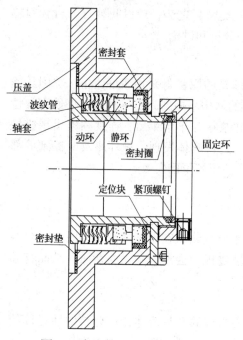

图 2　波纹管机械密封结构图

如图 2 所示，波纹管机械密封的波纹管是利用微束等离子焊接制造的一种全密闭结构，由于波片本身波形的存在及焊接后波距的存在，使之在轴间被压缩一定位移后，产生弹性力，致使动静环表面处于贴合状态并形成一定的比压，在动静环表面磨损后始终处于弹力补偿状态。

3.1.2　波纹管机械密封的特点

（1）具有优越的追随性　由于波纹管机械密封本身全密闭结构在结构上消除了普通弹簧机封中所必备的动环与轴套(或轴)的动环密封圈，使波纹管自身的弹率充分被利用来形成比压(而原用机械密封由于动环密封圈的存在，在动环与轴套相对轴向位移时，弹簧力需消耗部分用以平衡密封圈与轴套或轴间的摩擦力使其回位，平衡力的大小受到了密封圈的加工尺寸及轴套面表的加工精度及热处理的限制)，显示出其优越的追随性。泵在使用过程中，常常会因为装置生产波动、操作工艺的调整、频繁的开停和切换操作，容易造成动环密封圈的存在使端面打开后不能及时复位，从而造成机械密封的泄漏，而波纹管密封在结构上消除了这个密封失效的途径，几乎不受所输送介质的的影响，能及时地回弹，显示了其良好的补偿性及追随性。

（2）耐高温性　由于波纹管密封取消了普通机械密封中的动环密封圈，所以不再受被密封介质状况及温度对动环密封圈的影响，适用的介质及温度被大大地扩大，通常普通机械密封中动环密封圈的材料用聚四氟乙烯，这种有机物在一些介质中会同介质本身发生化学反应，在低温和温度较高的情况下，会改变其物理性能，产生硬化使密封失效，而波纹管机封可不受以上因素的限制，通常适用于苯、酮、烯烃、烷烃以及一般的油类、酸、碱、盐等众多介质，温度范围为−250~400℃。当然，这也需要对波纹管进行严格地选材、焊接及热处理。

（3）平衡性　波纹管密封和普通机封相比较，不需在轴套上加工出台阶，本身就可以建立平衡直径，处于平衡状态(一般为部分平衡型状态)。当波纹管的内外径尺寸固定后，一般工作状况下的平衡系数通过改变摩擦副窄环内外径参数就可调解，达到理想状态，波纹管密封在应用中一般均为平衡式。

（4）泄漏点少　动环与轴套通过焊接方式进行连接和密封，很难发生泄漏情况，静环与压盖用聚四氟乙烯密封套来密封，实质上波纹管密封的泄漏只有摩擦副端面这个动密封点，无疑泄漏的机率大大减少。原用机械密封的泄漏渠道主要有三个，即动环密封圈、静环密封圈及摩擦副端面，在这三个泄漏渠道中，因动、静环辅助密封圈失效造成密封泄漏占总泄漏的 40%。

（5）抗震性及高速性　波纹管密封取消了动环密封圈，大大减少由于泵体震动或轴震造成的通过动环密封圈传递而引起的动环震动，使动环免受大的影响，通常也称之为波纹管密封的浮动性。

3.2　波纹管机械密封参数的校核

3.2.1　端面比压校核

波纹管机械密封的参数为：

波纹管：$d_i = 76$mm，$d_o = 58$mm；

动环：$d_1 = 62.5$mm，$d_2 = 68.5$mm；

压缩量：$l = 4$mm；

波纹管刚度：$C = 45.5$N/mm；

工作环境压力：$p = 1$MPa。

为了保证密封面良好贴合，机械密封必须保持一定的端面比压，端面比压数值的大小，对端面间的摩擦、磨损和泄漏起着重要作用。端面上的比压过大，将造成摩擦面发热、磨损加剧和功率消耗增加；端面比压过小，易于泄漏，密封破坏。因此，为保证机械密封具有长久的使用寿命和良好的密封性能，必须选择合理的端面比压。一般情况下推荐端面比压为：一般介质为 $0.3 \sim 0.6$MPa；低黏度介质为 $0.2 \sim 0.4$MPa；高黏度介质为 $0.4 \sim 0.7$MPa。

机械密封参数计算如下：

（1）有效直径 d_e：

$$d_e = \sqrt{\frac{1}{3}(d_i^2 + d_o^2 + d_i d_o)}$$

$$= \sqrt{\frac{1}{3}(58^2 + 75^2 + 58 \times 75)} = 66.68\text{mm}$$

（2）平衡系数 β：

$$\beta = \frac{d_2^2 - d_e^2}{d_2^2 - d_1^2} = \frac{68.5^2 - 66.68^2}{68.5^2 - 62.5^2} = 0.31$$

（3）反压系数 λ：端面间流体膜反力的计算是一个复杂而困难的问题，不仅与密封流体有关，还与摩擦状态有关。在实际运行工况下，密封端面间的流体膜还会出现局部不连续等复杂因素，因此反压系数还不能准确地进行计算，一般通过实验确定。只有在流体摩擦和混合摩擦状态下，密封面间存在流体膜厚，存在膜压。此时，推荐的经验数值为：一般流体 0.5，黏度较大的液体为 1/3，气体、液体烃等易挥发介质为 $\sqrt{2}/2$。因此取反压系数 $\lambda = 0.33$。

（4）端面比压 p_c：

$$p_c = p_s + (\beta - \lambda)p$$

$$F_s = C \times \text{压缩量 } l = 45.5\text{N/mm} \times 4\text{mm} = 182\text{N}$$

$$A = \frac{\pi}{4}(d_2^2 - d_1^2) = \frac{3.14}{4}(68.2^2 - 62.5^2)$$

$$= 617.01\text{mm}^2$$

$$p_s = \frac{F_s}{A} = \frac{182}{617.01} = 0.295 \text{MPa}$$

$$p_c = p_s + (\beta - \lambda)p = 0.295 + (0.31 - 0.33) \times 1$$
$$= 0.275 \text{MPa}$$

经计算，密封端面比压满足介质要求端面比压推荐值 0.2~0.4MPa，符合要求。

3.2.2　PV 值的校核

密封端面的摩擦热同时取决于压力和速度，工程上，常用二者的乘积表示即 PV 值。如果 PV 值过大，密封断面会产生大量的摩擦热使液膜汽化，导致机械密封密封失效，PV 值过小又会使机械密封发生泄漏。因此 PV 值是机械密封重要的参数。PV 值常用下面的公式计算：

$$PV = \frac{\pi p_s (d_i + d_o) n}{120}$$
$$= \frac{3.14 \times 0.295 \times (76 + 58) \times 10^{-3} \times 2900}{120}$$
$$= 3.248 \text{MPa} \cdot \text{m} \cdot \text{s}^{-1}$$

查资料得硬质合金对石墨的 $[PV] = 5~7(\text{MPa} \cdot \text{m} \cdot \text{s}^{-1})$，可见 $PV < [PV]$，符合要求。

4　结论

本文所探讨的两种形式的机械密封特点和使用效果对比，目的在于说明不同的工况和不同的介质，应该选用不同的机械密封形式，当经常出项密封失效，就应该考虑密封的选型或是操作是否正确。普通流体用机械密封用单端面、静止型、外装式机械密封，就能满足需要，而且使用周期能够得到保证；对于易结晶、含有颗粒介质而且不允许有冲洗的物料介质，就应该考虑选用波纹管式机械密封。设备的使用关键在于选用性能和结构可靠的设备。

（中国石油兰州石化分公司合成橡胶厂　蔡军）

25. 提高锅炉循环水泵机械密封运行的稳定性

锅炉循环水泵(P205A/B)是上海高桥石化余热锅炉系统的关键设备。但是自从1998年5月开工正常以来,该泵的密封却频繁地出现故障,严重地危及到了安全生产。表1是该泵近两年来故障修理情况记录。

表1 锅炉循环水泵(P205A)密封修理记录(2005年至今)

序号	日期	更换部件名称
1	2005.7.5	更换 DTM-80A-1 机封一套、驱动环1只、轴套1只
2	2005.8.1	更换密封
3	2005.11.15	更换动环、静环、轴套、轴套橡胶圈静密封圈(三次拆装)
4	2006.7.10	更换 DTM-80A-1 机封一套、节流环驱动环各1只
5	2006.7.26	更换 DTM-80A-1 成套机封一套
6	2006.7.28	更换 DTM-80A-1 机封一套、动静环各1只
7	2006.7.30	更换 DTM-80A-1 机封一套、动静环各1只,轴套、驱动环各1只
8	2006.8.3	更换密封,并同时清洗密封冷却器
9	2006.8.21	更换 DTM-80A-1 机封一套、动静环各1只,轴套、驱动环节流环压盖各1只

如果该泵密封失效,将有可能会直接导致整个系统联锁停车,所以有必要对密封失效的可能原因进行分析。

1 运行环境分析

P205A/B在余热锅炉中主要起人为地控制锅炉中水和水汽混合物流动的作用。图1是余热锅炉系统的工艺流程图。

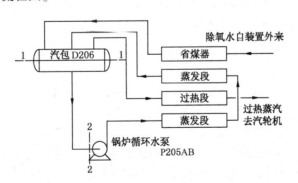

图1 余热锅炉系统流程

由图1可见,该泵的运行和汽包的操作参数密切相关。所以本文重点查找了2006年6~10月期间D206操作压力记录,数据经过处理后列表见表2。

表2　D206操作压力数据表（2006年）　　　　　　　　　MPa

日期	平均数	最大值	最小值	样本方差
6.8	3.188917	3.224	3.147	0.000556
6.9	2.941167	3.188	2.848	0.008017
7.7	2.9605	2.996	2.934	0.000474
7.8	2.9605	2.996	2.934	0.000474
7.9	2.953	2.977	2.919	0.000468
7.10	2.94025	2.978	2.902	0.000476
7.21	2.9315	2.991	2.9	0.000859
7.22	2.92825	2.949	2.901	0.000249
7.23	2.920833	2.958	2.883	0.000451
7.24	2.916833	2.95	2.885	0.000428
7.25	2.817333	2.998	2.62	0.010047
7.26	2.8795	2.95	2.821	0.001954
7.27	2.943583	2.981	2.91	0.000561
7.28	2.922833	3.071	2.726	0.007937
7.29	2.973917	3.041	2.923	0.001358
7.30	2.964917	3.079	2.821	0.004192
8.18	2.968417	3.004	2.92	0.000788
8.19	2.973	3.018	2.924	0.000759
8.20	2.977083	3.034	2.936	0.001013
8.21	2.980917	3.032	2.857	0.002122
9.1	2.950833	3.019	2.723	0.006267
9.25	3.040917	3.134	2.955	0.007276
10.1	3.18125	3.297	3.116	0.002549

　　通过表2可见，密封故障率高的时间段恰恰是D206操作压力平均值小于3.0MPa时，当其大于3.0MPa时，密封不再损坏。而且密封损坏时间段内样本方差并不大，这说明压力波动对密封的不利影响没有想象得大。

2　密封结构分析

　　P205A/B是由美国Union公司生产的，该泵的主要性能参数如下：型号为6×8×22HHS；介质为炉水；工作温度为253℃；流量为232m³/h；吸入压力为4.4MPa；转速为1450r/min；轴功率为54.85kW；电机功率为75kW；轴径为76.17mm。泵选用了接触式内流型部分平衡型单端面机械密封，摩擦副材料组合为碳石墨对碳化钨，并采用了循环冲洗冷却系统。该泵密封的结构如图2，图中经冷却后的密封冲洗液回到螺旋轮5的背面后由其抽出密封腔体，再经过密封冷却器冷却后回到螺旋轮5的背面进行循环冷却。

　　对于机械密封来说，端面摩擦副的密封面是主要密封面，它是决定机械密封摩擦和密封性能的关键，同时也决定了机械密封的工作寿命。从多次密封解体的情况来看，有时在端面外侧出现了干摩擦的迹象，这说明密封泄漏前发生了动静环的直接接触；有时密封面

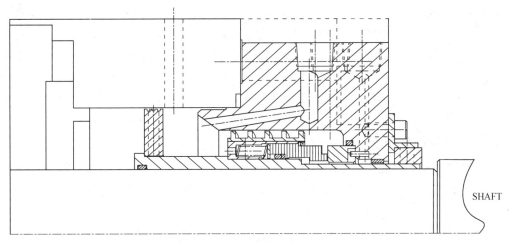

SHAFT

图 2 密封结构图

看不出有损坏之处，但更换密封后仍旧泄漏。所以有必要对该泵密封进行研究，以找到发生泄漏的原因。

3 相态稳定性分析

由于接触式机械密封多半事故是在混合摩擦状态下工作，也有在边界摩擦状态下工作，但由于该泵端面间存在着液体膜，所以该密封是在混合摩擦状态下工作。实际上混合摩擦是在流体摩擦、边界摩擦与干摩擦混合状态下工作，只是各自分担的比例不同而已。经相关研究证明：只要是密封面出口温度高于介质常压沸点就会发生相变。但由于机械密封是靠流体膜承载能力工作的。密封面内流体发生相变并不是问题的关键所在，关键是发生相变后流体膜是否稳定。所以，必须要考虑相变条件正确使用它，才能保持它正常运转。表 3 是机械密封的相态判据表。

表 3 机械密封的相态判据

膜压系数	密封面温度		相态		稳定性
$K_m = K_{ml}$	$T_E < T_{ba}$		全液相		稳定
$K_{ml} < K_m < K_{m,max}$	$T_E \geq T_{ba}$	$T_f < T_b$	相态	似稳定	似稳定
$K_{mg} < K_m < K_{m,max}$		$T_f \geq T_b$		似汽相	不稳定
$K_m = K_{mg}$		$T_1 > T_b$	全汽(气)相		稳定

注：T_E 为密封面出口温度；T_1 为入口温度；T_b 为沸点；T_{ba} 为常压下沸点；T_f 为密封面间介质温度。

由表 3 可见，当 T_f(密封面间介质温度)$\geq T_b$(密封压力下的沸点)时，密封面间相态为似汽相，相态不稳定。表中 K_m 为膜压系数，$K_m = \dfrac{P_m - P_1}{P_2 - P_1} = \dfrac{P_m}{P_2}$ 式中 P_1 为密封内侧表压，P_2 为密封外侧表压，P_m 为密封端面间流体膜平均压力，由于该泵密封为内流型，所以 $P_1 = 0$。由上表可见，要想知道 P205 密封所处的相态，首先要知道密封腔内炉水的 T_b 值，T_b 值可由泵进口压力求出。取汽包液面 1-1 和泵进口截面2-2(图 1)列出伯努利方程如下：$z_1 + \dfrac{u_1^2}{2g} +$

$\dfrac{p_1}{pg} = z_2 + \dfrac{u_2^2}{2g} + \dfrac{p_2}{pg} + \lambda \dfrac{l + l_e}{d} \dfrac{u^2}{2}$，经查 $z_1 = 29.5\text{m}$，$u_1 \approx 0$，$p_1 = 2.9\text{MPa}$，$z_2 = 1.211\text{m}$，$u_2 =$

1.797m/s，$\rho \approx 820.45kg/m^3$，$d = 0.250m$，$l = 55/23m$，$\lambda = 0.01256/0.001$，上述数据代入求得泵入口压力 $p_2 = 2.97MPa$，泵出口压力实测为 4.2MPa。从密封结构图可见，在密封前面有一个节流环，它控制着密封腔与系统间介质的流动，所以密封腔压力 P_2 取略低于泵进口压力定为 2.9MPa。由此可见，密封腔压力与汽包操作压力大致相等。查表得，该压力下对应的饱和温度为 233.7℃。由表可见，当 $T_f \geq 233.7℃$ 时，密封端面间的流体将不再有稳定的液膜，密封端面将很可能发生干摩擦而失效。

4 实际运行情况分析

如前所述，一是汽包操作压力低也就是密封压力 P_2 低时易泄漏；二是泄漏时仅更换密封是不起作用的。这可以从膜压系数与密封面平均温度图(图3)中以解释。

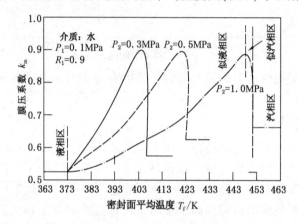

图 3 膜压系数与密封面平均温度图

由图3可见，曲线顶点两侧为似液相和似汽相。似汽相密封的膜温略有变化就可能变成似液相或全汽相，相态不稳定。而且操作压力越低，曲线的顶点越向左移，这时端面越易走向似汽相。当密封面间处于似汽相时，密封工作不稳定，易发生泄漏。如果不能解决好密封面间介质的稳定性问题，仅更换密封是不起作用的。

由此可见，为了保证机械密封稳定地工作，应对机械密封各部位的温度加以适当的控制。首先应考虑的是密封箱内汽化问题，应勿使密封箱内液体的温度超过汽化温度；其次是密封面间隙内摩擦热未能排出而形成密封面工作不稳定从而造成事故性泄漏。

为了保证密封工作的稳定性，应使机械密封工作时距离汽化线有一定需要的温差 Δt_{req}，并在工作时有效温差 $\Delta t_{avail} > \Delta t_{req}$。如何提高 Δt_{avail} 需要从端面热平衡来考虑。

根据端面摩擦近似热平衡，有 $Q_f = fP_b VA = Q\gamma c\Delta t$，式中 Q_f 为端面摩擦热，f 为摩擦系数，P_b 为端面比压，V 为端面平均线速度，A 为密封面面积，Q 为冲洗液流量，γ 为冲洗液密度，c 为冲洗液比热，$\Delta t = t_1 - t_2$ 为密封室冲洗液出入口温差。如果端面摩擦热能被冲洗液及时转移的话，将能有效确保 $\Delta t_{avail} > \Delta t_{req}$。而在泵结构参数已定的情况下，$Q_f$ 的产生主要决定于端面比压 P_b 的大小。

4.1 端面比压 P_b 与摩擦热的关系

根据公式 $P_b = P_{sp} + (B_2 - K_m)P_2$，$P_{sp}$ 为弹簧比压，由于 $V = \dfrac{\pi \times n}{30} \times \dfrac{D_1 + D_2}{2} =$

$\dfrac{3.14 \times 1450}{30} \times \dfrac{95.38 + 84.98}{2} = 13.7 \mathrm{m/s}$，　所以取 $P_{\mathrm{sp}} = 0.2 \mathrm{MPa}$，$B_2$ 密封的面积比，$B_2 =$

$\dfrac{D_{\mathrm{B}}^2 - d_{\mathrm{B}}^2}{D_2^2 - D_1^2} = \dfrac{95.38^2 - 88.84^2}{95.38^2 - 84.98^2} = 0.642$，　式中 D_2 为密封面外径，D_1 为密封面内径，d_{B} 为轴套台

肩直径。所以此式惟一的变量就是 K_{m}。

假如摩擦热能完全移出的话，这时密封工作在全液相区间，工作最稳定。其膜压系数

$K_{\mathrm{ml}} = \dfrac{1}{2\ln \dfrac{D_2}{D_1}} - \dfrac{D_1^2}{D_2^2 - D_1^2} = 0.519$，　取 $P_2 = 2.9 \mathrm{MPa}$，代入密封比压公式得出：$P_{\mathrm{b}} = P_{\mathrm{sp}} + (B_2 -$

$K_{\mathrm{m}}) = 0.2 + (0.642 - 0.519) \times 2.9 = 0.5567 \mathrm{MPa}$。这时摩擦系数取保守值 $f = 0.05$，密封端面每
秒所产生的热量为：$Q_{\mathrm{f}} = f P_{\mathrm{b}} V A = 0.05 \times 0.5567 \times 100 \times 13.7 \times 3.14/4 \times (95.38^2 - 84.98^2) \times 0.01 =$
$561.5 \mathrm{J/s}$；假如密封端面的摩擦热完全无法移出的话，摩擦热将全部用于加热密封腔内液
体。密封腔的体积根据图纸估算为：$1226605 \mathrm{mm}^3$，此时 $\rho \approx 820.45 \mathrm{kg/m}^3$，算出液体的质量
约为 $1 \mathrm{kg}$。这里的水近似为饱和水，它在 P_2 下的汽化热为 $1793.5 \mathrm{kJ/kg}$，那么将经过
$1/561.5/1000/1793.5 = 3194 \mathrm{s}$ 的时间密封腔内的液体将完全汽化，密封将会干摩擦而损坏；
如果热量大部分移出的话，剩余热量将会使密封面间液膜温度升高。由图 3 可见，随着膜
温的升高，膜压系数逐渐增大，密封工作区间将会处于似液相，当膜压系数 $K_{\mathrm{m}} = 0.573$ 时，
密封比压 P_{b} 等于 0，这时密封面没有足够的比压来保证其良好的贴合性，会出现密封面的
开启，从而造成工作不稳定；如果密封端面间只有小部分热量移出的话，那么在摩擦热的
作用下，会迅速出现 $T_{\mathrm{f}} \geqslant 233.7 ℃$ 的情况，密封面间介质处于似汽相状态，工作将会很不稳
定，甚至局部会发生干摩擦。P205 实际运行轨迹是摩擦热从完全能移出逐渐劣化为只有小
部分移出，甚至是完全不能移出。当密封面开启时，密封端面未损坏，但密封发生泄漏；
当密封面发生干摩擦时，密封面会损坏。

4.2　影响摩擦热移出的因素分析

由上述分析可见，当密封端面摩擦热移出有问题的话，端面密封就会发生干摩擦或密
封面开启的现象，所以要使密封工作稳定，必须要及时将摩擦热移出。由热平衡公式得出，
它主要取决于 $Q\Delta t$ 值。Q 为冲洗液流量，主要是由图 2 中螺旋泵送轮 5 将回到动环背部的
冲洗液抽出进行循环冷却。Δt 为密封室冲洗液出入口温差，它的大小主要取决于密封液冷
却器的换热状况的好坏。

如图，Q 值主要决定于螺旋轮与密封压盖之间的间隙值。当间隙过大时，通过螺旋轮
输送增压的液体有相当一部分从此间隙出倒流入低压区，给循环量造成损失。经实测，新
泵密封此间隙值约为 30 丝，而 2006 年 8 月密封发生故障时此间隙超过了 70 丝，造成了即
使冷却器已清洗但密封仍泄漏的情况。造成此值变大的原因是由于密封端盖的径向温度梯
度过大而导致的密封端盖的热变形，最终的诱因还是密封冷却器的效果不佳。

经查：该密封冷却器采用的是管壳式结构，用循环水来冷却密封液。根据传热学公式：
传热量 $q = K A \Delta t_{\mathrm{m}} = Q\gamma c \Delta t = m_2 c_{\mathrm{p2}} (T_1 - T_2)$，式中 K 为传热速率，A 为换热面积，Δt_{m} 为对数传
热温差，m_2 为冷却水的质量流量，c_{p2} 为冷却水的比热容，T_1、T_2 分别为冷却水的进出口温
度。由于密封液的流量无法确定其变化量，而冷却水的流量相对稳定。所以可以用冷却水
进出口温差来说明摩擦热的导出情况。由上式可见，当冷却器换热面积一定，冷热流体的

传热温差变化不大时，传热量主要取决于传热系数 K。其中 $K = \dfrac{1}{\dfrac{1}{\alpha_i} \times \dfrac{d_0}{d_j} + \dfrac{\delta d_0}{\lambda d_m} + \dfrac{1}{\alpha_0} + R_{so}}$，

式中 α_i、α_o 分别为换热管内外侧给热系数，d_0、d_i、d_m 分别为换热管内外中径，δ 为换热管壁厚，λ 为换热管的给热系数，R_{so} 为管外壁污垢热阻，污垢热阻的数值与循环水的性质及操作条件有关。由于循环水中普遍存在着微溶盐类水垢、腐蚀产物垢和微生物黏泥垢，加上换热管管壁温度已达到水的常压沸点，所以非常容易在换热管外壁结垢，造成 R_{so} 增加，K 减小，最终使得冷却水温差过小，密封摩擦热无法移出，造成了密封端盖变形，循环量减小，密封端面温度升高，直至密封泄漏。

所以，要想将摩擦热移出，必须要清洗冷却器和检查螺旋轮与密封压盖之间的间隙。

4.3　密封修理过程综述

从泵密封修理情况来看，清洗冷却器和检查螺旋轮间隙这两个动作缺一不可，作业区专门做过试验。对 P205A 先清洗冷却器，密封端盖不更换。P205B 先更换密封端盖，冷却器不清洗。两台泵的动静环 O 形圈全部更换。

结果，P205A 运行一段时间后，密封发生泄漏。更换密封端盖后，该泵运行至今，密封一直不漏。在试验过程中，技术人员专门用红外线测温仪记录了密封液循环系统的各部位温度，如表 4 所示。

表 4　处理前后冷却器运行参数对比表

| 日　　期 | 泵体密封液侧温度/℃ | | | | | 循环水侧温度/℃ | | 备　　注 |
	泵体	出泵	进冷却器	出冷却器	回泵	循环水进口	循环水出口	
2006.7.31	156	138	114	99	98	37	40	
2006.8.3	150	130	105	76	76	31	36	清洗过冷却器
2006.8.21	153	137	117	73	72	31	37	更换过密封端盖

由表 4 可见，冷却器经过清洗后，循环水进出口温差明显增大，冷却效果得以改善。更换过端盖后，密封液从泵出口到冷却器进口的温度变化平缓，说明密封循环量明显提高；密封循环量增加，冷却器的给热系数 α_i 增加，换热效果进一步改善，所以封液侧和冷却水侧进出口温差都有了不同程度的增加，密封摩擦热得以充分转移到循环水系统，密封运行趋于稳定。这说明仅清洗冷却器但封液循环量不正常，密封将不能长久运行。

P205B 通过试泵发现，该泵运行 1min 后密封面即发生间歇气震后产生喷雾泄漏，冷却器清洗后再试泵，运行正常。这是由于冷却器换热效果下降而使得冲洗液温度上升，引起蒸汽压上升，当超过轴封箱容许压力时就发生了上述现象。这说明如果冷却器完全失去换热效果，密封将根本无法投用。

由于密封冷却器结垢是一个渐进的过程，所以当发现冷却器换热效果明显下降时就要检查一下密封端盖间隙，以确保足够的密封循环量。运用热平衡公式计算，当 $Q\Delta t \geqslant 8.39 L℃/min$ 时，可以确保密封在稳定状态下运行。

5　结论

由于端面是机械密封的主要密封面，所以本文着重对密封面的运行稳定性进行了分析。

但机械密封是一个系统，它还涉及到工艺操作、安装过程及辅助密封面等，所以要保证该密封稳定运行，应全面考虑，做好以下几方面工作：

（1）汽包 D206 的操作压力最好保持在 3MPa 以上，压力过低，对密封冷却器的要求过高，见图 3。

（2）定期检查密封冷却器冷却水进出口温差，当温差小于 2℃ 时要进行冷却器的清洗工作。

（3）冷却器清洗时要检查密封螺旋轮和密封端盖之间的间隙，当间隙过大时要更换密封螺旋轮和密封端盖。

（4）最好采用集装式机械密封，可有效减少安装不当带来的问题。

（5）辅助密封圈材质一定要采用全氟醚，并采用有成功使用经验的供应商提供的产品。

（中国石化上海高桥分公司 施瑞丰）

26. 改造液态烃泵机械密封延长使用寿命

在炼油生产过程中，涉及到很多烃类介质，由于这些介质自身的特点——溶点低、易汽化、易燃、易爆、黏度小、饱和蒸汽压高等特点，决定了该类泵用机械密封动、静环两端面间常处于汽液混相状态，润滑条件较为恶劣。国内使用的液态烃泵用机械密封的使用寿命一般小于 4000h，有的甚至更短。液态烃泵用机械密封的可靠性和安全性就成为保证炼油厂安全生产和维持正常生产秩序的关键。

1 问题的提出

目前液态烃泵的密封，一般采用单端面密封、双端面密封、金属波纹管密封等几种。单端面密封、金属波纹管密封从安全和环保的角度来看，现在已不提倡广泛使用，因为一旦密封失效或金属波纹管在使用中出现疲劳断裂，将会导致液态烃大量外泄，污染环境，同时稍有不慎将导致严重后果，造成火灾(我公司的 3.30 火灾事故就和此类密封有关)。有封液系统的双端面密封虽可以避免以上缺点，在一级密封失效后，二级密封可以承担主密封的作用，阻止液态烃介质的外泄，给生产和检修提供一定的时间。但该密封的不足之处在于：需要增设一套给二级密封提供封液的辅助、增压系统，给使用维护带来了很多不便，且运行成本较高。因此，现在迫切需要开发一种液态烃类介质专用的机械密封，既有较长的使用寿命，又安全可靠、使用维护简便，能满足各项要求的新型机械密封。为此我们与四川密封研究所合作对炼油厂二催化 P4004/A 的机械密封进行改造，设计一种新型机械密封，以满足以上要求。

该型机械密封的技术参数如下：

(1) 入口压力：≤1.95MPa；

(2) 出口压力：≤2.62MPa；

(3) 温度：≤45℃；

(4) 转速：≤2950r/min；

(5) 寿命：≥4000h；

(6) 介质：C_2、C_3。

2 技术分析

液态烃泵机械密封失效的机理简介如下：密封在运行过程中，端面缝隙中的压力沿泄漏方向逐渐下降，而温度逐渐上升，因此介质在密封端面中会汽化，即密封端面中存在着气液两相。如图 1 所示。

在密封端面的外半径 r_2 处，压力等于密封腔中的介质压力 P_s，随着半径的减少，介质进入密封端面后，压力逐渐下降，在外半径 r_2 和半径 r_b 之间密封缝隙中各点的温度由于摩擦热的原因，进入密封端面后温度逐渐升高，到半径 r_b 时，温度最高。由于该温度已达到介质的临界温度，同时该处的压力也下降很多，其结果介质在该处(即 r_b)发生气化，我们称 r_b 为汽化半径(又称沸腾半径)。

当介质越过气化半径，在压差的推动下，介质继续向大气侧泄漏。由于气化半径 r_b 到

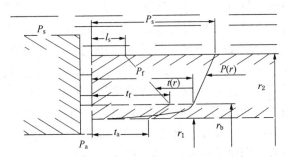

图 1　液态烃泵密封中的气液两相

$r_2 \sim r_b$—液相区；$r_b \sim r_1$—汽相区；P_a—大气压力；P_f—沸腾压力；P_s—介质压力；

t_a—大气温度；t_f—沸腾温度；t_s—介质温度

密封端面的内半径门距离较短，压力急剧下降，到内半径 r_1 时等于大气压力。而温度则由于介质在汽化时吸收热量，呈下降趋势。

由于在密封端面中存在汽化现象，也即密封端面上存在气液混相。而这种相态又极不稳定，从而造成液态烃泵用密封工作不稳定且易失效。

通过查阅大量的文献资料，并对我公司液态烃泵机械密封的使用情况进行了深入细致的调查，我们发现目前使用的液态烃泵机械密封主要存在以下几种失效形式：

（1）对于液态烃介质而言，随着温度的升高，介质饱和蒸气压升高，或由于压力波动造成密封腔内压力低于介质饱和蒸气压，引起介质气化，密封腔就有抽空现象发生，使静环脱销后不能复原位，造成静环破碎，导致密封失效。

（2）两密封端面间由于摩擦产生的热量不能及时带走，导致局部介质气化，产生气泡。气泡破裂，引起端面气震导致端面振动，介质泄漏后在端面结霜，使端面摩擦进一步加剧，从而引起密封失效。

（3）由于工艺系统不稳定，组分发生变化，导致介质饱和蒸气压以及黏度等特性变化，从而引起抽空或空化冲蚀，造成密封失效。

（4）由于密封面内外侧存在一定的温差和压差，按一般的密封面宽度设计的密封，其密封面内侧端面间介质呈气相状态，外侧端面间则呈液相状态。当两端面间摩擦产生的热量不能及时传递带走时，在端面上会形成较大的温度差，造成端面热变形。变形严重时将导致密封面扭曲，引起密封端面振动，使密封失效。

针对液态烃泵机械密封存在以上几种失效形式，综合比较了目前使用的单端面密封、金属波纹管密封、双端面密封的优缺点，本着既要满足安全生产的需要，又要易于拆装、调节、成本较低的要求，我们采用了一种具有双端面机械密封的所有优点但省去了双端面密封所必需的封液系统，使得维护、使用更加便捷，且更容易实现自动化管理监控的串联式双端面无液润滑机械密封。即第一级密封是主密封，二级密封起安全保护作用，在一级密封失效时，二级密封起主密封作用，并通过一辅助系统将泄漏介质排入到低压瓦斯系统（回收放空系统）。二级密封采用无液润滑，这样排放更为方便，且不会污染介质；密封更安全、更可靠，使用维护也更简便。

3　密封设计

3.1　机械密封总体结构的确定

对于液态烃泵用机械密封，重要的是控制密封的端面温升，使其工作在单一相态。有封液系统的双端面密封能较好地解决这个问题,封液能带走密封端面产生的热量,改善密封的润滑条件。但我们没有选用这种密封形式,因为封液可能污染介质,而且需要一个封液系统,成本费用较大,维护也不方便。我们对现场进行了仔细地了解分析,查阅国内、国外相关资料,从环保、安全方面考虑,选用串联式双端面密封,其二级密封为一种新型密封形式——无液润滑密封。这样不仅可以省掉昂贵的封液系统,而且在主密封失效时,有二级密封保护,介质不会泄漏到大气中。同时只需在排空处增设一报警装置和单向阀,就可实现自动化的远程监控,向操作室报警,泄漏介质通过单向阀(预设开启压力)进入排空系统,引导至安全地方;同时给更换密封提供足够的时间。

该类型机械密封为内装、内流、串联式双端面机械密封,二级密封为无液润滑。同时该型机械密封的密封结构不但拆装、维修容易,调节也非常方便,在泵外成套组装后,再装入密封腔,不需做任何调试。其结构如图2所示。

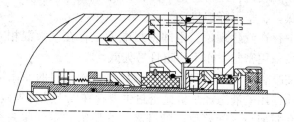

图2　机械密封的结构图

3.2　密封端面比压的确定

3.2.1　密封端面比压的确定

对于多组分、相态不稳定的液态烃泵,要实现密封有一定的困难。因为各组分的黏度、饱和蒸汽压、相对密度等特性各不相同,即在特定的工况下,各组分所处的相态也有所不同。两密封端面间由于摩擦产生的热量,若不能及时由介质或附加冲洗液带走,随着温度的上升,其饱和蒸气压也将随之上升,当高于端面间膜压时,液膜就会气化,形成气泡。气泡一旦破裂,端面间会产生振动。由于介质为多组分,其气化是局部、多点进行的,这种相态的不稳定,在端面间产生的无规则间隙振动,对于端面密封是极为不利的。因此选择适当的膜压系数对液态烃泵用机械密封是非常重要的。通过查阅相关资料,结合我厂使用的实际情况,选取膜压系数 $\lambda = 0.7$。弹簧力的选取应保证密封环在运行中的追随性和浮动性,保证密封面贴合,但又不能太大,否则端面温升将增大,不利于密封的可靠运行。结合相关资料介绍和我厂使用实际情况,综合考虑各方面因素,选取的弹簧比压 $P_{弹}$ 一般在 $0.1 \sim 0.25\text{MPa}$ 之间,对于不同的烃类介质,均能取得较好的效果。该密封选用弹簧比压 $P_{弹} = 0.156\text{MPa}$。

端面比压是影响密封性能和使用寿命最重要的因素之一,端面比压选取过大,两端面间磨损增大,将产生大量的摩擦热,造成端面间介质相态的不稳定;若端面比压过小,则两端面易于打开,不能形成较为稳定的润滑膜,密封的可靠性得不到保证。

前面已经说过,密封端面温升过高,易导致机封失效。而影响密封端面温升的主要参数有端面比压 $P_{比}$、密封端面的线速度 V、介质黏度 μ、摩擦副材料的摩擦系数 f 等。对于线速度和介质黏度我们无法控制(因为电机的转速和介质不变),我们能控制的只有端面比压 $P_{比}$、摩擦系数 f 从密封端面比压的公式中可以看出:$P_{比} = P_{弹} + P_{介}(K - \lambda)$(内装式密封的计算公式)。介质压力 $P_介$、载荷系数 K、膜压系数 λ、弹簧比压 $P_弹$，对端面比压 $P_比$ 都有影响。但是在工艺条件已知的情况下，能够影响端面比压 $P_比$ 的参数就只有载荷系数 K 和弹簧比压 $P_弹$。也就是说，只要我们把载荷系数 K 和弹簧比压 $P_弹$ 控制在一个适当的范围内，就能控制密封端面温升。

前面我们已经确定了：弹簧比压 $P_弹 = 0.156$MPa，载荷系数 $K = 0.804$，膜压系数 $\lambda = 0.7$，$P_介 = 1.95$MPa。

则端面比压：

$$P_比 = P_弹 + P_介 \times (K - \lambda)$$
$$= 0.156 + 1.95 \times (0.804 - 0.7) = 0.359(\text{MPa})$$

3.2.2 二级密封端面比压的确定

因为二级密封为无液润滑密封，端面比压主要由弹簧提供，即弹簧比压等于机封的端面比压，在保证密封环能够贴合且在运行中有足够的追随性和浮动性的情况下，尽量选择小的端面比压。使端面温升控制在很小的水平上，保证密封的可靠运行。其端面比压计算如下：

静环直径：$D_1 = 68.5$mm   静环外径：$D_2 = 78$mm，

动环直径：$d_1 = 66.4$mm   动环外径：$d_2 = 86$mm，

平衡直径：$D_0 = 70.5$mm

载荷系数：

$$K = \frac{D_2^2 - D_0^2}{D_2^2 - D_1^2} = \frac{78^2 - 70.5^2}{78^2 - 68.5^2} = 0.8$$

实测弹簧力 $F = 25$N，则端面比压 $P_比 =$ 弹簧比压 $P_弹$

$$P_比 = P_弹 = \frac{F}{S} = \frac{4F}{\pi}$$
$$= \frac{4 \times 25}{\pi \times (78^2 - 68.5^2)} = 0.02(\text{MPa})$$

3.3 PV 值的计算

(1) 主密封 PV 值的计算：

$$PV = \frac{\pi P_弹 (D_1 + D_2) n}{120}$$
$$= \frac{3.14 \times 0.359 \times (0.0558 + 0.064) \times 2950}{120}$$
$$= 3.32(\text{MPa} \cdot \text{m/s})$$

查资料得碳化钨对石墨的 $[PV] = 7 \sim 5$（MPa·m/s），可见 $PV < [PV]$，符合要求。

(2) 二级密封 PV 值的计算：

$$PV = \frac{\pi P_弹 (D_1 + D_2) n}{120}$$
$$= \frac{3.14 \times 0.02 \times (0.0685 + 0.078) \times 2950}{120}$$
$$= 0.226(\text{MPa} \cdot \text{m/s})$$

可见 $PV < [PV] = 7 \sim 5 (\text{MPa} \cdot \text{m/s})$，符合要求。

4　效果检验

我们在炼油厂一车间二催化泵 P4004/A 进行了现场安装试运，于 2000 年 12 月装上，运行时间长达一年半之久。在运行过程中，经过多次开、停车考验和一次大修的检验，密封均安然无恙。目前同类型机械密封在油品车间液态烃泵 P424、P425 也分别使用了一年之久，情况良好，充分证明了该密封的性能指标达到或超过预定目标。

5　结论

经过一年多的工作，通过我们与四川密封研究所的共同努力，该密封的各项考核指标均满足和超过了设计要求。

经过现场运行并经多次拆、装、启动、停车和长周期的连续运行，证明该机械密封使用性能良好、寿命长、装拆容易、调节方便、成本价格低、节约能源、安全环保，推广应用将有较好的经济效益和社会效益。

（中国石化镇海炼化股份公司机动处　孙炯明）

27. 聚丙烯制冷压缩机组机械密封失效原因分析及对策

聚丙烯装置主要产品牌号为均聚物 T30S 和共聚物 EPS30R。该装置制冷压缩机机组 PK601，在夏季 EPS30R 生产期间，装置对该机组提供冷冻水的需求量很大。机械密封长周期运行，出现少量泄漏现象，若对该泵检修，装置就必须停车。考虑到生产需要，对该泵加大了巡检监测频次以维持运行。大修期间，在更换机组辅油泵离线备台后第二天发现基座有大量油渍，静密封泄漏。

1　机械密封简介

机械密封又称端面密封，其中存在至少有一对垂直于旋转轴线的端面，该端面在流体压力及补偿机械外弹力的作用下，加之辅助密封的配合，与另一端面保持贴合并相对滑动，从而防止流体外泄。如图 1 所示为机械密封的结构，图中有四个密封点，A 点是动环与轴之间的密封，属于静密封，B 点是动静环作相对旋转运动时的断面密封，属于动密封，是机械密封的关键。两个密封端面的平面度和粗糙度要求较高，依靠介质的压力和弹簧力使两端面保持紧密接触，并形成一层极薄的液膜起密封作用。C 点是静环与静环座之间的密封，属静密封。D 点是静环座与设备之间的密封，属静密封。

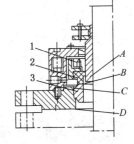

图 1　机械密封结构
1—弹簧；2—动环；3—静环

2　原因分析

由于机械密封本身的工作特点，动环和静环端面的相互摩擦，将不断产生摩擦热，使摩擦副内温度升高，给机械密封造成以下影响：摩擦副内液膜蒸发、汽化造成干摩擦；密封液膜黏度下降，润滑情况差；辅助密封圈老化，失去弹性，甚至脱落。

泵用机械密封种类繁多，型号各异，但失效泄漏点主要有五处：①轴套与轴间的密封；②动环与轴套间的密封；③动、静环间密封；④静环与静环座之间的密封；⑤静环座与设备之间的密封。

2.1　安装不当

备台 P605 为 2005 年大修时更换的新机封，动环内套材质为橡胶波纹管，与四氟圈及密封 O 形环不同，橡胶波纹管的径向紧力能使动环与轴紧密接触，起到密封的作用，对机封解体，检查动静环表面及弹簧压缩量均正常，仔细检查后发现波纹管远离摩擦副的一侧内圈有部分出现轻微卷曲、折叠印痕，并且为旧伤，由此推断安装过程中疏忽造成的，卷曲部分卡在弹簧与轴之间，使弹簧不能自由伸缩，进而造成动静环之间的较大间隙，大量的被密封介质沿二者间隙泄露；由此联想到检修前一次对洗涤塔循环泵 P501A 的检修，由于介质中含有大量的聚丙烯颗粒，长期运行之后颗粒大量聚集在弹簧座内，使摩擦副周围的热量聚集，烧坏橡胶波纹管（如图 2 所示），静密封失效。解体后对密封腔体进行了仔细的清洗，由于动环靠顶丝被固定在轴套上，从外观上看，轴套与轴之间的 O 形环并无明显变形，一切安装结束后，打开泵体入口阀进行静压试漏，泄漏的情形反而更加严重，再次解体更换 O 形环之后泄漏问题才得以解决；密封定位不准、摩擦副未贴紧：有以下几种可能的原因，弹簧力不够或弹簧力偏心，对其弹簧进行调整或更换；端盖固定不正，产生偏移，应调整端盖固定螺钉与轴垂直；转子轴向窜动量太大、动环来不及补偿位移，应对其轴向窜动量进行调整。

2.2　工艺运行状况

P201 为装置环管反应器轴流泵，运行状况一直良好，考虑到备件的使用寿命，此次检修对其轴向、径向轴承、轴封等进行检查更换，由于已经运行一个大修周期，我们对整套集装式双端面机械密封进行了更换，检修前密封油罐的下降量为 2~3mm/h，我们对更换下来的机封进行解体，发现有两个石墨动环均出现不同程度的磨损，如图 3 所示，甚至出现动环外缘大块丢失的情形，在这种情形下依然保持良好的运行状况，在多次机封更换的过程中发现由于摩擦副重度磨损失效的情形极少，大多为不稳定工况造成磨合后的摩擦副错位，最终导致机封失效，由此可见稳定的工况对设备平稳运行的重要性。由此联想到 P301C 丙烯高速泵由于晃电造成机封泄漏加剧，由正常时 2 滴/min 加剧到 15 滴/min，之后一次电气元件检修时对其进行切换，检修结束后切回该泵，机封泄漏量有所好转，当然不能依靠这种方式来解决机封泄漏的问题，至少证明了摩擦副由于工况的不稳定造成错位，由此足以见得工艺条件稳定的重要性。

图 2

图 3

3　处理过程及对策

（1）机封安装前对各部件进行仔细检查，尤其超过大修周期的非金属备件尽量避免使用，由于静密封材质大多为橡胶，搁置太久容易老化，此外安装过程中适当对橡胶套涂以润滑剂，避免类似卷边造成卡涩，安装后对机封进行沿轴向运动的检查，确保安装环节万无一失。

（2）在实际的安装过程中，应综合考虑动、静环密封圈的受力，弹簧的压缩量及叶轮锁母的锁紧程度，一旦密封圈过紧就容易造成轴磨损加剧、安装不便、压缩量过大，导致摩擦副磨损加剧，瞬间烧毁，过度的压缩使弹簧失去调节动环端面的能力，导致密封失效。锁母锁紧过度只会导致轴间垫过早失效，相反适度锁紧锁母，使轴间垫始终保持一定的压缩弹性，在运转中锁母会自动适时锁紧，使轴间始终处于良好的密封状态。

（3）安装后静压试漏：机械密封安装调试好后，一般要进行静试，观察泄漏量。如泄漏量较小，多为动环或静环密封圈存在问题；泄漏量较大时，则表明动、静环摩擦副间存在问题。在初步观察泄漏量、判断泄漏部位的基础上，再手动盘车观察，若泄漏量无明显变化则静、动环密封圈有问题；如盘车时泄漏量有明显变化则可断定是动、静环摩擦副存在问题；如泄漏介质沿轴向喷射，则动环密封圈存在问题居多，泄漏介质向四周喷射或从水冷却孔中漏出，则多为静环密封圈失效。此外，泄漏通道也可同时存在，但一般有主次区别，只要观察细致，熟悉结构，一定能正确判断。

（4）加强工艺操作，尽可能稳定运行工况，设备启动前先投密封油，设备停之后才能断密封油，设备运行过程中应加强对设备的巡检，关注密封油冷却水量的调节，避免温度过高或过低，假如循环水管线存在腐蚀较严重的情形，应及时进行更换，保证冷却水可以对密封油进行撤热，以免对密封面造成损坏。

4　结语

引起机械密封失效的原因有很多种，任何一个环节的疏忽都可能会影响其长周期运行，作为基层设备管理人员应在日常的工作中多积累相关的运行数据，加强自身技术水平的提高，同时加强对操作人员的基础知识培训，使操作人员能从原理上了解稳定的工况对设备平稳运行、装置安全生产的重要性，在日常的设备运行中真正起到维护设备的作用。

（中国石化天津分公司烯烃部　于苗）

28. 焊接金属波纹管机械密封国产化改造

中国石化天津分公司 PTA 装置中引进的日本三井公司制造的蒸汽列管干燥机(设备位号：PM-404)是十分关键的设备，其配套采用的焊接金属波纹管、中间浮环(动环)双端面机械密封是日本伊格尔公司的产品。

该机械密封内直径为 258mm，承受较大内压，制造难度较大，由于技术性较强，价格昂贵，进口价格超过 60 万元/套。其系统工艺条件(简称：原工况)：转速为 2.8r/min；介质为饱和蒸汽；压力为 0.26MPa；温度为 135℃。

自 2001 年 PTA 装置投产以来，其列管干燥机运行正常。2005 年 4 月，公司准备将 PTA 装置的年产量，从原来的 250kt/a 提高到 340kt/a，压力改为 0.4MPa；温度改为 160℃(简称：新工况)。但是，将原工况下正常使用的机械密封用于新工况时，发生了严重的泄漏。于是，在不改变机械密封结构的原则下，参考进口机械密封参数进行优化设计，制造出满足新工况的机械密封。

1　进口机械密封的剖析

日本伊格尔公司生产的承受内压焊接金属波纹管、中间浮环双端面机械密封管端结构如图 1 所示。

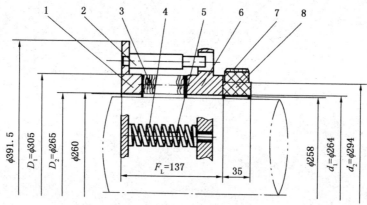

图 1　改造前焊接金属波纹管管端结构

序号	名称	数量	材　料	备　注
1	波纹管座	1	316	
2	定位销	4	1Cr18Ni9Ti	
3	波纹管	1	17-4PH　$\delta=0.22$	双层
4	弹簧	8	3Cr13	
5	定位螺钉	8	316	
6	静环	1	1Cr11Ni2WMoV(淬硬)	HRC55~60
7	动环外壳	1	316	
8	动环	1	M106K	

从图 1 中可以看出，双端面机械密封的预置弹力是由波纹管及其外置弹簧压缩后提供的，双端面机械密封能否正常工作，取决于波纹管侧机械密封能否正常工作(双端密封面尺寸相同)。

1.1 力学参数

1) 机械密封的刚度 C_O

弹簧的刚度值 $C_{O弹簧}$，叠加上波纹管的刚度值 $C_{O波纹管}$，即是机械密封的刚度值 C_O。测得单根外置弹簧的刚度为 18N/mm，8 根弹簧的刚度值为 $C_{O弹簧}=18 \times 8=144$N/mm。焊接金属波纹管的刚度按式(1)计算：

$$C_{O波纹管} = \frac{\pi E t^3 (D_1 + D_2) D_2/D_1}{2nB^3} \times 层数 \tag{1}$$

式中　E——材料弹性模量，17-4PH 为 2.1×10^5N/mm^2；

　　　t——波片厚度，0.22mm；

　　　D_1——波纹管内直径，mm；

　　　D_2——波纹管外直径，mm；

　　　B——波片宽度，$(D_1+D_2)/2$，mm；

　　　n——波纹管有效波数，14 波。

将相关数值代入式(1)计算：

$C_{O波纹管} = [3.14 \times 2.1 \times 10^5 \times 0.22^3 \times (305+265) \times 305/265/(2 \times 14 \times 20^3)] \times 2 = 41$N/mm

机械密封的刚度：

$$C_O = C_{O弹簧} + C_{O波纹管} = 144 + 41 = 185N/mm$$

2) 机械密封的端面弹簧比压 $P_弹$ 的计算

$P_弹$ 为机械密封在安装压缩至预设值时，密封端面单位面积上所承受的弹力。其计算公式见式(2)：

$$P_弹 = [C_O(F_L - W_L) \times 10^{-6}]/S \tag{2}$$

式中　C_O——波纹管机械密封刚度值，185N/mm；

　　　F_L——波纹管机械密封自由长度，137mm；

　　　W_L——波纹管机械密封工作长度，116mm；

　　　S——动环端面面积，$S = \pi[(d_2/2)^2 - (d_1/2)^2]$，mm。

将上述值代入式(2)：

$$P_弹 = \frac{185 \times (137 - 116)}{13140.9} = 0.296MPa$$

该干燥机采用的是低速(小于 10m/s)机械密封，此类机械密封 $P_弹$ 的设计推荐值为 0.15~0.6MPa。可见，进口机械密封的 $P_弹$ 值在推荐值的范围内。

1.2 载荷系数

载荷系数是机械密封关键的几何参数，其计算公式为：

$$k = (d_e^2 - d_1^2)/(d_2^2 - d_1^2) \tag{3}$$

式中　d_e——波纹管有效直径，$(D_1+D_2)/2$，mm；

d_1——动环端面内直径，mm；

d_2——动环端面外直径，mm。

相关值代入式(3)：

$$k = (285^2 - 264^2)/(294^2 - 264^2) = 0.69$$

k 值与机械密封用于"流体饱和蒸汽压"的载荷系数的推荐值 $k = 0.8$ 偏差较大。饱和蒸汽膜反压系数为 0.7，为保持密封端面在工作时处于贴合状态，载荷系数 k 必须大于等于膜反压系数。所以原进口机械密封载荷系数应当修正。

1.3 端面比压 $P_{比}$

适当的端面比压是保证机械密封长周期安全运行的重要因素。端面比压过大，会造成工作中液膜破坏，密封在磨损加剧，功耗增大，导致机械密封迅速损坏。端面比压过小，机械密封工作不稳定，易于泄漏，破坏密封。进口机械密封原工况端面比压 $P_{原比}$ 按式(4)计算：

$$P_{原比} = P_{弹} + (k - \lambda)F_{介} \tag{4}$$

式中　λ——膜反压系数，饱和蒸汽 $\lambda = 0.7$；

$F_{介}$——密封介质压力，原工况为 0.26MPa。

相关值代入式(4)：

$$P_{原比} = 0.296 + (0.69 - 0.7) \times 0.26$$
$$= 0.2934\text{MPa}$$

2　优化设计

针对蒸汽列管干燥机扩容时工艺条件的改变(温度和介质压力的提高)，进行了优化设计。

(1) 将原来波片厚度为 0.22mm 的双层波纹管改成厚度为 0.2mm 的 3 层波纹管，在提高波纹管承受内压能力的同时，将波纹管刚度提高到 46.35N/mm。

(2) 波纹管内、外直径保持不变，将原密封动环摩擦面尺寸调整为外直径 291mm、内直径 262.6mm，密封端面面积由 13140.9mm² 减小到 12341.96mm²，改动后使载荷系数 k 大于 0.7。

(3) 将机械密封自由长度由 137mm 改为 127mm，安装时的压缩量为 127-116 = 11mm，让波纹管工作在其弹性范围内。改造后的焊接金属波纹管管端结构见图 2。

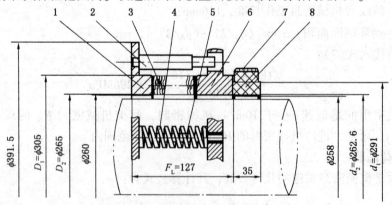

图 2　改造后的焊接金属波纹管机械密封结构

序号	名称	数量	材 料	备 注
1	波纹管座	1	316	
2	定位销	4	1Cr18Ni9Ti	
3	波纹管	1	17-4PH $\delta=0.20$	3层
4	弹簧	8	3Cr13	
5	定位螺钉	8	316	
6	静环	1	1Cr11Ni2WMoV(淬硬)	HRC55~60
7	动环外壳	1	316	
8	动环	1	M106K	

（4）保持外置弹簧数量不变，其自由长度减少10mm，同时改变丝径等参数，将单只弹簧刚度调整为35N/mm，外置弹簧的总刚度为35×8=280N/mm。

（5）其他有关计算：

① 调整后机械密封的刚度

$$C_o = 280+46.35 = 326.35 \text{N/mm}$$

② 机械密封的弹簧比压

$$P_弹 = 326.35\times(127-116)/12341.96 = 0.29\text{MPa}$$

③ 机械密封的载荷系数

$$k = (285^2-262.6^2)/(291^2-262.6^2) = 0.78$$

④ 机械密封的端面比压

$$P_比 = 0.29+(0.78-0.7)\times0.4 = 0.322\text{MPa}$$

3 结论

在对进口机械密封力学参数和设计参数的剖析的基础上，与生产厂家合作，解决了制造工艺中的困难，制造出满足PTA装置扩容工况参数的焊接金属波纹管机械密封，并利用装置停工检修之际投入试用获得成功。

由于进口机械密封k值小于0.7，用于蒸汽介质不合适，通过优化设计，使k值大于0.7，解决了这个瓶颈问题，延长了机械密封的使用寿命。同时，国产化的蒸汽列管干燥机的价格仅为进口价格的1/10，降低了生产成本，取得了明显的经济效益。

（中国石化天津分公司芳烃部　李居海；

天津大学　王晓静）

29. 大轴流泵机械密封国产化研制

随着环管式聚丙烯技术的广泛使用，轴流泵越来越受到重视，国外正不断地研制和开发新的密封来满足聚丙烯装置长周期生产的要求。通过对大轴流泵密封国产化研究和应用成功，说明聚丙烯装置轴流泵的国产化研究已取得阶段性成果，本文着重对聚丙烯环管反应器大轴流泵机械密封的国产化进行研究探讨，以大力进行推广运行，为石化企业多创造效益。

1 环管反应器操作特点及对大轴流泵的要求

环管反应器是我公司 7 万 t/a 聚丙烯装置的关键设备，P201 反应循环泵（下简称大轴流泵）则是环管反应器的心脏。环管反应器里的介质在不停地循环流动、进行混合反应，介质的循环流动是靠轴流泵的叶轮旋转推动的。在正常生产时，若介质突然停止循环流动，极易发生"环管暴聚"严重事故，故要求大轴流泵（如图 1 所示）要平稳可靠运行。

大轴流泵用的是美国 LAWRENCE PUMP 公司生产的 24″（600mm）9500 系列反应循环泵，流量为 7000m³/h，功率 500kW，入口介质压力 3.5～4.2MPa，出口压力 4.2MPa，1500r/min。轴流泵的工作原理简单地说，类似轮船的螺旋桨推进器，通过电机驱动轴流式叶轮旋转，推动介质在环管中流动、混合，反应生成聚丙烯。低扬程、高流量是其特点。目前我国没有生产此类泵，所以轴流泵的国产化工作已成为"十五"国家重大技术装备研制的一个项目。

2 轴流泵机械密封的结构特点

轴流泵的总体结构比较简单，如图 2，由壳体（90°无缝弯管）、叶轮、轴、轴承箱和机械密封五大部分组成。但其配套的机械密封比较复杂，这是由于生产介质的易燃易爆高度危险性决定的。环管里的介质包括液体丙烯、主催化剂、电子体、三乙基铝和白油等，除了白油外，其他的几种液体都是易燃易爆介质，特别是三乙基铝见空气就燃烧，遇水就爆炸，是绝对不容许泄漏到泵外。所以，保证该泵长期平稳可靠运行的关键在于机械密封。

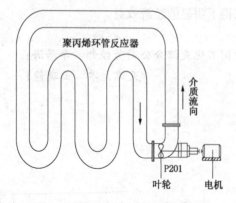

图 1 环管反应器大轴流泵位置图

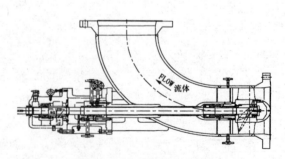

图 2 大轴流泵总体结构图

2.1 结构分析

大轴流泵机械密封是配套 DURAMETALLIC 公司的，由三套密封组成，三套密封的结构形式均为小弹簧、平衡型、内流式、集装接触式密封。三套密封的摩擦副材料都一样，动环为碳化钨62-6、静环为碳化硅，小弹簧材料XM-19，密封圈用氟橡胶"O"形圈，其余零件为316L不锈钢。

靠介质侧单端面密封是主密封，如图3，由动静环、双列调心球轴承、泵送套、截流衬套、唇型密封、轴套和密封盒组成一套集装机封。唇型密封用以阻止聚丙烯颗粒进入密封腔，在唇型密封之后安装一长约200mm的节流衬套，节流衬套的半径间隙控制在0.45～0.50mm，外接压力较介质高0.1~0.2MPa纯净液态丙烯进行冲洗，阻挡聚丙烯颗粒进入密封，为主密封创造了一个良好的工作环境。采用SKF双列向心球轴承，控制了轴的径向摆动，使主密封端面保持相对稳定状态下运行，减少了泄漏量，延长了使用寿命。

靠外侧两套密封组成双端面串联集装密封。如图4。由动环、静环、泵送套和小压盖组成中间密封，在中间密封和主密封间充满高压封油；由动环、静环、泵送环和大压盖组成安全密封，泵正常运行时此密封腔里是微正压(0.02MPa)缓冲液——白油，当主密封和中间密封同时泄漏，泄漏的介质或封油就进入最外面的安全密封腔，则缓冲液罐的液位和压力升高，发出报警信号，提示需停泵检修。

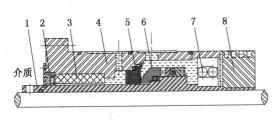

图3 主密封结构图
1—轴套；2—唇型密封；3—截流衬套；
4—密封盒；5—静环；6—动环；
7—轴承；8—螺旋泵送套

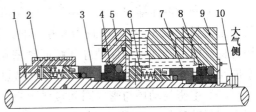

图4 安全密封结构图
1—轴套；2—螺旋泵送套；3，7—动环；
4，8—静环；5—小压盖；6—泵送环；
9—大压盖；10—紧固螺钉

主密封与安全密封分别配套封油系统和缓冲液系统，提供相应的密封和缓冲用白油。如图5所示。油系统均按API52标准设计。密封油为高压油系统，由冲洗用的液态丙烯作为压力源，通过增压罐内活塞加压(压力增加10%)，由储罐进入主密封腔，通过内外循环套强制导流，从中间密封腔流回到储罐，经冷却后，重新进入密封腔，对密封端面和双列向心球轴承进行冷却、冲洗和润滑；增压罐上设有液位报警；安全密封油压力为微正压，设有液位和压力报警连锁，依靠热虹吸和泵送环作用使封液循环；内、外封油的流量分别是3.3L/min和1.15L/min，可以充分地对摩擦副和轴承等零部件进行冷却、冲洗和润滑。

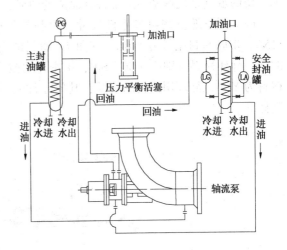

图5 密封油系统图

2.2 工作原理

机械密封工作过程中，动环与静环在

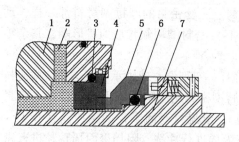

图6　密封工作原理图

1—壳体；2—封油；3—静环密封圈；4—静环；
5—动环；6—动环密封圈；7—轴套

弹簧力和介质压力作用下贴紧相对高速滑动，密封油在密封面形成一极薄的连续完整的吸附油膜，密封面处于边界润滑状态，运行稳定。机泵运行若出现波动，主密封端面贴合不好，则高压的密封油少量进入泵腔，阻挡介质外漏；若高压封油突然压力低于介质压力，由于主密封特殊的结构设计（如图6），依然可以保证密封面贴合，防止介质泄漏；若主密封失效，则安全密封可防止介质泄漏到大气中发生事故，同时缓冲液系统压力液位联锁发出报警。所以，三重密封结构设计，密封安全可靠，能够满足安全生产的需要。

2.3　存在问题

（1）封油温度高，循环冷却效果差。该泵运行时，封油温度曾经达到80℃，这对密封长期平稳运行是极不利的。

（2）密封的压缩量大，摩擦副表面易热裂。随机安装的三套密封的弹簧压缩量都偏大，其中主密封为8.5、中间密封为8.6、外安全密封为8.5，虽然大压缩量可以很好地保证动环有良好的追随性，确保动静环端面紧密贴合，但会造成端面比压过大，摩擦热增加，如不能及时地将热量带走，硬质合金动环易热裂。

（3）主密封动环与密封圈间接触不良，极易泄漏。在现场装配密封件过程中，我们发现主密封动环与密封圈间接触不好，密封圈与动环间仅靠径向过盈密封，轴向窜动量大，当机泵运行出现波动时，密封圈易滑移到倒角处，导致密封泄漏。该泵曾经有过一次因晃电停车后，密封严重泄漏，解体检查密封件均完好，原因就在于此。

3　国产化过程

机械密封的国产化是大轴流泵整体国产化的部分内容，公司对此很重视。在全面深入地分析了密封结构原理基础上，我公司与某密封公司合作，开展密封件的国产化工作。该项工作的重点是机械密封零部件和总成的研制，油系统不变。

（1）测量随机密封各零件尺寸，绘制装配图和工作原理图，确定国产主密封型号为115A，串联密封型号为110C，如图7。密封的总体结构形式保持不变，主密封与中间密封的动、静环材料分别用YG6、SiC，主密封的截流衬套改用浸树脂石墨镶装；安全密封动环材料为YG6，静环用浸树脂石墨，其他零件的材料按进口件标准选用，加工尺寸整合为公制标准。

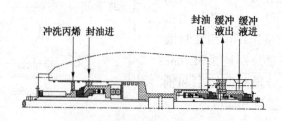

图7　大轴流泵机械密封装配图

（2）校核计算各密封的载荷系数 K、弹簧比压 P_s、端面比压 P_c，计算结果参见表1。

表1 密封参数表

大轴流泵 P201	端面外径 D_0/mm	端面内径 D_i/mm	接触面积 A_f/mm²	滑移直径 D_b/mm	载荷系数 K	弹簧比压 P_s/MPa	密封介质 压差 ΔP/MPa	端面比压 P_c/MPa
内密封	113.7	101.3	2092.8	105.0	0.71	0.17	0.38	0.25
中密封	116.0	105.0	1908.3	107.9	0.75	0.18	4.10	1.19
外密封	110.8	98.0	2098.0	101.6	0.73	0.24	0.02	0.24

大轴流泵 P201	弹簧数量 N	中径 D/mm	丝径 d/mm	压缩量 ΔL/mm	有效圈数 n	刚度系数 K	弹簧力 F_s/kgf	
内密封	12.0	5.9	1.0	6.2	10.0	0.6	36.2	
中密封	12.0	5.9	1.0	6.0	10.0	0.6	35.1	
外密封	20.0	4.2	0.8	6.5	14.5	0.5	49.6	

（3）局部结构的改进：

① 在现场装配中，我们发现主密封在工作状态时，密封圈与动环没有紧密接触（如图8所示），泵运行时稍有波动，就可能泄漏。因此，新设计的轴套在此进行了上改进，确保密封圈能够和动环良好接触，有足够的压缩量，可靠工作。

② 调整密封压缩量，在保证密封性前提下适当减小端面比压，减少了摩擦热，避免摩擦副出现热裂。

③ 改变中间密封的泵送套螺纹旋向，由原来的左旋改为右旋（随机配套的密封内外泵送套螺纹旋向是相反的），与主密封的泵送套螺纹旋向一致，提高了封油的泵送能力，加速了封油的循环，降低了封油温度，及时将密封摩擦搅拌产生的热量带走，改善了密封运行环境。

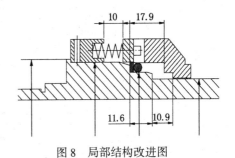

图8 局部结构改进图

4 国产密封使用情况

国产件于2001年3月开始试用，首先是主密封投用，运行12个月，2002年3月装置停工大修，解体检查密封状况，结果令人满意；2002年9月，密封总成安装投用连续运行约15000h，密封无泄漏，国产化取得了成功。

由于轴流泵的机械密封结构复杂，安装有一定难度，需要精心操作，特别是在安装过程中，要尽可能地使轴处于泵中心线水平位置，且不要轴向串动，减少对密封件的撞击，则需要制作使用一些专用工具。密封封油主要是由油罐内的盘管冷却器进行冷却降温，由于循环水品质关系，冷却器的冷却效果会逐渐变差，故需经常检查封油温度，定期清洗冷却水入口过滤器，保证冷却器的冷却效果，确保密封长周期平稳运行。

与进口机械密封比较，国产化机封价格为17万元，较进口的节省了约40万元，且国产密封质量可靠，采购方便，性能甚至超过了进口密封。

5　结论

（1）大轴流泵密封研制从零件试用到总成投用，取得了成功，密封使用寿命达到了预期目标，实现了大轴流泵的长周期运行，证明国产密封完全可代替进口密封使用。

（2）轴流泵也可采用波纹管代替小弹簧，克服安装造成的误差，使轴流泵的密封更加完善，故可推广使用。

（福建炼油化工有限公司　邱吉辉）

第四章 干气密封应用维修案例

30. 干气密封在离心式压缩机中的应用

在压缩机应用领域，干气密封有逐渐取代浮环密封、迷宫密封和油润滑机械密封的趋势。干气密封属于非接触式旋转动密封。

1 干气密封工作原理

干气密封与普通机械密封的根本区别在于，干气密封的一个密封环端面上加工有均匀分布的浅槽。运转时气体切入槽内，形成流体动压效应，将密封面分开，实现非接触密封。

在动环组件和静环配合表面处的气体径向密封有其先进独特的方法。配合表面平面度和光洁度很高，动环组件配合表面上有一系列的螺旋槽（见图1）。

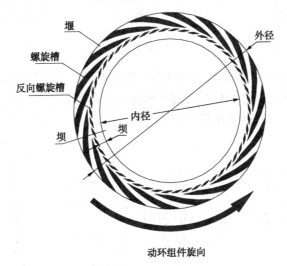

动环组件旋向

图1

随着转动，气体被向内泵送到螺旋槽的根部，根部以外的一段无槽区称为密封坝。密封坝对气体流动产生阻力作用，增加气体膜压力。配合表面间的压力使静环表面与动环组件脱离，保持一个很小的间隙，一般为 3μm 左右。当由气体压力和弹簧力产生的闭合压力与气体膜的开启压力相等时，便建立了稳定的平衡间隙。干气密封工作时，作用在密封上的力处于动平衡状态（见图2）。

闭合力 F_c 是气体压力和弹簧力的总和。开启力 F_o 是由端面间的压力分布对端面面积积分而形成的。在平衡条件下 $F_c = F_o$，运行间隙大约为 3μm。

如果由于某种干扰使密封间隙减小，则端面间的压力就会升高，开启力 F_o 大于闭合力 F_c，使得端面间隙加大，从而使 F_o 减小，直至平衡为止（见图3）。

如果扰动使密封间隙增大，端面间的压力就会降低，闭合力 F_c 大于开启力 F_o，端面间

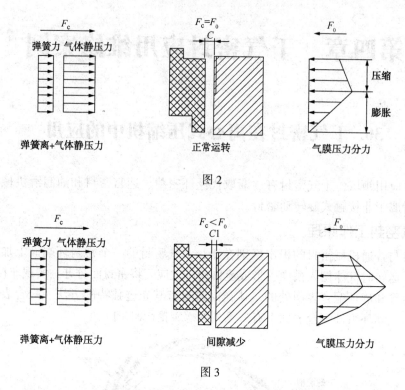

图 2

图 3

隙自动减小，从而使 F_0 增大，密封会很快达到新的平衡状态(见图 4)，这种机制将在静环和动环组件之间产生一层稳定性相当高的气体薄膜，使得在正常运行条件下端面能保持不接触状态，从而使得干气密封可长期安全运行。

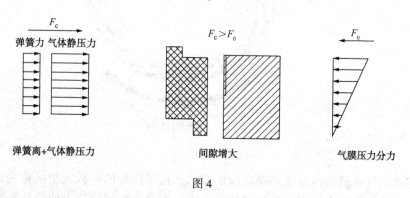

图 4

2　干气密封端面槽形及其优点

2.1　干气密封动压槽形状

单向旋转的槽形结构产生的流体动压效应要强于双向旋转结构，如对数螺旋槽、阿基米德螺旋槽、圆弧槽、斜线槽等；干气密封的气膜刚度(气膜刚度越大稳定性越好)与动压效应的强弱有很大的关系。

1) 单旋向槽(见图 5)

优点：气膜刚度大；抗干扰能力强；能适应低转速。

缺点：只能单向旋转。

2) 双旋向槽(见图6)

(a)U形槽　　　(b)V形槽　　　　　　　　(a)U形槽　　　(b)T形槽

图5　　　　　　　　　　　　　　图6

优点：可双向旋转。

缺点：气膜刚度较小；稳定性较差；不能适应低转速。

2.2　干气密封动压槽深度

干气密封流体动压槽深度与气膜厚度为同一量级时，密封的气膜刚度最大。在其余参数确定的情况下，动压槽深度有一最佳值。

2.3　干气密封动压槽数量、动压槽宽度、动压槽长度

干气密封动压槽数量趋于无限时，动压效应最强。不过，当动压槽达到一定数量后，再增加槽数时，对干气密封性能影响已经很小。此外，干气密封动压槽宽度、动压槽长度对密封性能都有一定的影响。

3　干气密封与其他密封性能比较

3.1　干气密封与机械密封性能比较(见表1)

表1　干气密封与机械密封性能比较

内　容	干 气 密 封	机 械 密 封
发明时间	1976 年	1900 年
工作原理	气体润滑，属于非接触式密封	液体润滑，属于接触式密封
使用寿命	4~5 年	1 年左右
功率消耗	是机械密封的5%左右	与密封轴径、转速有关
轴助系统	辅助系统简单，可靠性高，使用中不需要维护，无功率消耗	密封油系统复杂，需用要专用密封油泵及密封油压力控制系统，对密封油压力控制要求严格；密封油系统故障率较高，日常维护成本高
对工艺影响程度	密封介质为工艺气体本身或氮气，对工艺无任何影响	密封介质为润滑油，密封油泄漏进入工艺流程后会对后续工艺产生极大影响，甚至破坏工艺造成停产
对环境污染程度	仅有微量氮气往大气泄漏，对环境无任何污染，是环保型密封	有密封油或工艺介质泄漏，对环境有一定污染。泄漏量过大时对生产带来较大安全隐患
运行费用	一次性投入大，运行成本极低	一次性投入小，运行成本高

3.2　干气密封与其他密封性能比较

(1) 迷宫式抽充气密封　石化行业危险性工艺气体压缩机使用的第一代轴端密封就是迷宫式抽充气密封，由于这种密封的运行维护费用高，污染环境，在 20 世纪 80 年代被更先进的浮环密封所取代。同时这种密封的泄漏量较大、抽气强度难以控制，容易发生工艺气体污染润滑油和大气的不利情况。

（2）螺旋槽机械密封　同样需要一套密封油系统，它是机械密封的改良形式，同样存在复杂的控制系统。

（3）浮环密封　浮环密封属于流阻型非接触式动密封，是依靠密封间隙内的流体阻力效应而达到密封效果的。它需要一套复杂的密封油系统，用高于密封介质压力的密封油作为密封液，重点控制密封油高位罐液位和密封油与参考气差压等参数，理论上浮环与轴摩擦小，实际上影响浮环稳定"浮动"的因素较多。浮环内形成的高于工艺气体压力的液体环阻塞工艺气泄漏，并将含有工艺气（被污染）的密封内侧回油进行油气分离，系统较复杂。现在仍有大量应用。

4　干气密封系统故障判断及处理

（1）当干气密封气流量值持续出现高限报警状态，中控室 DCS 持续发出高限报警信号时，表明对应端一级密封端面泄漏量过大，有可能损坏，需停车检查对应端密封。偶尔出现的高限报警可能与压缩机轴端振动超限、一级密封气体不洁等因素有关，应具体分析判断。

（2）正常开车情况下，当干气密封气流量持续出现低限报警状态，中控室 DCS 持续发出低限报警信号时，表明对应端二级密封端面泄漏量过大，有可能损坏，需停车检查对应端密封。偶尔出现的高限报警可能与压缩机轴端振动超限等因素有关，应具体分析判断。

（3）当干气密封气流量出现高限报警状态，压力开关发出上限报警联锁信号，表明对应端一级密封端面损坏，中控室 DCS 发出报警信号的同时应联锁停车，检查对应端密封。

（4）当干气密封系统差压变送器测量值低于 0.05MPa 时，表明一级密封气压力偏低，中控室 DCS 发出报警信号的同时打开电气切断阀补充新氢气源压力。而电气切断阀一旦打开，在正常情况下若想将其关闭需要现场手动复位方可将其关闭。

（5）当由于一级密封气源压力较低或其他原因造成一级密封流量值、一级密封气与二次平衡管差压值，此三个参数中出现两个或两个以上（既三取二）下下限报警时，为防止密封损坏，中控室 DCS 发出报警信号的同时应联锁停车，检查一级密封气源压力及其设备。

（6）当压力变送器测量值低于 0.4MPa 处于下限报警时，表明提供给后置隔离气的氮气源压力偏低，应及时检查氮气源管路，保证压力稳定。

（7）当过滤器表头指针处于红色区域时，表明过滤器滤芯出现堵塞，需要更换过滤器滤芯。

5　操作参数对密封泄漏量的影响

（1）密封直径、转速对泄漏量的影响　密封直径越大，转速越高，密封环线速度越大，干气密封的泄漏量就越大。

（2）密封介质压力对泄漏量的影响　在密封工作间隙一定的情况下，密封气压力越高，气体泄漏量越大。

（3）介质温度、介质黏度对泄漏量的影响　介质温度对密封泄漏量的影响是由于温度对介质黏度有影响而造成的。介质黏度增加，动压效应增强，气膜厚度增加，但同时流经密封端面间隙的阻力增加。因此，其对密封泄漏量的影响不是很大。

6　干气密封安装注意事项

（1）非专业厂家不可随意分解（因装配关系复杂、清洁程度要求高、装配工具特殊、动平衡精度高等原因)。

　　(2) 运输、安装、拆卸均需要定位板。

　　(3) 对腔体与轴的相对位置关系要求高,需提前确认相关尺寸,必要时加垫片调整。

　　(4) 安装时需保持转子与机壳的同轴度,同时需将转子固定。

　　(5) 通常先安装推力盘端,可保证另一端密封安装位置准确。

　　(6) 彻底清洁密封腔及各进出气管,要求高于油管。

　　(7) 不可用黄油润滑,应采用硅脂。

　　(8) 密封装入机组取下定位板后,转子轴向位移不可超过2mm。

(中国石化天津分公司炼油部设备科　李想)

31. 干气密封在循环氢压缩机中的应用

乌鲁木齐石化公司炼油厂 $100×10^4$ t/a 加氢裂化装置，于 2007 年 9 月建成并进行了局部试车，而离心式循环氢压缩机组是装置的关键机组，是装置的心脏，能否保证压缩机轴封的长周期运行无故障，成为制约机组和该装置长周期运转的关键。结合工艺介质危险程度高，催化剂不能被污染等诸多因素，炼油厂选用了约翰克兰（天津鼎名）生产的串联式干气密封，而且是使用在 15.0MPa 压缩机轴封上，在试运过程中，密封性能稳定可靠，通过了机组时运过程中的考验。

1　机组概况

离心式压缩机由沈阳鼓风机厂制造，型号 BCL406/A。根据工艺要求，设计需适用于不同纯度的氢气工况；H_2 工况下的设计压力（MPa）为 15.0/17.2（进/出）；设计温度（℃）为 50/65.9（进/出）；额定体积流量（标准状态）为 250000m³/h；额定转速 10771r/min；机组采用汽轮机驱动，由杭州汽轮机厂生产，额定功率为 2511kW。

2　干气密封基本原理

干气密封是采用机械密封和气体密封的结合，是一种非接触端部密封，它是在机械密封的动环或静环（一般在动环上）的密封面上开有密封槽（本密封为螺旋槽形槽），当动静环高速旋转时，在两端面间形成一层气膜，在气体泵送效应产生的推力作用下把动静环推开，使两密封端面不接触，但在压缩机刚开机阶段，由于转速较低，动静密封面形成的动压力也较低，动静环是接触摩擦的，所以采用干气密封的压缩机，低速运行时间不宜过长。

与普通机械密封相比，干气密封在结构上基本相同。其重要区别在于，干气密封其中的一个密封环上面加工有均匀分布的浅槽。运转时进入浅槽中的气体受到压缩，在密封环之间形成局部的高压区，使密封面开启，从而能在非接触状态下运行，实现密封。

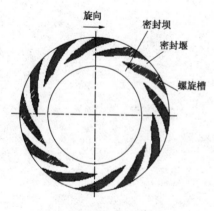

图 1　螺旋槽结构干气密封环

图 1 所示是密封端面的示意图，密封面上加工有一定数量的螺旋槽，其深度在 8~15μm 以内。密封工作的主要原理是静压力和流体动力的平衡。作用在密封上的流体静态力是由介质压力和弹簧力产生，在旋转和静止时都存在。流体动态力只在密封旋转时发生。密封旋转时，由动环产生的黏性剪切力带动被密封气体进入螺旋槽内，由外径朝中心，径向分量朝着密封坝流动，而密封坝节制气体流向低压侧，于是气体被压缩，压力升高，密封面分开，形成一定厚度的气膜。由气膜作用力形成的开启力与由弹簧力和介质作用力形成的闭合力达到平衡，于是密封实现非接触运转。干气密封的密封面间形成的气膜具有一定的正刚度，保证了密封运转的稳定性，还可对摩擦副起润滑作用。为了获得必要的流体动压效应，动压槽必须开在高压侧。

图2所示为螺旋槽干气密封的作用力图，从图上可以看出气膜刚度是如何形成的及其如何保证密封运转的稳定性。在正常情况下，密封的闭合力等于开启力。当受到外来干扰（如工艺或操作波动），气膜厚度变小，则气体的黏性剪力增大，螺旋槽产生的流体动压效应增强，促使气膜压力增大，开启力随之增大，为保持力平衡，密封恢复到原来的间隙；反之，密封受到干扰气膜厚度增大，则螺旋槽产生的动压效应减弱，气膜压力减小，开启力变小，密封恢复到原来的间隙。因此，只要在设计范围内，当外来干扰消除后，密封总能恢复到设计的工作间隙，亦即干气密封运行稳定可靠。衡量密封稳定性的主要指针就是密封产生气膜刚度的大小，气膜刚度是气膜作用力的变化与气膜厚度的变化之比，气膜刚度越大，表明密封的抗干扰力越强，密封运行越稳定。

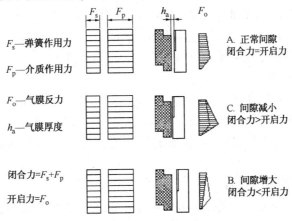

F_s—弹簧作用力

F_p—介质作用力

F_o—气膜反力

h_a—气膜厚度

闭合力$=F_s+F_p$

开启力$=F_o$

A. 正常间隙
闭合力=开启力

C. 间隙减小
闭合力>开启力

B. 间隙增大
闭合力<开启力

图2 干气密封力平衡图

图3所示是约翰克兰干气密封通常使用的零部件材料。

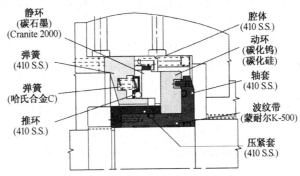

静环
(碳石墨)
(Cranite 2000)

弹簧
(410 S.S.)

弹簧
(哈氏合金C)

推环
(410 S.S.)

腔体
(410 S.S.)

动环
(碳化钨)
(碳化硅)

轴套
(410 S.S.)

波纹带
(蒙耐尔K-500)

压紧套
(410 S.S.)

图3 干气密封零部件通常使用材料

干气密封的密封气采用差压控制，利用启动薄膜式调节阀调节平衡管气与密封气保持一定压差，隔离气和级间密封气分别利用自力式调节阀保持压力恒定。

装置开工和停车时，压缩机出入口压力相等，此时增压泵启动，保证密封气压力比平衡管气压力高0.3~0.4MPa，增压泵驱动气源工业氮气0.65~0.85MPa，密封气密封室压力比一级排气压力高0.3bar以上，级间密封比二级排气压力高0.3bar以上。

3 干气密封的控制系统

3.1 主要控制流程

干气密封的主要控制流程由主密封气控制流程、辅助密封气控制流程和隔离密封控制流程组成。

1）主密封气控制流程

从压缩机出口来的密封气首先经过 Ko 除湿器除湿，后经过 PCV1580 阀，如果密封气的压力与平衡管压力差下降，则该阀会自动调整；然后进入密封气过滤器（精度 3μm）进行过滤。后经过增压泵，如干气密封流量低于 $187m^3/h$ 则增压泵自启，给密封气提压。密封气此后分两路并经过流量计 FIT1580、FIT1581 进入一级密封腔。然后泄漏气经一级密封气泄漏线并经过孔板排入火炬。

2）辅助密封气控制流程

级间密封氮气从 0.8 氮气线来的氮气经过滤器过滤后，级间密封气经调节阀 PCV1582 调节压力控制在 0.16MPa、流量在 $3.42m^3/h$ 后，又分两路经流量计 FIT1582、FIT1583 进入级间密封气密封腔，级间密封起辅助密封作用。然后氮气经二级泄漏线进入火炬。需要注意的是：二级密封进气流量应略小于一级密封放入火炬的流量。

3）隔离密封控制流程

从氮气线来的氮气经过滤器（与辅助密封气为同一组过滤器）过滤后，经调节阀 PCV1581 调节压力控制在 0.01MPa、流量在 $33m^3/h$ 后，又分两路进入隔离气密封腔，隔离润滑油。其中一部分经过密封进入二级密封排气腔，另一部分由端面进入轴承箱，高点放空。

3.2 主要控制系统参数设置

主密封气过滤器设有差压变送器 PDIT1581，并设定压差的高报警值，当过滤器差压变大时，必须切换进行清理或更换滤芯。当压缩机在一定的运行模式下，如循环和启动时，压缩机还没有产生足够给干气密封供气的压差，在这种运行模式下，干气密封容易受到来自于机壳内的未经过滤的气体进入密封腔造成污染，可利用增压系统将氮气的压力提高至足够的高压力作为干气密封的备用主气源。增压系统的运行由机组逻辑和连接两位球阀的电磁阀控制，压缩机一级密封气流量 FT1580、FT1581 作为增压器投用的联锁条件，该值低于 $187m^3/h$，电磁阀接通，过滤后的氮气作为动力风驱动两位球阀，循环氢管路上的增压器立即投入使用，压缩循环氢，压力增大，保证通过迷宫密封的压差是正压差，防止机体内的含杂质的循环氢直接进入到一级密封腔内。当 FT1580、FT1581 流量回升至 $187m^3/h$，增压器运行 5min 后便停止工作。由于增压泵活塞是作往复运动的，会造成出口压力的脉动，所以在增压泵的下游设有减轻脉动强度的缓冲罐。其他主要控制参数见表 1。

表 1　主要控制参数

序号	仪表位号	联锁内容	指标	单位	报警/停车	备注
1	FT1580	干气密封一级密封气流量	≤187	m^3/h	低报	启机条件及干气增压器启动条件
2	FT1581	干气密封一级密封气流量	≤187	m^3/h	低报	启机条件及干气增压器启动条件
3	PT1585	干气密封隔离氮气压力	0.025	MPa	低报	启机条件
4	PSA1580	干气密封密封气放火炬压力	0.515	MPa	高停	
			0.233	MPa	高报	
5	PSA1581	干气密封密封气放火炬压力	0.515	MPa	高停	
			−150	mm	低报	

序号	仪表位号	联锁内容	指标	单位	报警/停车	备　注
6	PDT1580	干气密封密封气过滤器压差	0.08	MPa	高报	
7	PDT1581	干气密封密封气过滤器压差	0.08	MPa	高报	
8	PDT1582	干气密封密封气过滤器压差	0.25	MPa	高报	
9	FT1582	干气密封氮气缓冲气流量	2.39	m³/h	低报	
			14	m³/h	高报	
10	FT1583	干气密封氮气缓冲气流量	2.39	m³/h	低报	
			14	m³/h	高报	
11	FT1584	干气密封泄放火炬流量	8	m³/h	低报	
			65	m³/h	高报	
12	FT1585	干气密封泄放火炬流量	8	m³/h	低报	
			65	m³/h	高报	
13	PT1584	干气密封增压器放空压力	0.1	MPa	高报	

以上主要参数全部经组态并入 ESD 系统，可以实现对该密封系统进行监控。并且在试车期间对干气密封局部进行了改造，增压泵由于试运其间出现故障，为了不影响试车进度，在氮气负荷工况下增加临时线，事故氮气 14.0MPa 接到主密封气线上，解决了完全依赖增压泵的情况。

4　运行情况

干气密封投用以来，经历了空负荷试车、氮气负荷试车、两次开停工及仪表假指示造成连锁停车等多种考验，表 2 是干气密封运行情况，从表中可以看出密封性能稳定、可靠，机组运行平稳，事实证明了干气密封的优越性。

表 2　干气密封运行参数

时间	转速/ (r/min)	平衡管/密封气差压/MPa	主密封气过滤器差压/MPa	隔离气压力/MPa	二级密封气压力/MPa	增压泵排放压力/MPa	驱动/非驱动端密封气流量/ L·min⁻¹		驱动/非驱动端一级密封气流量/ L·min⁻¹	
		PDIA3840	PDIA3841	PIA3840	PIA3841	PIA3842	FIA3840	FIA3841	FIA3846	FIA3847
0：00	9401	0.442	0.062	0.112	0.102	0.054	3765.12	3729.68	122.32	112.36
2：00	9398	0.442	0.062	0.112	0.102	0.056	3765.12	3733.25	121.36	111.23
4：00	9400	0.443	0.062	0.111	0.103	0.048	3768.34	3728.34	124.11	113.92
6：00	9403	0.441	0.061	0.113	0.101	0.047	3763.25	3731.86	123.56	114.15
8：00	9402	0.338	0.062	0.114	0.102	0.057	3761.32	3728.49	123.76	113.26
10：00	9402	0.337	0.062	0.099	0.099	0.061	3764.69	3729.67	124.62	112.89
12：00	9399	0.339	0.061	0.100	0.103	0.043	3760.58	3730.47	120.86	112.48
14：00	9397	0.339	0.063	0.100	0.103	0.051	3761.43	3734.26	121.71	111.87
16：00	9401	0.441	0.063	0.098	0.102	0.063	3761.36	3735.29	122.38	111.32
18：00	9401	0.440	0.063	0.114	0.102	0.045	3769.98	3726.15	121.35	112.36
20：00	9403	0.441	0.064	0.108	0.098	0.051	3768.61	3728.19	122.64	112.67
22：00	9499	0.338	0.062	0.102	0.099	0.049	3761.47	3729.92	123.14	113.05

5　应用过程中注意事项

（1）密封系统在安装时，必须保证管线（管线必须进行酸洗）、螺旋槽清洁。

（2）密封气密封室压力至少大于一级排气压力 0.03MPa，级间密封室压力至少大于级间排气压力 0.03MPa；

（3）开机前必须投用隔离气密封，停机时先停润滑油，后停隔离气密封，防止润滑油进入干气密封系统中，停机时密封腔降压速度不超过 0.5MPa/min。

（4）在开机过程中，不宜低转速运行时间太长，干气密封在运行时有一个最低转速的要求，当转速低于某个值时动、静环可能难以脱开，长时间低转速运行会造成动、静环磨损。在允许的范围内较高的转速是比较好的，可以保证动、静环间有稳定的气膜。工作时最好保持稳定的转速，转速波动会引起动、静间隙的波动，对干气密封的运行不利。

（5）如果采用的是单螺旋槽干气密封，机组不可以反转，否则会烧毁干气密封。

（6）从经验来看，干气密封受温度影响是比较大的，温度波动会成漏气压力和漏气量的波动。注气温度不要接近介质的露点，以防止注气带液。在工作温度难以实现低于露点时，可以采用适当提高温度使气体中可能产生的液滴加热汽化的方法来减少或消除带液。

6　结论

该套干气密封的成功应用，证明了干气密封技术运用在加氢裂化循环压缩机轴端密封上，是最先进的密封技术，它很好地解决了浮环密封的封油消耗、泄漏对系统介质以及催化剂造成的污染，减少了密封的机械损耗；其可靠性高，密封消耗低，避免了密封油系统所特有的缺点。此密封系统操作简单，运行和维护费用较低，因此干气密封技术以后应用会更加广泛。

（中国石油乌鲁木齐石化分公司炼油厂加氢裂化车间　张仕渤，王静）

32. 加氢循环氢压缩机干气密封系统的改造

中国石化燕山分公司炼油厂 130 万 t/a 中压加氢裂化装置循环氢压缩机 K502 由美国 Elliott 公司生产，型号 25MB4，给加氢裂化反应提供氢气，同时给反应器提供急冷氢，是加氢裂化装置的核心设备，在装置的安全平稳生产中占有非常重要的地位，可以说是加氢裂化装置的心脏。该机组的轴封采用 John Crane 公司的 T-28AT 型双端面干气密封装置。该压缩机自 1997 年 6 月投入生产运行以来，密封系统发生多次故障，其中两次造成密封严重损坏，也严重影响了装置正常运行。鉴于该机干气密封的损坏对生产造成严重影响，针对干气密封的故障，对干气密封系统进行了一些改造，使得该机的密封装置运行平稳，保障了加氢裂化装置的安、稳、长、满、优运行。

1　干气密封简介及运行情况

1.1　干气密封简介

干气密封属于机械密封的一种，是当前技术条件下比较好的一种密封形式。它的静环安装在保持器内，固定于压缩机气缸内。图 1 是带螺旋沟槽的动环，它由炭钨合金制成，密封表面经研磨达到很高的表面粗糙度。干气密封的工作原理是静压力与动压力的平衡。静态下动环与静环通过静环上的弹簧相互接触，闭合力 F_C 为系统压力与弹簧力之和。当转子旋转起来后，流体被吸入沟槽底部，由于离心力的作用，气体进入密封中心处的压头升高，螺旋槽底部处最高，它沿径向形成环形的密封墙，起密封作用。图 2 是受力图，开放力等于系统压力降加上螺旋沟槽所产生的压力，平衡时开放力等于闭合力。被提高的气体压力使动环、静环分开，正常运转时动静环工作间隙约为 $0.0025 \sim 0.005\text{mm}$。若外界干扰使密封间隙减小，则沟槽产生的开放力将大大提高，从而使动环静环恢复平衡。同样，若干扰造成间隙增大的话，开放力降低，密封又很快恢复平衡。

图 1　带螺旋沟槽的动环

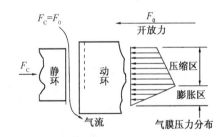

图 2　旋转状态下干气密封受力图

1.2　T-28AT 密封设计工况

T-28AT 密封的设计工况见表 1。图 3 是干气密封系统流程图，自压缩机出口来的高压氢气经 2μ 过滤器后经过差压控制阀 PDV300 控制压力后进入干气密封第一道密封、第二道密封，主要的泄漏产生在第二道密封而排至机体外。PDV300 主要是控制由压缩机出口来的高压氢气与压缩机出口端平衡活塞后的差压，以保证密封气体能正常进入密封装置。表 2 是干气密封系统各控制仪表功能。

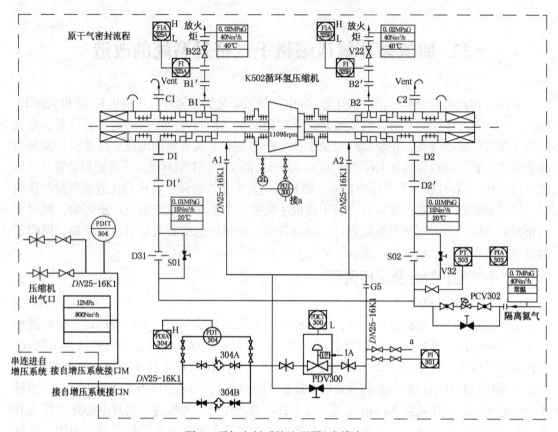

图 3　干气密封系统流程图(虚线内)

表 1　T-28AT 密封运行工况

项　目	数　值
密封压力(静态/稳定态)	9.4/11.29MPa
压缩机入口压力	9.4MPa
压缩机出口压力	11.6MPa
密封最高工作温度	137.8℃
压缩机正常转速	9867r/min
压缩机最大工作转速	11095r/min

表 2　干气密封系统各控制仪表功能

位　号	主要功能	正常值	报警值
PDI304	干气过滤器前后压差	10kPa	68kPa
PDI300	密封气与高压平衡活塞间差压	103kPa	50kPa
FI325A	低压端密封泄漏量	2.72kg/h	报警/联锁：5.44/8.16kg/h
FI325B	高压端密封泄漏量	2.72kg/h	报警/联锁：5.44/8.16kg/h

1.3　影响干气密封运行的因素

　　干气密封运行可靠性的影响因素主要有两个方面,其一是密封设计方面的因素。为保证密封的运行可靠性,密封组件要选用具有良好力学和热学性能的材料,设计具有优异流体动、静压性能的槽形，对密封关键部件的结构进行优化设计以控制其热变形和力变形。

在考虑干气密封设计方面问题的同时，密封运行环境方面的因素对干气密封的可靠运行也至关重要，也正是影响干气密封运行可靠性的另外的一个重要因素。干气密封是非接触的气体润滑密封，密封面之间靠几微米的气膜保持分离，因此对固体颗粒、液体等的污染敏感，如用于干气密封的气体过滤不好而夹带颗粒或带有液体，将严重影响密封的稳定运行，甚至导致密封失效。而这种故障都是在压缩机开停车时，干气密封的压力下降，无法满足干气密封的要求，此时压缩机内的未经过滤就进入密封造成密封污染，如密封端面和副密封处，在再次启动压缩机时使密封端面损坏或使副密封追随不良，从而导致干气密封的损坏。1999 年在伦敦举办的关于透平机械可靠性的国际机械工程大会上 Demag Delaval 机械指出，从他们安装的经验来看，"清洁"密封的平均寿命为 6 年。在脏的应用环境下，密封的使用寿命只能达到 3 年。

随着干气密封技术的不断提高，在密封设计方面已经达到了一定的水平，而在实际的应用中，由于密封气体的压力降低或中断造成未经过滤的气体进入密封是导致干气密封过早失效引发事故的最大原因。

1.4 干气密封的故障情况

K502 自 1997 年 6 月投入运行以来，因为密封系统设计存在的一些缺陷，出现过多次泄漏报警及停车故障，表 3 是该机自 1997 年 7 月至 2005 年 10 月运行期间干气密封系统出现的故障统计。

1.5 干气密封故障的原因分析

从表 3 中我们可以看出，压缩机干气密封的故障都是因为该机因干气密封泄漏量达到联锁值而引起的故障停机，在实际运行中，密封泄漏量 FI325A/B 曾出现过多次报警，限于篇幅，本文未将其列入。干气密封泄漏量 FI325A/B 是监测机组密封运行状况的重要参数，其测量值直接影响机组的安全运行。按实际运行经验，该仪表出现故障表现为两种形式，一是干气密封损坏，密封泄漏量增大，F1325A/B 的监测值即为密封实际的泄漏量；二是干气密封运行正常但由于仪表系统故障或干气密封泄漏气发生相变成液而导致的误报警或误联锁。

前者的发生是非常严重的，不仅是干气密封的损坏，很可能造成这个压缩机转子的损坏，从而造成装置的连续停车，这种故障的发生原因主要是有未经过滤的密封进入干气密封。在干气密封的正常运转中，动环和静环工作间隙为 0.0025～0.005mm。所以在密封运转过程中只要有微小的固体或液体颗粒进入密封工作面，都会对密封的正常运转产生影响。图 4、图 5 是某次大修时干气密封拆检时密封表面情况，从图中可以看出，即使在正常工作状态下，密封腔内的固体脏物都较多。这些固体颗粒有两种来源，一是通过机体迷宫密封泄漏至干气密封腔内，二是由于干气过滤器过滤效果不好，从压缩机出口来的密封气体携带的杂物经过过滤器而进入密封腔。当干气密封出现扰动时，这些沉积于密封腔的固体杂质便有可能被带到动环和静环的工作表面。而固体杂质的颗粒直径较密封的工作间隙要大得多，这样密封的闭合力 F_c 与开放力 F_0 的平衡遭到破坏，动环与静环间的气膜分布被破环，导致动环与静环接触，因碳钨合金脆性极强，在高转速下碳钨合金表面发生急剧摩擦而脆裂，同时产生大量热量。产生的热量经热传导至密封轴套及轴上，使轴和轴套咬合在一起。即使压缩机的干气密封不会发生一次性失效的故障，但是当我们可以很明确地判断有非过滤的气体即脏的工艺气体进入干气密封，我们仍然要对干气密封进行检查修复并做试验，因为工艺气体中的杂质进入干气密封，在压缩机再次启动时，动环与静环间的气膜分布被破坏，导致动环与静环接触，因碳钨合金脆性极强，在高转速下会造成干气密封的严重故障，即造成干气密封一次性失效，更为严重的是将造成转子的磨损，后果是严重的。所以避免非过滤的气体进入干气密封是非常重要的。

图 4　干气密封腔内脏物　　　　　　　图 5　干气密封腔外脏物

后者的故障主要是干气密封的监测仪表故障或者是误指示所致，而干气密封本身运行正常。最近几次的故障多数于这种情况，从表 3 中，我们也不难看出。这种故障的原因主要是由于仪表系统故障或干气密封泄漏气因为环境温度的变化而在管线内发生相变成液，在 FI325A/B 的测量孔板处或是在孔板引压管内造成测量压力的变化，从而导致 FI325A/B 误报警或误联锁，这种情况一般都发生在瞬间，干气密封泄漏量没有任何变大的迹象，所以让人措手不及。这种故障一般不会直接造成干气密封的损坏，但是突然联锁停车会造成干气密封密封气中断而造成干气密封的损坏，产生前者的故障和后果。所以也是我们不容忽视的。

表 3　K502 干气密封系统故障统计

序号	发生时间	故 障 内 容	故 障 原 因	故 障 处 理
1	1998.10.17	低压端密封泄漏量超标联锁	密封损坏	更换干气密封、迷宫密封、转子、轴套
2	1998.11.06	低压端密封泄漏量超标联锁	FI325A 达 9.6kg/h	检查密封
3	1998.11.23	高压端密封泄漏量超标联锁	FI325B 达 9.6kg/h	检查密封
4	2000.04.27	压缩机轴位移大联锁导致干气密封损坏	压缩机轴位移大	更换干气密封、迷宫密封、转子、轴套
5	2001.01.22	低压端密封泄漏量超标联锁	FI325A 达 9.5kg/h	检查密封
6	2003.11.13	高压端密封泄漏量报警	FI325B 达 7.6kg/h	管路带液，处理引压管
7	2004.9.20	低压端密封泄漏量超标联锁	FI325A/B 误联锁停车	检查密封，疏通管路
8	2005.10.9	低压端密封泄漏量超标联锁	FI325A 达 8.77kg/h	管路带液，切液处理孔板

2　干气密封及伴热系统的改造

2.1　干气密封系统的改造

从我们以上对干气密封故障的分析，可以看出，为使干气密封正常运行，就必须为干气密封提供清洁、干燥的密封气。尤其是在压缩机停机及开工阶段，由于没有高压气源，压缩机内的气体将通过迷宫密封向干气密封泄漏，将脏物带到干气密封腔，造成了干气密封发生严重故障。针对这种情况，对干气密封系统进行如下改造。

在原有的干气密封系统上增加自增压系统，替换原有的膜压机，以保证必要时向干气密封提供洁净、干燥的密封气。

(1) 干气密封系统有三种改造方案：

① 将整套干气密封系统除干气密封外全部更换，安装带有自增压系统的干气密封系统。原系统拆除不用。

② 将现有的干气密封系统拆除，和新增加的自增压系统重新布置和安装。

③ 在原有的干气密封系统管路上，即在干气进压缩机前的管路上安装自增压部分，包括 KNOCKOUT。其他部分不动。

以上三种方案都是可行的，但是第 1 种方案虽然很好，将原系统全部更新，但是投资最大，而且定货周期比较长；第 2 种方案需要先拆除在连同新增加的自增压系统重新组装，施工时间比较长，另外拆下的管件可能无法再用，造成浪费还可能影响质量；第 3 种方案是最简单可行的，即投资小，施工时间比较短，且容易保证施工质量。所以本次改造采用了第 3 种方案。新增加部分见图 6，其安装位置见图 3。

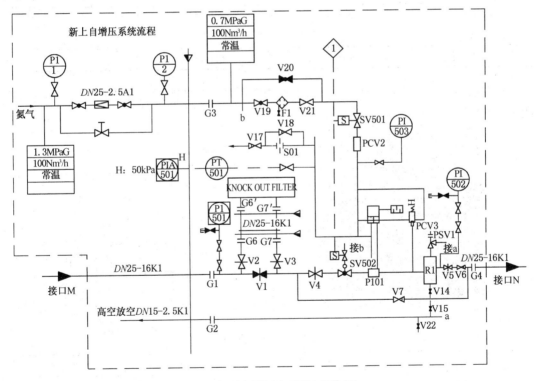

图 6 新增自增压流程图(虚线内)

(2) 自增压系统的设备组成：

本次改造增上的自增压系统主要包括如下设备：

① KNOCKOUT 即高压过滤器一台，详细的结构图见图 7，图 8 是 KNOCKOUT P&ID 图，详细参数见表 4。

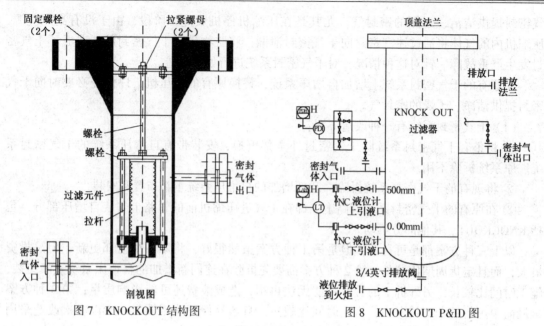

图 7　KNOCKOUT 结构图　　　　　图 8　KNOCKOUT P&ID 图

表 4　KNOCKOUT 的参数

设计压力	15.5MPa	壳体材质	ASTMA312 TP316
设计温度	140℃	过滤器单元材质	SS316
压差报警值	0.08MPa	液位设定值	250mm

② 单级双作用增压泵一台。单级双作用增压泵是该自增压系统的核心设备，即系统的增压设备见图9、图10。其详细参数见表5。

图 9　增压泵外形图

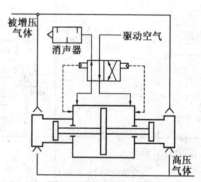

图 10　增压泵流程图

表 5　增压泵的参数

型　号	8AGD-5	进气最大压力	17.2MPa
设计温度	140℃	排气最大压力	17.2MPa
驱动介质	空气或氮气	驱动气压力	1.0MPa
压缩比	5Pa+Ps	最大排气量	5500L/min

2.2　干气密封管路增加伴热系统

原有的干气密封系统不带有伴热系统，所以在环境温度变化的时候，干气密封系统存在带液的现象，这种现象可能是用于干气密封的密封气本身带液，也可能是密封气在温度较低时发生相变，致使带有液体杂质的密封气进入密封内，影响密封的运行。再有就是干气密封的泄漏气存在相变，使 FI325A/B 的测量不准。针对以上情况在干气密封系统的管路上增加伴热和保温，以防止带液和相变。具体实施如下：

(1) 自前置过滤器(KNOCKOUT)后开始到进入干气密封，从干气密封出来到放空线全部都加上伴热线和保温。

(2) 考虑到干气密封系统管路多弯头多法兰，所以用 $\phi6$ 的紫铜管作伴热管线。

(3) 考虑到伴热效果和冬季的防冻防凝，采用双伴热、双给汽和双回水。

(4) 伴热蒸汽使用就近的 0.8MPa 蒸汽。

(5) 伴热后保温用两层石棉绳，外缠玻璃布并刷灰漆。

(6) 在做伴热保温和给汽时摘除泄漏量联锁，在一切正常之后再投联锁。

通过提高密封气和泄漏气的温度，来防止带液和相变，在保证供气质量的同时，也保证了泄漏孔板后的压力始终维持恒定，孔板的测量值真实地反映了干气密封的泄漏情况，避免连锁误动作。

3 经济效益评价

(1) 将原干气密封系统进行改造，增上自增压系统可以随时给干气密封提供洁净的密封气，尤其是在紧急停车的过程中，防止未经过滤的工艺气通过迷宫密封泄漏到干气密封中，绝对地保护了干气密封，延长了干气密封的使用寿命。

(2) 在未增上自增压系统前，干气密封在压缩机紧急停车时多次发生损坏的情况，严重者停车几天进行抢修更换干气密封，轻者缩短干气密封的使用寿命。如果抢修更换干气密封按 3 天进行计算，每吨原料所得纯利润为 200 元，每小时加工能力为 160t，那么我们就损失利润为：200×160×24×3 = 230.4 万元，也就是说干气密封系统增上自增压系统避免一次严重事故，我们就可以减少损失 230.4 万元。另外，还可以节省两套干气密封，共约为 120 万元。而即使不会造成干气密封一次性失效，即干气密封可以修复，也需要修理费 13.8 万元，所以避免一次严重设备故障的发生，我们至少可以挽回经济损失 230.4+13.8 = 243.4 万元。而本次对干气密封的一次性改造投资约为 125 万元，所以对压缩机的长期连续运行经济效益是显著的。

4 结论

(1) 干气密封对密封气源的洁净度要求很高，增加带有前置过滤器的高压自增压系统可以随时提供洁净的密封气进入密封腔，尤其是在紧急停工时，保证了干气密封的平稳运行。

(2) 干气密封系统增加伴热和保温可以提高密封气和泄漏气的温度，在减少带液的同时可以避免流体相变，保障了干气泄漏量测量的准确性，解决了泄漏量频繁波动和误联锁的问题。

(中国石化燕山分公司炼油厂第一作业部 赵保兴)

33. 干气密封在富气压缩机上的应用

中国石油格尔木炼油厂催化裂化车间气压机组是将由催化分馏塔顶来的油气升压至1.4MPa左右后送到催化吸收稳定系统的装置，气压机的原密封为"浮环密封"，该密封由内、外浮环和铝合金疏齿密封组成，该密封对机组机械结构上的要求是：

内浮环与轴颈的间隙值为0.07~0.09mm；外浮环与轴颈的间隙值为0.31~0.33mm；疏齿与轴颈的间隙值为0.25~0.45mm；疏齿密封完好。

气压机组的工作转速在9500r/min左右，在如此高的转速和较小的密封间隙下，内、外浮环极易磨损，实践证明，每次气压机组经检修后运转2个月左右，内、外浮环间隙均出现不同程度的超标，而当浮环的间隙超标后，密封油耗量也就增大。另外铝合金疏齿密封也容易出现失效，该疏齿密封失效的原因主要是由于富气在浮环密封系统中，沿轴向向机器两轴端流动，由于富气中含有腐蚀性介质，从而造成疏齿密封的腐蚀，而疏齿密封失效后，为了尽量维持密封效果，就必须增大密封缓冲气量。这样就使生产成本大幅度上涨。另外，由于密封失效，机组不是运行在完好工况下，因此存在安全隐患；更为严重的是，在气压机的运行过程中，气压机浮环密封还出现弹簧失效、紧固螺帽松动等故障，在这种情况下，气压机就必须停机检修浮环密封。因而气压机组原浮环密封结构必须进行改造。气压机组原浮环密封的轴封段如图1所示。

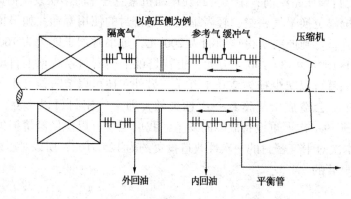

图1　原浮环密封轴段示意图

注："←→"表示压缩机轴向富气和密封气的流动方法。

2001年初，我们对气压机的浮动环密封进行了改造，应用了干气密封。在气压机密封系统的改造中，其接管变化如下：

（1）将压缩机两端原内回油孔盲死，将原缓冲气进口盲死，原缓冲气进机线作为压缩机的第二次平衡管，将原参考气线作为现在的前置密封气线，将原密封油线作为现在的主密封气进线，将原隔离气线作为现在的后置密封气线，将压缩机两端的外回油和原外回油放空孔盲死。

在气压机密封系统的改造中，其前、后置密封气均用音速孔板来进行限量，使密封气消耗在一个比较经济的数值之内。

气压机组密封系统改造如图2所示。干气密封的动环结构如图3所示。

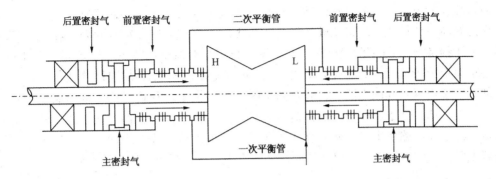

图 2　气压机组密封系统改造简图

注："→"表示密封气的流动方向

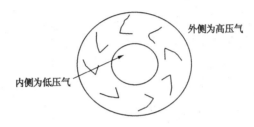

图 3　干气密封的动环结构示意图

（2）在进行密封改造时，我们选用的是一种双端面螺旋槽密封。该密封是一种气膜润滑的流体动静结合型非接触式机械密封，由 2 个静止环、2 个推环、1 个旋转环及相关附件组成，在内侧为顺气旋转环的端面上刻有很多"人"字形螺旋槽。动环上的螺旋槽的作用类似于前弯叶片，具有泵汲效应。在泵汲效应的作用下，主密封气在动环的两侧形成厚度约为 3μm 流体动压膜，高速旋转的动静环之间靠该流体动压膜润滑，该流体动压膜阻碍工艺气的泄漏并使动静环两端面脱离接触，因而密封的可靠性高、使用寿命长而且动静环端面几乎不磨损；另外动环上的螺旋槽的总宽度只占动环端面的 2/3 左右，也就是说动环的一小部分没有螺旋槽，动环的这一部分对动静环之间的流体起节流作用，限制动静环之间流体的流量，保证主密封气的消耗在一个比较经济的数值，因此该密封的密封气泄漏量少，功耗极低；工艺回路无油污染，工艺气也不污染润滑油系统；取消了庞大的密封油供给及监测系统，占地面积小，重量轻，运行维护费用低，降低了操作维护的复杂性，有效地减轻了操作员和维护工人的劳动强度。

（3）该双端面密封采用氮气或其他洁净气体作为密封气，设计上可采用氮气或净化风隔离润滑油，我厂实际采用氮气隔离润滑油。

在对格尔木炼油厂气压机组密封系统的改造后，机组平稳运行了 2 年，在这 2 年运行中，完全达到了运行指标，高低压端密封气量一般为 2~4Nm³/h。在 2003 年初的检修中，因要对压缩机转子进行无损检测，对该密封系统解体检查，检查发现动静密封环表面有灼烧和磨损的痕迹以及锑、锡等金属析出。经分析，出现这种情况的原因有以下几点：①密封气压力波动大。由于氮气压力不稳定，有时出现密封压低低报警长时间不能消除，导致干式气体密封的密封面内的气膜形成不好，密封面内存在边界摩擦，从而使密封面有磨损和高温灼烧。②富气入口流量不准。富气入口流量在额定流量的 60% 处无报警，造成压缩机喘振事故，使干式气体密封面的动静环有直接接触而损坏。③压缩机富气出口单向阀腐蚀及出口阀不灵活。在事故状态下不能及时将富气自系统中切除而导致压缩机发生短时间反转，从而损坏了干式气用量密封。

针对以上分析情况，我们进行了以下工作：①在进催化装置的氮气管线上加装一单向阀，使外系统出现氮气压力低时，装置内系统氮气压力不会很快下降，从而保证干式气体密封的密封气体。②重新校正压缩机富气入口流量，并增加报警器，从而能有效防止压缩机喘振。③更换压缩机出口单向阀材质，并在压缩机出口管线上增加一气动蝶阀，以便在事故状态下迅速将压缩机从系统中切除，从而有效地保护了压缩机及其附件。

（中国石油格尔木炼油厂　　曾传刚，李继英）

34. 高压干气密封在加氢裂化循环氢压缩机的应用

天津石化 1.2Mt/a 加氢裂化装置的离心式循环氢压缩机组是其"心脏"，而保证循环氢压缩机的良好运行成为该装置长周期运转的关键。该离心式循环氢压缩机由沈阳鼓风机厂制造，型号为 BCL406/A. H2，设计进/出压力为 15.7/17.6MPa（表压），进/出温度为 50.0/67.6℃，进口流量为 220000Nm³/h，额定转速为10973r/min；机组采用杭州汽轮机厂生产的汽轮机 NG25/20 驱动，额定功率为 3152kW。

1 改造的原因

循环氢压缩机原密封为浮环密封。浮环密封主要由高压端的内浮环和低压端的外浮环等部件组成，在内、外浮环之间引入密封油，密封油由密封油泵供给，当轴旋转后，由于油楔作用，封油使浮环克服自重浮起，与轴或轴套之间形成一间隙（一般为 0.15～0.20mm），但不随轴旋转，间隙内的油膜通过节流作用限制气体泄漏，起到密封压缩机腔内气体的作用；浮环密封处的密封油压力稍高于机腔内被密封气体的压力（压差一般为0.05MPa）；该压差通过调整系统内的高位油罐液位与密封处的高度差来实现。图 1 所示为密封油系统结构。

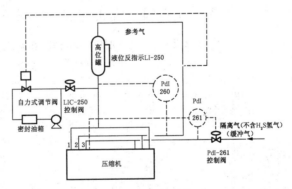

图 1 密封油系统

浮环密封在我部的应用有以下几点缺点：

（1）由于该密封要求封油与工艺气体的压差很小，不允许有大的波动，如果系统压力频繁波动的情况下，封油压力调节有时滞后使密封油串入系统中的危险，而且密封油系统所需辅助控制系统复杂、操作难度大故障较多；例如 2006 年 2 月 3 日该机组高位油罐液位低报，在处理问题的过程中发现参考气到自力式调节阀的引压线中有大量的密封油存在，正是由于密封油的存在使传递到自力式调节阀上的参考气压力比实际值低，导致自力式调节阀开度增大使密封油出口压力降低所以密封油罐液位快速下降，将引压线中密封油吹净后投用恢复正常。

（2）该机组原作为隔离气是新氢，新氢压力高所以有部分隔离气进入到机体内，新氢氯离子含量超标与介质气（循环气）中的氨离子在机体内结成氨盐堵塞流道；由于内部结盐严重效率下降，在原工作转速机组反飞动开度 75%出口流量大量减少且透平耗汽较原来增加，后停工处理后改用介质气做为隔离气，改用后密封油由于与杂质气较多的介质气接触不能在回脱气罐循环利用(该机组密封油回收循环利用装置为杂质气较少的新氢做隔离气设计)所以只能做废油处理,日用油量在 200~300kg 左右,运行经济性很差。

2　28XP 干气密封及其控制系统简介

干气密封的结构与普通的平端面高速机械密封结构相似,主要由动环、静环、弹簧、O 形圈、防转销、轴套、密封腔等组成,其中以流体动压非接触自动式两级单端面密封为核心密封体。干气密封系统主要由主密封气、辅助密封气、隔离气系统组成。我部选用的干气密封为 FLOWSERVE 公司生产的 28XP 高压干气密封,密封动环组件和静环配合表面处的气体径向密封配合表面平面度和光洁度很高,动环组件配合表面上有一系列的螺旋槽,如图 2 所示。

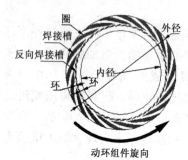

图 2　动环组件表面图

28XP 高压干气密封为中间带迷宫密封的串联式干气密封(图 3),该结构所用主密封气为平衡管处引出的工艺气,另引 0.6MPa 氮气作为第二级密封的使用气和隔离润滑油的隔离气。运转时,主密封气大部分经过梳齿密封返回压缩机内,其余工艺气从主密封端面漏出;净化的氮气做为二级密封进入辅助密封的氮气分为两路,一路与主密封泄漏出来的少量工艺气体混合排放到火炬系统,另一路进入辅助密封端面,当主密封失效时,第二级密封同样起到辅助安全密封的作用;隔离氮气的作用

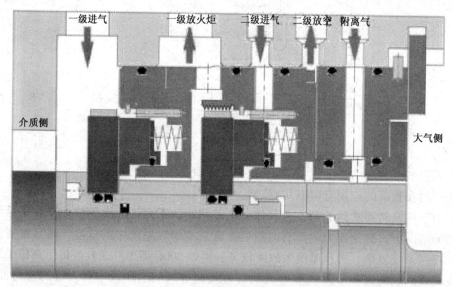

图 3　串磁式干气密封

是阻止轴承油进入主、辅密封而损坏密封,该气体也分成二路:一路经过后置密封,吹向轴承,阻挡轴承油,另一路与辅助密封泄漏出来的少量气体(N₂)混合后直接引到厂房外放空。从以上结构形式上看,该串联式干气密封主密封承受全压,辅助密封通常在低压下工作,当主密封失效时,辅助密封作为备用密封工作,两个密封端面限制了工艺气的泄漏,隔离密封装置还具有安全保障作用。

干气密封控制系统用于调节和控制离心式压缩机干气密封的运行,可分为 6 个部分:

（1）主密封气系统：主密封供气系统为主密封提供经过过滤、调压后的工艺气体，进气压力一般应比平衡管压力高 0.2MPa 以上，其正常工作流量为 136~250Nm³/h；主密封流量低报 95.48Nm³/h，低报时增压泵自动启动。如果正常运行时低报，应调节流量计上游节流阀解决，以避免增压泵的不必要运行。

（2）主密封泄漏（放火炬）系统：主密封泄漏量是判断密封性能的有效指标，该流量由控制盘上的孔板流量计监视。主密封泄漏量低报 11.05Nm³/h，高报 81.62Nm³/h，正常运行时低报说明二级密封有问题，高报说明主密封有问题。放火炬压力达到 0.38MPa 高报，如果泄漏量继续增大达到 0.48MPa 则联锁停车（三取二联锁）。

（3）二级密封气系统：0.6MPa 氮气经过过滤及调节使压力降到 0.35MPa 作为二级密封气使用，二级密封气正常流量为 6Nm³/h（在 1.43~11.4Nm³/h 范围内即可）；

（4）隔离密封气系统：0.6MPa 氮气经过过滤及调节使压力降到 0.35MPa，再经过音速孔板后进入隔离密封，音速孔板后氮气压力控制在 0.005~0.03MPa。

（5）增压泵系统：压缩机在启动过程中，出入口还没有产生压差的情况下，增压泵系统自动启动向密封提供密封气，当主密封气压力和流量都达到要求时增压泵再继续运行 5min 后停止。

（6）干气密封报警及联锁系统：各级密封气过滤器压差在 80kPa 时高报警，此时应该更换过滤器滤芯。主密封气除液装置液位高于 250mm 报警，此时缓慢打开排凝阀排液，排放后关闭排凝阀门。一级密封气流量低于 95.48Nm³/h 增压泵自动启动，如果正常运行时低报，应调节流量计上游节流阀解决，以避免增压泵的不必要运行。放火炬流量低报 11.05Nm³/h，高报 81.62Nm³/h，如此时一级密封泄漏量继续增加，0.38MPa 高报，泄漏气压力达到 0.48MPa 则联锁停车（三取二）。二级密封气压力低于 0.3MPa 报警。音速孔板后隔离气压力低于 0.005MPa 报警，如油泵启动前氮气压力低报警则禁止启动油泵。增压泵密封泄漏压力高于 0.075MPa 时报警。

3 干气密封系统的整改、注意事项及问题

28XP 安装时做了以下整改：

（1）主密封气管路增加保温，防止低温环境下介质中物料的冷凝造成主密封气带液；

（2）干气密封现场控制盘各仪表显示处增加中文标识牌，既防止误操作又方便职工学习；

（3）新增加润滑油泵启动控制逻辑，音速孔板后隔离气压力低于 0.005MPa 禁止启动辅助油泵。

干气密封在使用中应注意的事项：

（1）润滑油泵运行前至少十分钟要把隔离气投用正常。在压缩机正常运行中不可中断隔离气，压缩机停车后，隔离气要在润滑油高位油罐内润滑油全部回流完毕半小时后才能停止。

（2）偶尔出现的泄漏、报警有可能是由于轴位移、压力、温度及转数的变化造成的，不足以说明密封性能不好。然而，当泄漏量出现增加或减少的趋势时，却预示着密封系统可能发生了问题。

（3）干气密封不允许压缩机转数在 1000r/min 以下长时间运转，以保证在动、静环之间形成一个稳定的气膜，防止动、静环直接摩擦。所以在开车暖机过程中，只要汽轮机暖机

时间达到使用说明书要求且汽轮机振动无异常的情况，<u>应立即升速</u>避免压缩机在暖机转速下长期停留。

（4）压缩机的转速尽量保持稳定，需要调节时缓慢操作，避免快速升降破坏密封气气膜刚度。

仍需解决的问题：

（1）按照常规来说由汽轮机驱动，压缩机是不会反转的，但是国内乃至国外都有多次发生压缩机反转的现象，这是由于正常停机或故障联锁停车时，压缩机出口阀、单向阀、防喘振阀或控制系统出现意外故障，造成系统中大量的高压气体从出口倒灌回压缩机，引起机组反转，在短时间内其转速可达几千转；28XP 干气密封动环端面上的流体动压槽为单螺旋槽型，如果反转很可能会造成干气密封的烧毁。

（2）主密封气泄漏放空设计为从火炬排出，因此放空系统受背压影响，如出现逆流，带液气体有可能串入机体，影响压缩机的正常运行。

4　结论

循环氢压缩机改用干气密封后，机组运转良好，干气密封及控制系统一次投运成功。干气密封与浮环密封相比虽然密封结构比较复杂，但不需要辅助设备，控制系统简单，操作方便；由于干气密封不用密封油系统，避免了工艺物料与润滑油的相互污染，节省了润滑油消耗和密封油汽轮油泵的蒸汽消耗，降低了润滑油的运输费用和污油处理费用；所以从各个方面来看循环氢压缩机改用干气密封是成功可行的。

（中国石化天津分公司　安绍沛）

35. 循环氢压缩机高压干气密封的开发及应用

大庆石化炼油厂二加氢装置 K-3102 循环氢压缩机，为国内加氢裂化装置中使用干气密封作为轴封的机组中压力最高的一台机组，自装置 2004 年 8 月开工以来，机组两次停机，均发现干气密封损坏的现象。通过对损坏密封的检查和试验见证，原密封无法在机组的设计压力下长周期运行。

针对目前的情况，大庆石化公司经过充分、详细的论证，决定与成都一通密封有限公司共同开发 K-3102 循环氢压缩机高压干气密封，进行国内首次高压氢气压缩机干气密封的开发和应用。研究探索关于干气密封在高压领域应用的经验，为干气密封在高压离心压缩机上面的应用奠定基础，从而彻底解决高压干气密封长期依赖进口的局面。

1　开发背景

循环氢压缩机是炼油行业加氢裂化装置的心脏设备，其是否能长期稳定的运行对整个加氢装置有着十分重要的意义。该类型机组具有转速高、压力高、介质氢气含量高、危险性高的特点，因此，对机组轴封可靠性、密封性的要求非常高。随着干气密封技术的发展，近年来，高压循环氢压缩机的轴封普遍采用了干气密封。

长期以来，在压力超过 10MPa 的机组上，干气密封无一例外地采用国外密封公司的产品，可以说，国内在高压干气密封领域，产品几乎被 FLOWSERVE 和 JOHN·CRANE 公司所垄断。

K-3102 循环氢压缩机干气密封即是采用 FLOWSERVE 公司的高压干气密封产品。该机组干气密封及控制系统由 FLOWSERVE 公司设计、制造。装置 2004 年 8 月开工以来，分别在 2007 年 3 月 30 日和 2008 年 2 月 29 日因密封损坏造成机组被迫停机检修的故障。密封更换后，大庆石化公司委托成都一通密封有限公司对更换部件密封旧件进行修复和试验、检测。

经过检查发现，更换下的密封动静环均出现严重接触痕迹、严重环形沟状接触痕迹，严重的甚至出现断裂现象。现场试验情况为当一级密封气压力达到 12MPa 以上时，随着压力增加，盘车逐渐偏重；当一级密封气压力为 13MPa 时，密封运转 5min 后密封面正常，无接触痕迹；而当一级密封气压力达到 14MPa 时，密封运转 5min 后，密封面存在轻微接触痕迹。

通过对现场使用情况和检测结果的分析如下：作为非接触运行的干气密封，密封面实现非接触运行是判断该密封性能是否稳定可靠的第一要素，若在性能检测试验中，密封面发生接触的现象，即应判定不合格；对于 FLOWSERVE 公司的这 4 套干气密封产品，在试验运转过程中发生接触，由于该产品采用 SiC-SIC 表面涂覆 DLC 的摩擦面配对技术，这种硬-硬的密封面组对，接触后会有硬质颗粒脱落的可能，并嵌在密封面上，进一步造成更大的危害，甚至对密封造成破坏。

鉴于此，对目前的情况进行了充分的分析和论证，得出了一致的结论：原密封无法在机组的设计压力下长周期运行。

K-3102 循环氢压缩机干气密封是采用 FLOWSERVE 公司的高压干气密封产品，目前面临着进口备件交货期长、价格昂贵、现场响应速度慢的局面；并且一旦当密封发生意外故障，可能会出现机组无密封备件的处境，影响到机组、装置的正常运行。大庆石化与一通公司决定走自主研发、自主设计的道路，开发出具有自主知识产权的、完全能够应用于工业现场的高压干气密封产品。

2　改造方案

包含密封本体设计方案与控制系统改造两部分。

2.1　密封本体

1）干气密封动压槽型的设计计算

通过理论计算，有限元数值计算，并通过反复试验，修正、优化参数，得到最佳的槽型和参数。

2）密封结构件及摩擦副的强度校核和变形计算

在高压载荷下，密封座等结构件及摩擦副必须具有足够的强度；并且，在高压下零件微小的变形将对密封端面气膜刚度、泄漏量产生很大的影响，因此，在设计时，须通过详细计算，加以充分考虑。

3）摩擦副材料选择

对现场失效的 FLOWSERVE 公司的这 4 套干气密封产品进行解体检查分析，由于该产品采用 SiC-SIC 表面涂覆 DLC 的摩擦面配对技术，这种硬-硬的密封面组对，接触后可能会有硬质颗粒脱落的可能，并嵌在密封面上，进一步造成更大的危害，甚至对密封造成破坏。

而采用 SiC 动环-石墨静环的密封环组合，虽然在泄漏指标上较 SiC-SiC（涂覆 DLC）组对密封环偏大，但由于石墨材料的硬度较低及非常优异的抗干摩擦性、自润滑性，使得密封环即使在机组开车、停车、工艺发生波动、设备发生异常等最容易对干气密封产生不利影响的工况条件下，也能保证密封面间具有足够的气膜厚度和刚度；即使发生端面的短时间接触，也不会造成密封面进一步损坏，密封具有很大的安全裕度，可靠性很高。

最后决定采用 SiC 动环-石墨静环的密封环组合，将泄漏指标作适当调整，从而保证密封和机组的稳定、长周期运行。

4）辅助密封圈选择

高压下橡胶密封圈存在挤出的可能性及高压卸压爆裂的可能性，因此，辅助密封圈须选择弹簧致动外覆高分子材料的密封圈结构形式；

外覆层材料选择具有足够的硬度和强度、良好的抗温度蠕变性能的改性填充聚四氟乙烯材料。

5）更加严格的试验

为保证密封性能试验更加接近现场使用条件，以及为高压干气密封的研究开发积累更丰富的数据和奠定更坚实的试验基础，双方决定在 API617 干气密封性能检测规范之外，进行更加严格的试验。

静态超压试验：密封静态试验压力 19.8MPa，通过超压试验，确保密封整体结构、摩擦副具有足够的强度和刚度，以及辅助密封圈耐高压能力。

氦气性能模拟试验：除按 API617 标准进行空气性能试验外，用与工艺气体（H_2 和少量 H_2S、NH_3 等）相对分子质量最接近的氦气进行性能模拟试验，充分模拟现场工况条件，确保密封在现场一次开车成功。

2.2 密封控制系统的改造

该干气密封原控制系统在以往的操作过程中，发生主密封气带液的现象，为避免密封气带液对密封产生危害，决定对控制系统进行改进：

（1）为防止原密封气中有带液的可能，在原系统除雾器前增加一更大容积的脱液罐，脱液罐带液位现场指示及远传信号，排液设置自动和手动两种方式。

（2）原系统中密封气采用了电伴热，现增加蒸汽伴热，并增加温度变送器监测密封气进气温度。

（3）由于密封进行整体更换，密封性能参数有所变化，因此，须对原控制系统相对应的仪表参数重新进行设置。

（4）当机组停车后，主密封气管路会有液体冷凝下来，而原系统未设计吹扫口，无法将管路内液体吹扫干净，导致密封带液，影响密封性能，因此，改造时，在主密封气管路上设置一氮气吹扫口，当停车后再次启动前，用氮气对管路进行吹扫。

3　密封试验

密封完成设计、制造后，在试验台架上，按照 API617 干气密封试验规范要求，我们专门制定《大庆石化公司 K-3102 循环氢压缩机干气密封试验规程》进行辅助密封圈密封性能以及浮动性能试验、旋转组件的动平衡试验、摩擦副的超速试验，密封静态试验、静态超压试验与动态试验，氦气性能模拟试验，通过反复试验，修正、优化各设计参数，使密封达到最优的性能。

4　工业运行

2008 年 9 月 6 日，K-3102 循环氢压缩机高压干气密封的干气密封产品及改造系统完成了现场安装调试，进入了试车阶段：2008 年 9 月 6 日，机组进行氮气循环；2008 年 9 月 10 日，机组进氢气，进入流化工况；2008 年 9 月 14 日，装置引入开工柴油；2008 年 9 月 15 日，装置引入蜡油，正式进入生产运行阶段；2008 年 9 月 16 日，装置进入稳定运行阶段。

到 11 月 1 日，经过近 60 天的运行，经历了压缩机的各个工况，干气密封运行正常，性能指标符合研发协议要求，证明该密封能够投入工业运行，同时进一步考核密封的长周期运行的稳定性和可靠性，取得阶段性成功。

5　结论

大庆石化公司炼油厂二加氢装置 K-3102 循环氢压缩机高压干气密封的改造成功后，将为 K-3102 循环氢压缩机提供可靠的密封供应，由于密封在国内设计制造和试验，在密封价格、供货周期、现场反应速度、服务质量等各方面都会体现出很大优势，为机组长周期稳定运行提供保障。

同时，将会得到大量干气密封在高压领域应用的经验，为干气密封在高压离心压缩机上面的应用奠定基础，从而彻底解决高压干气密封长期依赖进口的局面，如同现有中、低压干气密封大多数采用国内产品一样，给用户、制造商及国内密封行业带来巨大的经济效益和社会效益。

（中国石油大庆石化分公司　　孟昭月，张宇辉，夏智富，闫凤芹）

36. 双端面干气密封在螺杆压缩机上的应用

离心式压缩机、螺杆压缩机都属于回转式压缩机。压缩机常采用的旋转轴密封主要有迷宫密封、机械密封、碳环密封、圆周(碳环)密封、浮环密封(又称油膜密封)以及干气密封(非接触式机械密封),或者是这些类型的组合,如迷宫密封、碳环密封、圆周密封通常是与机械密封,或与干气密封组合使用。干气密封是在针对机械密封、浮环密封存在的问题基础上发展起来的。

干气密封是一种新型的非接触式密封,用"气体阻塞"替代传统的"液体阻塞"实现工艺介质零逸出。最新理论研究表明,就稳定性而言,以在密封端面开螺旋槽的干气密封为最好。

LG18/0.8型螺杆压缩机是中海油东方石化有限责任公司燃料气回收装置的关键设备,该螺杆压缩机干气密封成功运行后,将实现设备长期稳定可靠的运行。其主要参数如下:介质为瓦斯气;吸入压力为0.0027MPa(G);排出压力为0.8(最大0.9)MPa(G);转速为2980r/min;入口温度为50℃;出口温度≤90℃;轴封处轴径为90mm。

LG18/0.8型螺杆压缩机处理介质为易燃、易爆的瓦斯气体,与空气混合到一定比例会发生爆炸,且爆炸极限范围较宽。工艺介质气体不容许泄漏到大气中,如果泄漏到大气中既污染环境,又会造成安全隐患,严重威胁安全生产。

因此,中海油东方石化有限责任公司同中船重工七一一所、成都一通密封有限公司合作,决定采用运行安全、稳定的干气密封来保障LG18/0.8螺杆压缩机长周期的正常运转。

1　干气密封原理

干气密封在运转时实际上是利用流体动压槽产生的流体动压力、流体静压力及弹簧元件弹力之合力的稳定平衡,在动静环摩擦副之间形成一定厚度的气膜,从而达到密封工艺介质的目的。

干气密封旋转时,被密封气体由环外周进入收敛形螺旋槽内,沿槽向内径方向流动,最终到达密封坝,密封坝限制气体流向低压侧,气体随着螺旋槽形状的变化被压缩,在槽根部产生局部高压区,提高了气体自身的压力,此压力是动环旋转产生的流体动压力。流体动压力作用于补偿环上,力图把动环与静环分开,称为开启力 F_o。作用于补偿环上的介质力和弹簧力使动环与静环紧密贴合,称为闭合力 F_c。在一定条件下(压力、轴径、转速),开启力 F_o 与闭合力 F_c 相等时,流动的气体在动静环的两个密封面间形成一层很薄的气膜,此膜厚度在 $3\mu m$ 左右。气体动力学表明,当干气密封两端面间的间隙在 $2\sim3\mu m$ 时,通过间隙的气体流动层最为稳定。

干气密封在静止状态,在密封腔内存在介质压力的情况下,作用在摩擦副上的闭合力是密封气体静压力和弹簧力,促使动静密封面贴合。

当受到外来因素干扰,气膜厚度减小,则气体的黏性剪力增大,螺旋槽产生的流体动压效应增强,促使气膜压力增大,开启力随之增大,为保持力的平衡,密封恢复到原来的间隙;反之,密封受到外来因素干扰,气膜厚度增大,螺旋槽产生的流体动压效应削弱,气膜压力减小,开启力变小,密封恢复到原来的间隙。只要在设计范围内,当外来干扰消除后，密封总能恢复到设计的工作间隙，亦即干气密封运行稳定可靠。正常工况下，气膜是一个动态稳定的薄流体层，约为 $3\mu m$ 厚。

气膜刚度是衡量干气密封稳定性的技术指标。气膜刚度是指气膜作用力的变化与气膜厚度的变化之比，气膜刚度越大，表明密封的抗波动、抗外界干扰能力越强，密封运行越稳定。气体密度越大、温度越高、轴转速越高，气膜刚度越大。

干气密封设计，就是以获得最大的气膜刚度为目的。

2 螺杆压缩机干气密封结构形式、特点及材料特性

2.1 LG18/0.8瓦斯气螺杆压缩机干气密封结构

LG18/0.8螺杆压缩机所处理的瓦斯气是混合气，含有多种易燃、易爆的气体，如氢气、甲烷、乙烷、乙烯、丙烷、丙烯、丁烷、丁烯、戊烷、氧气、丁二烯，气体压力不高，转速为2980r/min。结合螺杆压缩机具体工作条件，轴封型式设计成背靠背的双端面干气密封，其结构见图1。干气密封的静环端面开有螺旋型流体动压槽。一台机组采用四组结构相同的组合干气密封，分别安装在阳转子与阴转子的驱动端与非驱动端两侧，动环端面流体动压槽型的方向根据转子的旋转方向确定。四组干气密封安装示意见图2。

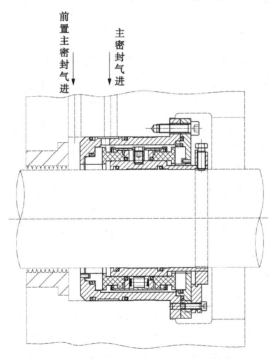

图 1　LG18/0.8螺杆压缩机密封结构

2.2 LG18/0.8螺杆压缩机干气密封结构特点

瓦斯气螺杆压缩机干气密封结构具有以下特点：

（1）无密封油污染工艺瓦斯气　由于干气密封系统不需用密封油，可以完全杜绝密封油进入压缩机气缸，消除了压缩机的安全隐患。

（2）瓦斯气不会直接泄漏到大气属于环保型密封　在干气密封密封腔中通入惰性氮气（经过精过滤器净化处理），压力比平衡腔压力高约0.3MPa，对瓦斯气起到封堵作用，可以防止瓦斯气(含氮气、氢气、甲烷、乙烷、乙烯、丙烷、丙烯、丁烷、丁烯、戊烷、氧气、

丁二烯)直接泄漏到大气中。

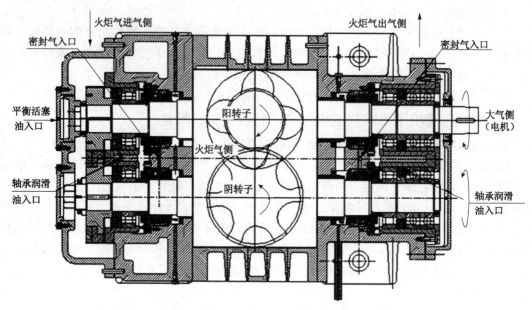

图2　LG18/0.8 螺杆压缩机干气密封安装示意

（3）密封为旋转式小弹簧结构　干气密封设计成旋转式结构，密封结构简单，小弹簧作用在密封端面的弹簧力在圆周上分布均匀。因为螺杆压缩机转速不太高，受离心力影响也不太大。

（4）密封结构简单、可靠、能满足生产工艺要求　瓦斯气压力不高，采用双端面干气密封，端面形成约 $2\sim3\mu m$ 气体膜，既保证密封端面的非接触运行、不磨损密封面，又可以防止惰性气体大量泄漏到轴承润滑油中。

（5）密封系统简单、操作方便、易于控制　瓦斯气螺杆压缩机干气密封需要的辅助系统比机械密封的密封油系统简单，操作方便，易于控制。

（6）密封端面无磨损、使用寿命长　瓦斯气螺杆压缩机干气密封运行时密封端面不直接接触，无摩擦、磨损，摩擦功耗低，寿命长，一般为3年以上。

2.3　瓦斯气螺杆压缩机干气密封的密封材料选择

密封材料是保证密封正常运行和足够寿命的重要条件，当压缩机干气密封结构确定之后，摩擦副、弹簧、密封圈等密封元件材料的选择至关重要，在某些工况下还往往成为解决密封问题的技术关键。密封元件尤其是摩擦副材料的选择是非常复杂的。密封元件材料的确定需要根据密封的具体工况条件。针对本项目燃料气回收螺杆压缩机工况，选择的干气密封元件材料如下：

动环：反应烧结碳化硅；静环：浸渍锑碳石墨；密封圈：进口杜邦氟橡胶（FKM）；弹簧：00Cr17Ni14Mo2；基体材料：0Cr18Ni9。

摩擦副材料选择：摩擦副由动环与静环组成，是干气密封关键元件。对材料的主要要求是：耐介质的腐蚀，耐热与抗热裂性能好，导热性系数高，热膨胀系数小；能承受短时间的干摩擦；动环材料能承受旋转时离心力的作用；动、静环配对时摩擦相容性好。

针对螺杆压缩机干气密封的具体工艺条件，其摩擦副材料采用碳化硅与浸锑碳石墨组对。碳化硅作静环，碳石墨作动环，碳石墨具有较高的导热性、较低的热膨胀系数、良好的耐腐蚀性能、极好的自润滑性能。碳石墨与碳化硅组对有良好摩擦相容性(碳石墨减摩、碳化硅耐磨)、摩擦系数小、能承受短时间的干摩擦。

弹性元件、基体材料选择：主要考虑耐介质腐蚀、工作条件下不会产生永久变形、保持弹性。

密封圈材料选择：选择时主要考虑在工作温度下耐介质腐蚀与具有弹性补偿性能。

3　干气密封控制系统

控制系统是干气密封的重要组成部分，该系统的主要作用是为干气密封提供干净的气体(过滤精度1μm)和监视干气密封的运转状况，确保干气密封长周期运行。螺杆压缩机采用独立的干气密封控制系统，系统由以下五个部分组成(见图3)：

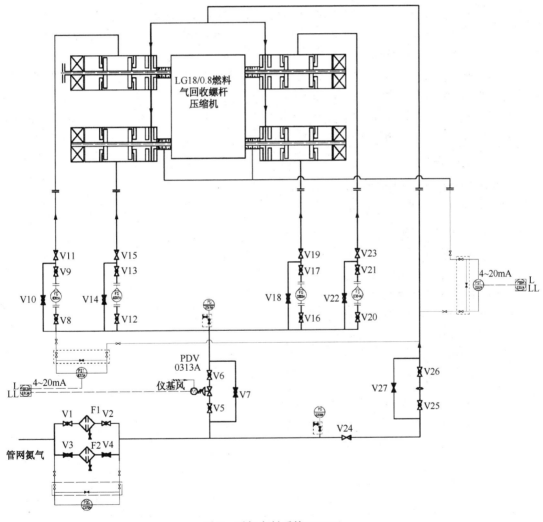

图3　干气密封系统(P&ID)

(1) 过滤单元　由于干气密封工作时形成的气膜厚度在3μm左右，气体中如果含有颗粒杂质会损坏密封面，对干气密封的正常运转产生巨大的威胁。因此，供给干气密封的气体需要非常干净，通常用高精度过滤器来达到这一目的，过滤精度为 $1\mu m$。精过滤器前后设置有差压表，通过差压表能直观地反映出精过滤器的工作状况。

（2）调节单元　干气密封主密封气采用压差控制，通过差压变送器监测到的压差信号，控制气动薄膜调节阀的开度，来实现压力的控制。采用压差控制，使得整个系统控制最直接有效，自动化程度更高，气动薄膜调节阀可以始终保证主密封气与前置密封气维持在设定的压差，从而防止介质气反窜进入干气密封。

（3）监控单元　干气密封及其控制系统在工作中的工作介质是气体，而气体的泄漏无法用肉眼观察，这就要借助仪表来监视干气密封的运转情况。该干气密封控制系统设置有流量监测和压差监测。干气密封的泄漏量（即干气密封的消耗量）通过流量计，直观地反映出了密封的工作状况，当流量超过设定值，表明干气密封出现了故障。机组在启动前，需保证前置密封气的压力高于平衡管的压力，当低于低报警值时，机组禁止启动。干气密封在正常运转下，主密封气压力与前置密封气压力的压差是稳定的，通过差压变送器能够观察到，当工艺气或密封气出现波动时，差压变送器的压差信号控制气动调节薄膜阀，使主密封气与前置密封气的压差稳定在设定值。

（4）主密封气单元　主密封气的作用是给干气密封提供干净的气体和环境，保证干气密封的正常运转。干气密封的消耗量即为干气密封的泄漏量。

（5）前置密封气单元　前置密封气的作用是将较脏的工艺介质气与干气密封隔离开，前置密封气的压力应高于机组平衡管压力，低于主密封气压力。

4　计算结果

干气密封动压槽采用对数螺旋槽。

螺旋槽数：18 ；螺旋角：16°

端面比压 $P_b = 1.068200$ bar

干气密封平衡系数 $B = 6.500000E-01$

内径（半径）$R_i = 0.050250$ m

外径（半径）$R_o = 0.065250$ m

密封内径处压力 $P_i = 2.000000$ bar

密封外径处压力 $P_o = 6.000000$ bar

转速 $\omega = 2980.000000$ r/min

气膜厚度 $H_0 = 0.470000E-05$ m

密封端面上平均气膜反力 $P_m = 13.566280$ bar

密封端面气膜承载力 $W = 11531.338000$ N

泄漏量 $Q = 0.018470E+04$ L/h

干气密封弹簧力 $F_s = 101.229700$ N

扭矩 $M = 0.6106154E+00$ N·m

消耗功率 $P = 65.99607000$ W

摩擦系数 $f = 0.387675E-04$

5　模拟试验结果

设计的 LG18/0.8 螺杆压缩机干气密封在模拟条件下进行了静态试验、动态试验。

干气密封模拟静态试验泄漏量(1.0MPa)：≤0.2Nm³/h。

模拟动态试验在正常工作状况(0.5MPa、转速 2980r/min、室温)下，密封泄漏量≤0.2Nm³/h(单端)。密封泄漏量与理论计算基本吻合。

试验完毕，对干气密封解体检查，摩擦副完好、端面无任何接触痕迹。因此由试验证明设计的 LG18/0.8 螺杆压缩机干气密封能满足现场使用要求。

6　结论

LG18/0.8 螺杆压缩机投入使用后，将实现如下效益：

(1) 与机械密封相比，LG18/0.8 瓦斯气螺杆压缩机密封结构—干气密封为非接触式运行，摩擦功耗低，实际使用寿命很长(3~5 年)。

(2) 可以做到瓦斯气对大气的"零"泄漏，只有极其微量惰性氮气泄漏到轴承润滑油侧，避免了易燃、易爆瓦斯气对环境的污染。

(3) 有少量密封氮气进入瓦斯气螺杆压缩机内，但由于瓦斯气自身含有约 25%的氮气，因此对回收的瓦斯气成分影响不大。

(4) 瓦斯气螺杆压缩机干气密封装置不用密封油系统，不存在密封油泄漏到螺杆压缩机气缸内的问题，消除了密封油对工艺系统的污染，解决了压缩机运行的安全隐患。

(5) 干气密封系统比普通机械密封的密封油系统简单，操作简单方便、易于控制，运行与维护费用比较低。

(中海油东方石化有限责任公司　生毓龙，杨仲斌，谭永刚)

37. 氨气压缩机干气密封运行问题及原因分析

中国石油乌鲁木齐石化分公司化肥厂合成氨装置的氨气压缩机(4118-K1)(以下简称氨压机)为透平驱动的多级双缸离心压缩机,由日本石川岛播磨公司制造。该机组转速高(设计转速10350r/min),采用连续运转的方式,压缩机的工艺介质为易燃易爆、危险性大的氨气。机组原密封型式为两级浮环的组合式密封,在内外浮环之间引入高于被密封的工艺气压力约50kPa的密封油,通过旋转时浮环与轴之间产生的微小间隙变化形成压力油膜,产生节流降压作用而达到密封工艺气外漏的目的。经过多年运行,由于封液系统较复杂,辅助设备以及电、仪等自控元件多,造成使用中的可靠性下降,维护、维修任务较重。

2007年大修期间我厂针对密封形式实施技改,由原先的浮环密封改为两级串联式干气密封。该串联式干气密封由两套干气密封一前一后串联组成,前后干气密封之间设有中间梳齿。前密封承受工艺的绝大部分压力,密封介质为氨气;后密封承受很小的压力,密封介质为氮气。前密封失效时后密封可以承受全部系统压力,起到备用密封的作用。改造后干气密封运行稳定,但运行不到一年就出现了低压缸低压侧一级泄露量明显增加,甚至打满量程,以及泄漏量反复波动现象,对机组稳定运行构成了较大的威胁。

1 氨压机干气密封原理

氨压机干气密封形式为螺旋线设计槽型端面,图1所示为螺旋槽端面的示意图。

干气密封运转时,被密封气体周向吸入螺旋槽内,径向分量由外径朝中心(即低压侧)流动,而密封坝限制气体流向低压侧。气体随着螺旋槽截面形状的变化被压缩,在槽根部形成局部的高压区,使端面分开几微米而形成一定厚度的气膜。在此厚度的气膜作用下,由于气膜作用力形成的开启力与弹簧力和介质作用力形成的闭合力达到平衡,于是密封实现非接触运转。干气密封的密封面间形成的气膜具有一定的正刚度,保证了密封运转的稳定性。

图2所示为螺旋槽干气密封的作用力图,从图上可以看出气膜刚度是保证密封运转稳定的重要指标。衡量密封稳定性的主要指标就是产生气膜刚度的大小,气膜刚度是气膜作用力的变化与气膜厚度的变化之比,气膜刚度越大,表明密封的抗干扰力越强,密封运行越

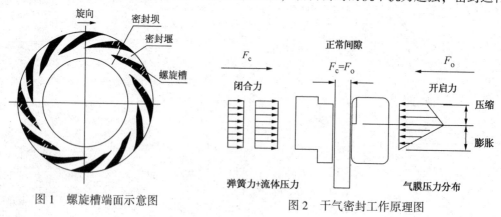

图1　螺旋槽端面示意图　　　　　图2　干气密封工作原理图

稳定。在正常情况下，密封的闭合力等于开启力。当受到外来干扰(如工艺操作波动)气膜厚度变小时，气体的黏性剪力增大，螺旋槽产生的流体动压效应增强，促使气膜压力增大，开启力随之增大，为保持作用力的平衡，密封恢复到原来的间隙；反之，当密封受到干扰气膜厚度增大时，螺旋槽产生的动压效应减弱，气膜压力减少，开启力变小，密封恢复到原来的间隙。因此，只要在设计范围内，当外来干扰消除后，密封总能恢复到设计的工作间隙，即干气密封具有自我调节的功能，保证了机组的运行稳定可靠。

2　氨压机干气密封运行中存在的问题及原因分析

2.1　运行过程中出现低压缸低压侧一级泄漏量波动分析

氨压机干气密封自 2007 年 9 月停车改造后运行良好，2008 年 7 月 23 日停车启动时出现以下问题：

高压缸高压侧：在开车过程中干气密封高压缸高压侧一级泄漏量突然增加，由 2.1m/h 到漏量计表打满量程范围，相应的缓冲气流量由 2.0m³/h 降至 0m³/h，启动压缩机过临界转速后，将干气密封由氮气切换至工艺气，机组转速到达调速器下限后，一级泄漏量又突然降至 2.6m³/h，缓冲气流量为 2.3m³/h，回到了正常范围内。

低压缸低压侧：开车过程中现场对缓冲气流量调节的根部阀进行调整后，一级泄漏量及缓冲气流量均在正常范围内，在 21：00 时，干气密封低压缸低压侧也出现了与高压缸类似的情况，一级泄漏量增加到 5.4m³/h，缓冲气流量为 0m³/h，此时转速为 9600r/min，在转速逐渐升高至 10183r/min 过程中其泄漏量有所增加，泄漏量增加至 6.0m³/h，缓冲气流量为 0m³/h，后持续运行。

在 2008 年 8 月，氨压机正常运行过程中，一级泄漏量由 6.0m³/h 恢复至正常泄漏量 2.1m³/h，2008 年 9 月一级泄漏量又突然增加至 5.4m³/h，在负荷没有进行任何变化情况下，2008 年 10 月一级泄漏量一天内出现 5 次以上波动，波动范围在 4.0～5.9m³/h 之间，通过对泄漏量和缓冲气流量的变化进行监测，发现一级泄漏量在很长周期内存在波动的情况，随即对氨压机进行特护，采取的特护措施有：①班组每小时巡检时注意泄漏量的变化，如果泄漏量达到 6.5m³/h 汇报技术员；②每班每两小时记录一次相关数据，主要包括一级泄漏量的大小，缓冲气的流量，低压缸低压侧去火炬管线的温度，缓冲气供给管线的温度，相关数据记录在交接班日志中；③每班在巡检过程中确认缓冲气根部阀留有两扣开度，禁止开大或全开缓冲气根部阀，防止单向阀失效后干气密封窜入低压氮管网；④若泄漏量直接达到满量程，则应立即关闭缓冲气根部阀；⑤每周二、周四、周六白班对干气密封二级泄漏室外排放点进行一次氨含量分析，分析数据记录于交接班日志中，若氨含量分析大于 10%立即汇报技术员。⑥若出现二楼压缩机处有大量氨泄漏，则说明干气密封完全失效，带好相应防护用品，对 4118-K1 作紧急停车处理；⑦装置负荷发生较大变化，特别是装置加负荷时必须到现场确认 4118-K1 干气密封泄露量情况。一级泄漏量记录如表 1 所示。

表 1　氨压机一级泄漏量波动数据表

时间 数据	低压缸低压侧一级泄漏量/(m³/h)	缓冲气流量/(m³/h)	二级泄漏氨气含量分析/%
2008.08	恢复正常 2.1	2.0	<2.0
2008.09	5.4	0.0	3.1
2008.10	多次波动 4.0～5.9	0.5	<3.0
2009.09	6.0	0.0	7.0

通过长期对干气密封数据的监测，分析判断造成上述波动的原因是干气密封本身 O 形圈耐高温性能差，而机组在夏季运行的负荷中，高压段出口温度较高，使干气密封长期处于设计高点温度 180℃ 运行，O 形圈质量出现问题，使静态下其密封性能下降，在机组运行中导致干气密封静环浮动性变差。

$$F_{C闭合力} = F_{弹簧力} + F_{流体压力}$$

$$F_{O开启力} = F_{气膜压力}$$

由上式可以看出，干气密封静环浮动性差，导致闭合力的不稳定，致使静态下，首级泄漏量达到满量程，造成运行中泄漏量较高，运行一段时间后，随着系统的负荷波动及其在自身弹簧作用力下的自我调整，使动静环间间隙调整到了较合适的位置，形成了稳定的刚性气膜，又逐渐达到稳定的平衡状态，故泄漏量又逐渐恢复正常。由于干气密封静环浮动性较差，不能形成和开启力互相平衡的对应闭合力，致使干气密封一级泄漏量重新增大，这就是干气密封一级泄漏量波动的原因所在。

正常运行中随着系统负荷的变化，氨压机出口温度和压力相应地进行改变，干气密封一级泄漏量也随出口温度的变化而发生规律性的变化，进一步验证了压缩机运行中出口温度对干气密封 O 形圈的影响，干气密封正常运行中，气源来自压缩机出口工艺气，负荷增加时，压缩机出口温度增加，一级泄漏量随之增加，负荷减小时，压缩机出口温度降低，一级泄漏量随之减小，数据记录见表 2。

表 2 氨压机一级泄漏量波动数据表

数据时间	转速/(r/min)	出口压力/MPa	出口温度/℃	低压缸低压侧一级泄漏量/(m³/h)
2008.09.23	9815	1.26	182	5.5
2008.10.07	10105	1.39	187	6.0
2009.09.01	10121	1.49	190	6.1
2009.10.25	9644	1.13	167	5.4

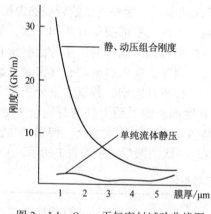

图 3 John Crane 干气密封试验曲线图

图 3 为 John Crane 干气密封试验曲线图，从上图可以看出，一般干气密封形成的刚性气膜控制在 0.003~0.005mm 最为有利，此时泄漏量较小，干气密封间隙减小时，气膜刚度增加，但泄漏量变大；干气密封间隙增大时，气膜刚度减小，泄漏量也有所增加，氨压机干气密封改造后，在较短时间内出现一级泄漏量增加及反复大幅波动，主要原因是 O 形圈材质缺陷导致干气密封静环浮动性较差，干气密封间隙不能自动调节到最佳状态，致使一级泄漏量产生波动。

通过与成都一通厂家进行技术交流，生产厂家认可以上对干气密封一级泄漏量的分析，确认需要对干气密封 O 形圈进行检查，同时，厂家将干气密封备件返厂，对高、低压缸干气密封备件中的 O 形圈重新进行选型更换，并通过台架试验验证了以上结论。

同时干气密封静环磨损会导致无法形成良好的密封气膜，这也是一级泄漏量增加的原因之一，通过 2010 年大修对干气密封进行检查发现，检修前泄漏量大的低压缸低压侧干气密封静环磨损最为严重，证实了检修前的判断。

2.2 压缩机启动时干气密封进口管线存在液氨

压缩机通过临界转速以后，干气密封由氮气切换成工艺气时，由于氨气在压力 1.0MPa、温度 40℃时容易形成液氨，所以规定密封气中必须严禁带液，否则很容易造成密封的损坏。所以在干气密封由氮气切换为工艺气的时候，先将干气密封进气阀关闭，打开高点排放阀进行合理时间的排放，然后关闭排放阀，打开干气密封进气阀切换为出口工艺气，进入干气密封，防止了液氨的带入。

3 结语

通过介绍干气密封在合成氨装置氨气压缩机上的使用及使用过程中存在的问题，分析了干气密封运行中产生问题的原因，提出了检维修及今后使用过程中的改进方式，并及时对干气密封备件进行相应的改造，为处理压缩机干气密封运行过程中出现的同类问题提供了参考。

（中国石油乌鲁木齐石化公司化肥厂 周海鹏，薛涛，邓水平，孙原庆）

38. 乙二醇装置中循环气体压缩机采用干气密封改造

上海石化 1#乙二醇装置的 C-115 循环气体压缩机是 1990 年从日本日立公司引进，型号 POB-GH 离心式压缩机，原机械密封为日本 Pillar 公司双端面机械密封。由于双面机械密封需要一套密封水循环辅助系统，辅助系统有二台低流量、高扬程的旋涡泵和一套控制系统。由于多年使用，两台旋涡泵老化，虽经多次检修也未能达到良好状态，该台压缩机由于密封水系统故障，在 2003 年发生多次停机，造成装置非计划停车。由于机械密封很难达到长周期运行要求，而且进口机械密封价格昂贵。随着国内干气密封制造已越来越成熟，利用国内设计和制造技术完全可以用干气密封来替代，并且可以满足长期运行的要求。鉴于此，决定用国产干气密封来对原机械密封系统进行改造。

1 压缩机主要参数

额定转速：5908r/min；最高转速：5968r/min；压缩机轴功率：2850kW；入口压力：1.96MPa（A）；出口压力：2.32MPa（A）；入口温度：37℃；出口温度：52℃；介质：循环气（含 C_2H_2、CH_4、CO_2 等）。

2 用干气密封改造

干气密封是一种非接触密封，具有运行可靠、维护简便、使用寿命长、泄漏量小、功耗低等特点，为此 1999 年 1#乙二醇装置改扩建时，新增一台 C-116 循环气体压缩机，此压缩机由美国 AC 公司制造，采用了 JOHN CRANE 公司的串联型干气密封，经过几年运行效果优良，C-115 改造将仿制 C-116 的干气密封的结构形式和密封气系统，委托四川日机密封公司对 C-115 密封进行设计和制造。改造要求如下：

（1）必须利用原密封腔的接口，密封腔体必须保持原样，原水封系统暂时不拆除，若改造失败即可恢复原机械密封。

（2）密封气控制系统配置应尽可能与 C-116 一致，以便操作。

（3）密封为整体集装式结构，安装时不需要分解，整体装入机组壳体内，安装简便可靠且定位准确，避免了现场重新拆卸组装时引起的装配精度下降以及环境中的粉尘等杂质进入密封，使密封的使用效果更容易得到保证。制造单位应模拟工况在试验台上做运转试验与测试，确保一次投用成功。

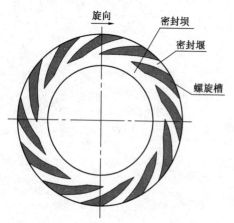

图 1 螺旋槽结构干气密封环

3 干气密封的工作原理

本次改造选用的是楔形螺旋沟槽，图 1 所示是密封端面的示意图。密封面上加工有一定数量的螺旋槽，其深度在 $8\sim15\mu m$ 以内。密封旋转时，带动被密封气体进入螺旋槽内，由外径朝中心，于是气体被压缩，压力升高，密封面分开，形成一定厚度的气膜。由气膜作用力形成的开启力与由弹簧力和介质作用力形成的闭合力达到平衡，于是密封实现非接触运转。在正常情况下，密封的闭合力等于开启力。当受到外来干扰（如工艺或操作波动），气膜厚度变小，则气体的黏性剪力增大，螺旋槽产生的流体动压效应增强，促使气膜压力增大，开启力随之增大，为保持力平衡，密封恢复到原来的间隙；反之，密封受到干扰气膜厚度增大，则螺旋槽产生的动压效应减弱，气膜压力减小，开启力变小，密封恢复到原来的间隙。因此，只要在设计范围内，当外来干扰消除后，密封总能恢复到设计的工作间隙，亦即干气密封运行稳定可靠。

4　干气密封的结构

本次改造采用串联式密封的结构形式。改造后的轴封为带中间迷宫的串联式干气密封，其介质侧的一级密封和机组腔体间加有迷宫密封，以控制介质的内漏量。该密封结构可做到工艺介质不会泄漏到大气中，同时其他气体也不会漏入工艺介质中，其结构型式见图2。

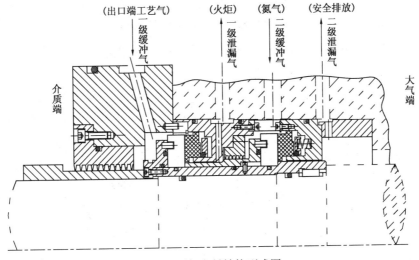

图2　干气密封结构型式图

串联式干气密封相当于前后串联布置的两组单端面干气密封。第一级干气密封为主密封，基本上承受全部压差，从机组出口端引出的工艺气体经处理后作为其工作气体。第二级干气密封为辅助安全密封，通常情况在很低的压差下工作。由于其摩擦副始终保持在非接触状态下运行，没有任何磨损，故能够一直处于理想的运转状态。一级密封失效时二级干气密封起密封工艺介质作用，可避免密封失效时工艺气的现场外泄。

干气密封前端（工艺气端）设置的梳齿密封，可减少进入干气密封的干净气体内漏量；大气端（轴承端）借用原油密封的梳齿密封，通入隔离气（氮气）避免轴承箱中的润滑油进入干气密封内，保证干气密封在洁净、干燥的环境中运行。该结构由于工艺气不会漏入大气中，且外加氮气也不会漏入机组污染工艺介质，因而具有极高的可靠性和环保性，在石化及化工行业的引进机组中得到广泛的应用。

5　密封气监控系统

为了保证干气密封运行的可靠性，每套干气密封都有与之相匹配的监测控制系统，使得密封工作在最佳设计状态，当密封失效时系统能即时报警，有利于以最快速度处理现场事故。干气密封系统的测量仪表、接线箱、过滤器、阀门均安装在现场的干气密封仪表盘上。仪表在现场检测的同时，对重要测量点采集的信号输出至中控室，并设置高低限位报警以及联锁停车。

干气密封系统流程如图 3 所示。

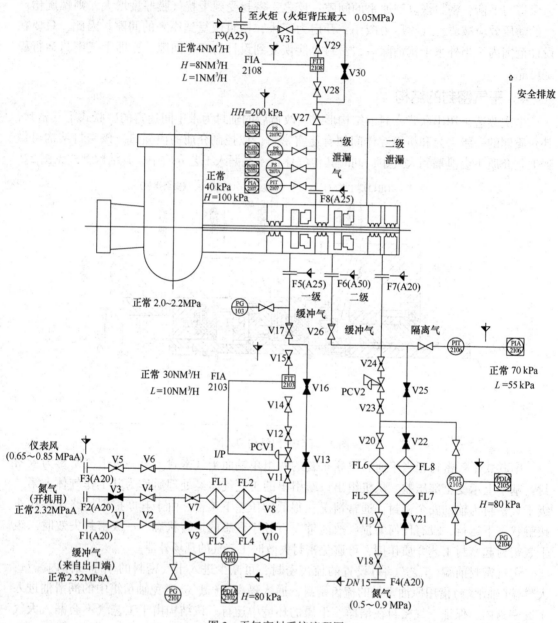

图 3　干气密封系统流程图

该密封正常运行时是由该机组出口端引出一路工艺气，经过滤（过滤精度 1μm）后成为干燥、洁净的气体作为干气密封的一级缓冲气，调压后进入密封腔，其压力稍高于正常运行时一级密封所处位置工艺气压力，作用是阻挡未净化工艺气中的粉尘、凝缩油等杂质进入密封端面造成对干气密封的正常工作产生不利影响。

一级缓冲气采用流量控制：气路中有一金属浮子流量计监测一级缓冲气流量，同时其变送信号控制气动薄膜调节阀，使一级缓冲气流量保持在 $30Nm^3/h$ 左右。机组未启动时，出口工艺气压力还未建立，故启动前需先用氮气作为一级缓冲气。随着机组转速的增加，由出口端引出的工艺气压力逐渐升高，当其大于开机氮气压力时，系统通过单向阀自动将一级缓冲气由氮气切换成工艺气。进入密封腔的一级缓冲气绝大部分回流到机组内，剩余的一小部分（$<1Nm^3/h$）通过一级密封（主密封）的端面漏出，与由梳齿过来的部分二级缓冲气混合，称为一级泄漏气，引入出高空安全排放。

第二级干气密封作为辅助安全密封，虽然不承受介质的压力，但需要在适当的压差下端面才可形成稳定的气膜而长期理想地运行。低压氮气通过过滤、调压后分两路，一路为二级缓冲气，另一路为隔离气，压力均为 0.07MPa。二级密封泄漏气因全为氮气，可引入安全场所直接排空。

一、二级缓冲气控制参数见表1。

表1　一、二级缓冲气控制参数表

测量点	正常值	报警值
一级缓冲气过滤器压差		0.08MPa（H）
一级缓冲气流量	$30Nm^3/h$	10Nm³/h（L）
二级缓冲气过滤器压差		0.08MPa（H）
二级缓冲气压力	0.02MPa	0.005MPa（L）
一级泄漏气压力	0.012MPa	0.1MPa（H）
一级泄漏气压力		0.2MPa（HH）
一级泄漏气压力		0.2MPa（HH）
一级泄漏气压力		0.2MPa（HH）
一级泄漏气流量	$6Nm^3/h$	10Nm³/h（H） 10Nm³/h（L）

注：L-低报警；H-高报警；HH-停车连锁。

隔离气的目的在于阻隔轴承润滑油，启动滑油系统之前应先启动隔离气。

判断密封工作是否正常主要通过对一级泄漏气的监测来进行：一级干气密封如出现意外失效，一级泄漏气出口端压力和流量会急剧增大；二级干气密封如出现意外失效，则压力和流量会急剧减小。其信号均可通过压力和流量变送器、压力开关传至控制室，发出报警信号或联锁停车。以上主要控制参数全部组态并入 DCS 控制系统，实现密封系统性能的实时监控。

控制系统接管如下：原机械密封封水的工艺气侧泄漏孔作为干气密封一级缓冲气进气口，原封水的工艺气侧进水孔作为一级泄漏气出口，原封水的出水孔作为二级缓冲气入口，原封水的轴承侧进水孔作为二级泄漏气出口，原机械密封的充氮气入口不变，作为干气密封的隔离气入口。

6　安装过程中需注意的几个问题

（1）密封腔的清洁　由于原压缩机采用双端面机械密封，密封腔通水，长期使用后密封腔体及短接管严重结垢，必须进行除垢和脱脂，使表面露出金属光泽，方可安装密封。

（2）管道清洁　管道焊接前必须对内壁酸洗和脱脂，用氩弧焊焊接，配管时必须将密封腔体、干气密封控制系统隔开，完成配管后脱开干气密封控制系统和密封腔，引入氮气对管道吹扫，吹扫检验合格后方可逐步对密封气控制系统和密封腔吹扫。

（3）密封安装　干气密封为整体集装式，出厂前已在试验台上进行过模拟运行和测试，若存放时间不长，在安装时不需解体清洁和检查，在安装前应测量腔体及通道尺寸，确认位置正确，密封安装时必须按安装说明书用专用工具装入，不许锤击等强行安装。

7　结论

2004 年利用装置大检修时，对 C-115 压缩机进行干气密封改造，并试车一次成功。该套干气密封投用以来已有 3 年多，密封参数稳定，泄漏量均小于设计值，预测该套干气密封使用寿命足能满足装置的二次大检修周期(6 年)，证明了本次改造获得成功。

（上海石油化工股份有限公司化工事业部　钱钢钢）

39. 煤制烯烃装置压缩机干气密封运行与维护

随着石油、石化、煤化工等工业向无污染、长周期、低能耗、高效益方向的发展，要求压缩机配用零部件实现工艺介质的零泄漏、无污染、运行维护费用低、维护周期长。从密封的发展和技术水平来看，在压缩机轴封应用领域，干气密封已基本取代浮环密封、迷宫密封和油润滑机械密封。干气密封已具有密封气体泄漏量小、维护费用低、经济实用性好、密封驱动功率消耗小、密封寿命长和运行可靠等特点，同时对现场维护操作水平提出了更高要求。

中国神华煤制油化工有限公司包头煤化工分公司煤制烯烃项目是世界首套、全球最大的煤基甲醇制烯烃工业化示范工程，项目于 2006 年 12 月获得国家发改委核准，2007 年 9 月开工建设，2010 年 5 月全面建成，8 月打通全流程、投料试车一次成功、生产出合格聚烯烃产品。

该装置所有 9 台压缩机配用的干气密封结构均为带中间迷宫的串联式干气密封，干气密封辅助系统布置均为前置气+密封气+隔离气，其中合成气压缩机干气密封辅助系统带增压单元。结合近 3 年装置运行的实际情况，参照国内干气密封生产厂家相关资料，对干气密封结构和辅助系统配置进行介绍，分析干气密封投用过程中出现的问题，提出干气密封及辅助系统的维护要点和必要的改进措施。

1 干气密封结构及干气密封系统配置

1.1 干气密封结构

按压缩机输送介质特性不同，压缩机干气密封结构分为单端面干气密封结构、双端面干气密封结构、串联式干气密封结构以及带中间迷宫的串联式干气密封结构。

1.1.1 单端面干气密封

单端面干气密封的优点是结构紧凑、泄漏量极少、性价比高。缺点是无安全密封，存在隐患。其适用范围为密封缸体压力为负压到高压，用于密封失效后允许少量介质外泄至大气的场合，常用于氮压缩机、空气压缩机、二氧化碳压缩机及高转速多轴压缩机等。单端面干气密封结构如图 1 所示。

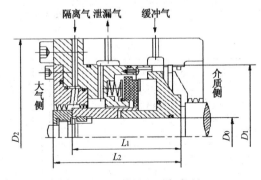

图 1　GCS 单端面干气密封

1.1.2 双端面干气密封

双端面密封相当于面对面布置的两套单端面密封，有时两个密封共用一个动环。它适用于没有火炬条件，允许少量缓冲气进入工艺介质中的情况。在两组密封之间通入氮气作阻塞气体而成为一个性能可靠的阻塞密封系统，控制氮气的压力使其始终维持在比工艺气体压力稍高(0.2~0.3MPa)的水平，这样氮气泄漏的方向总是朝着工艺介质气体和大气，从而保证了工艺气体不会向大气泄漏。其适用范围为允许微量氮气进入工艺介质，密封缸体压力不高的易燃、易爆、有毒介质以及要求零泄漏的场合。双端面干气密封结构如图2所示。

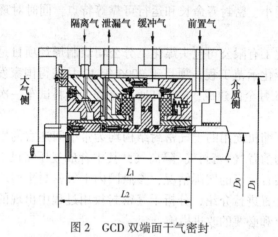

图2 GCD双端面干气密封

1.1.3 串联式干气密封

串联式干气密封是一种操作可靠性较高的密封结构，其典型应用是允许少量介质气体泄漏到大气中的工况。在石油化工企业的引进机组中使用较多。一套串联式干气密封可看作是2套干气密封按照相同的方向面对背布置，干气密封所用密封气为工艺气本身，第一级(主密封)密封承担全部压差，而另外一级作为备用密封不承受压力降，通过主密封泄漏出的工艺气体经过憋压排放，绝大部分被引入火炬管线燃烧，极少量工艺气经过二级密封端面泄漏后，被引入安全管道排放。当主密封失效时，第二级密封起到安全密封的作用，承担全部压差，以此可保证工艺介质不大量向大气泄漏。串联式干气密封结构如图3所示。

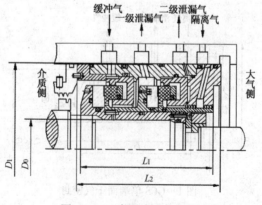

图3 GCT串联式干气密封

1.1.4　带中间迷宫的串联式干气密封

带中间迷宫的串联式干气密封结构为干气密封中安全性、可靠性最高的结构。这种结构可保证工艺介质不会泄漏至大气环境中，同时也可保证干气密封引入的外部气源(氮气)不会内漏入工艺介质中。该结构所用气体除用工艺气本身以外，还需另引一路氮气作为第二级密封的工作气体。通过主密封泄漏出的工艺气体被氮气封堵后全部引入火炬燃烧，而通过二级密封泄漏到大气的全部为氮气。当主密封失效时，第二级密封同样起到辅助安全密封的作用。该结构相对较复杂，但由于其可靠性最高，目前在引进设备中有逐渐增多的趋势。其适用范围为压力从负压到高压，基本适用于所有易燃、易爆、危险的流体介质。带中间迷宫的串联式干气密封结构如图4所示。

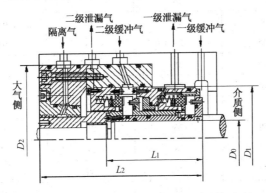

图 4　GCTL 带中间迷宫密封的串联式干气密封

1.2　干气密封系统配置

在依据操作条件正确设计干气密封的条件下，干气密封运转性能主要取决于密封两端面的工作状态，若进入密封腔体的气体混有微小杂质或有带液等情况，会严重影响整套干气密封的工作状态，故需要对引入的密封气体进行过滤、调压等预处理。另一方面，干气密封运行状况，包含干气密封泄漏量、温度值及压力值等的检测，需要配置一套辅助系统进行有效检测和控制。压缩机干气密封系统组成为：

(1) 前置气的供给与控制(包含压力调节单元、流量控制单元)。

(2) 密封气的供给与控制(包含过滤单元、压力调节单元、流量监测单元)。

(3) 密封泄漏气监控(包含压力检测单元、流量监测单元)。

(4) 隔离气的供给与控制(包含压力调节单元、流量监测单元)。

(5) 辅助单元，如除液单元、增压单元、加热单元。

2　压缩机干气密封运行状况

干气密封属于精密部件，不正确地安装、拆卸易造成密封的损坏或使用寿命的缩短。安装过程中对专用工具的使用、关键步骤的操作、技术细节的确认尤为重要。干气密封装入机组后，对其调整的手段相当有限，操作、维护上应严格按照操作使用说明书要求对关键点做好监测、记录、巡检，从而保证密封的高寿命、高可靠性。

2.1　甲醇中心合成气压缩机

运转期间，甲醇中心合成气压缩机驱动端干气密封一级密封泄漏气流量在 $17\sim20\text{m}^3/\text{h}$ 之间波动，压缩机非驱动端干气密封一级密封泄漏气流量在 $60\sim66\text{m}^3/\text{h}$ 之间波动，该泄漏

量的正常值为 $46.7m^3/h$，报警值为 $76m^3/h$，联锁值为 $112m^3/h$。前置气进气、一级密封气进气及二级密封气进气记录数据如表 1 所示。

表 1　前置气进气、一级密封气进气及二级密封气进气记录　　　　　m^3/h

位号 时间	FI116/密封气流量	FI2501/一级密封气流量	FI2502A/一级密封气流量	FI2503/二级密封气流量	FI2504A/二级密封气流量
2011-01-03	420	29	29	67	67
2011-01-17	447	28	28	67	67
2011-02-07	458	28	28	68	68
2011-02-14	353	28	28	67	67
2011-02-28	440	28	28	68	68
2011-03-14	445	28	28	68	68
2011-03-28	445	28	28	68	67
2011-04-11	415	28	28	67	67
2011-04-25	399	27	27	67	67
2011-05-09	358	26	26	67	67
2011-05-16	449	28	28	67	67
2011-05-30	372	29	29	67	67
2011-06-13	456	28	28	68	68
2011-06-20	464	28	28	68	68

表 1 中数据表明，驱动端二级密封进气流量均值约为 $28m^3/h$，非驱动端二级密封进气流量均值约为 $67.5m^3/h$，二级密封进气流量大，一级密封气泄漏气流量对应增大。现场通过阀门对驱动端进气流量调节时，进气流量值无明显增加。

结合现场泄漏值与设定值偏差过大及压缩机维持运行半年的实际情况，表明压缩机干气密封端面无失效，而是驱动端与非驱动端干气密封中间迷宫节流效应差异或两端管路问题造成了二级密封进气量不能调节到设计值，引起泄漏值与设计值存在偏差。

2.2　烃中心聚丙烯装置循环气压缩机

该压缩机为美国 ELLIOTT 公司制造的单级悬臂式离心压缩机，原密封为约翰克兰日本公司设计的带中间迷宫的串联式干气密封型式。工艺流程是在从反应器顶部来的未完全反应的循环气中加入新鲜物料后，经过循环气压缩机提压后冷却再注入反应器的底部完成一个循环。第一循环气压缩机的干气密封密封气流向示意见图 5。

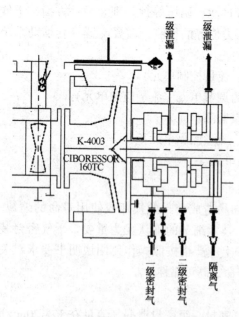

图 5　循环气压缩机密封气流向图

2012年10月31日9：38，该压缩机因干气密封一级泄漏造成排火炬气压力值超过设定值(0.426MPa)而跳车，检查干气密封流程和现场保温伴热投用情况和一级排火炬线上的单向阀、限流孔板未发现异常。10月31日18：31，重新启动压缩机，一级密封气接入高压氮气，机组运行正常。11月1日，一级密封气由高压氮气切换为丙烯气，随即出现一级泄漏排火炬气压力波动，并超过设定值跳车。

结合干气密封端面接触摩擦造成损坏的现象，确定事故发生的主要原因为：

(1) 在采用界区来的高压氮气对反应器进行置换过程中，机组虽然还没有运行，但由于干气密封一级密封气无进气，使反应器内的高压气体通过干气密封前端的梳齿进入干气密封一级密封腔体，带入细粉进入密封端面，导致密封面接触摩擦磨损，摩擦过热并导致动、静环损坏。

(2) 切换后的密封气为来自吹扫总管的气相丙烯，表压力为4.0MPa(露点温度为84.5℃)，温度为125℃。从吹扫总管至切换阀之间的管线采用电伴热，而当晚室外气温下降到零下3℃，电伴热提供的实际补偿热能不足，管线内可能形成积液。在将氮气切换到丙烯气时，没有严格按要求检查并排液，使积液进入到密封腔内，对密封面造成损坏。

2.3 烯烃中心产品气压缩机

在2011年消缺检修时，烯烃中心产品气压缩机干气密封因二级密封泄漏气过大，对干气密封进行更换。更换下来的干气密封在检查中发现，大气侧密封端面外侧有油污痕迹，二级密封端面有接触摩擦痕迹。

由于在机组油运阶段投用润滑油泵以前未按操作要求先投用隔离气，或隔离气压力不够，造成润滑油进入干气密封二级密封端面，因为液体的黏度远大于气体，端面对液体的搅拌和切割将产生大量的热量，使端面因温度的急剧升高而损坏，从而出现二级密封泄漏量过大。干气密封匹配密封气隔离单元的作用是阻止轴承润滑油进入干气密封系统，避免污染密封端面。隔离单元必须先于润滑油系统启用，后于润滑油系统停用，以保证油品不进入密封接触面；在设计润滑油泵启动条件时，需设定先通隔离气后才能启动的程序。

3 合理维护及问题改造

目前石油化工企业输送危险性气体的离心压缩机已大量采用干气密封作为其轴封装置，相对于传统油膜密封其优越性已非常明显，但是如果设计、操作不当，仍然会出现运行故障，造成机组联锁，装置停车。

3.1 干气密封气体投用的基本原则

(1) 开机 先投干气密封系统，再投机组润滑油系统。其中密封控制系统先投用一级密封气，再投用二级密封气。在干气密封的投用过程中，隔离气投用顺序无限制。

(2) 跑油阶段 如果机壳内不带压，一级密封气、二级密封气都可以关闭，只需通入隔离气即可。

(3) 停机 先停机组润滑油系统，当判断机组油系统安全且无热油雾时，再停隔离气，停二级密封气，最后停一级密封气。其中如果机壳内带压，则一级、二级密封气都不可以关闭直至机内无压。

3.2 损坏原因及预防措施

在所有密封失效的案例中，有很大一部分是由于操作不当引起，常见的损坏原因及预防措施如下：

（1）密封气流量或压力不足造成的损坏。密封气难以阻止压缩机内部工艺气向密封腔体的流动，造成工艺气和密封端面的直接接触，工艺气中颗粒或聚合物等对密封端面造成损坏。密封气源必须具备充足的压力，能够在压缩机所有运行状态下提供充足的气体压力，大约高于参考压力200kPa以上，才能确保密封气不会反向流动。

预防措施：必要时需考虑密封气增加增压单元，以使密封气获得足够的压比，或准备一个备用密封气源，以供特殊工况下使用。

（2）轴承润滑油造成的损坏。在隔离密封失效时，轴承润滑油将沿压缩机转子表面流动，并流入干气密封，在串联式干气密封中，二级密封首先受到污染，在主密封未被污染时，影响并不明显，但如果隔离密封得不到及时恢复，主密封也将受到污染，直至损坏。

预防措施：在设计密封腔和轴承腔时，充分考虑润滑油向隔离密封和干气密封的泄漏，轴承腔排放口及管道大小、方位应能够有效地排放润滑油，增加排淋口是一个简单有效的方法。同时对隔离气供给进行实时监控，隔离气必须稳定不间断地提供，而且在启动润滑油泵之前，须保证隔离气已开启并保持足够的压力，避免轴承润滑油进入干气密封。

（3）密封气不够洁净、带液时造成密封的损坏。

预防措施：干气密封制造厂家对密封气的质量都有相当严格的要求，一般都要求密封气干燥，并不含直径大于$2\mu m$（绝对值）的颗粒。针对气体带液情况，设置密封气体分液罐、干燥罐，防止工艺气携带杂质和液体进入干气密封，或者在密封气管路加伴热线，通过伴热将液体改变成气相。针对气体带固情况，气体在进入干气密封之前设置了过滤单元。通常，过滤单元由两个过滤器并联组成，正常情况下一开一备，过滤单元连续使用，保证经过过滤器的气体能顺利通过密封端面而不会对端面造成损伤。如果密封气较脏时，为延长过滤器滤芯更换周期，可将密封气先经过滤系统精度较低的过滤器，再经过高精度过滤器。

（4）主排放口和二级排放口造成的损坏。主要发生在辅助系统排放气压力低于排放管道的背压，排放管道内的介质反串进入密封系统引起密封损坏的情况下。

预防措施：干气密封辅助系统对排放口的背压最大值都有要求，如果排放口与火炬相连，则需要安装一个止回阀。

（5）干气密封辅助系统配置增压单元，可以确保产品气压缩机在启停状态时前置气压力一直高于压缩机腔体压力，避免产品气反串对干气密封造成损坏。对于采用来自乙（丙）烯罐的气体作为压缩机一级密封气备用气的干气密封系统，由于受压缩机内温度和室外温度的影响，引入的乙（丙）烯气体极易达到露点，会出现液态乙（丙）烯进入干气密封，引起干气密封运行不稳定或失效。

针对此项问题，可对管线做保温处理并设置分液罐和干燥罐，保证引入干气密封系统的气体不含液态成分；或在原干气密封控制系统上增加增压单元，有效控制产品气压缩机输送工艺气不反串进入干气密封腔体，克服此类问题引起的停车。

（神华煤制油化工有限公司包头煤化工分公司　文定良）

40. 催化原料加氢处理循环氢压缩机干气密封故障分析

催化原料加氢处理装置是炼油加工企业中的重要装置,其中的循环氢压缩机是该装置的核心动设备。循环氢压缩机的工艺介质主要为氢气、H_2S,轴端密封运行不好或损坏,会造成装置非计划停工,带来重大经济损失;氢气、H_2S 从轴端泄漏,会造成环境污染,使人难以靠近压缩机组,发生爆炸,危及人身安全。所以,该压缩机轴端密封的选择是设备选购中的一个关键问题。该密封应具有运行安全、稳定、可靠的性能并有较好的运行经济性。

中国石化武汉分公司炼油二期改造项目新建装置催化原料加氢处理装置循环氢压缩机(K3102)由沈阳鼓风机股份有限公司制造,压缩机型号为 BCL404A,其驱动机形式为背压式蒸汽透平,由杭州汽轮机厂生产,型号为 NG25/20。压缩机额定流量为 $180000Nm^3/h$,正常工作转速为 $9000 \sim 12000r/min$,轴功率 1715kW,入口压力为 10.3MPa,出口压力为 12.06MPa,该机组的轴端密封采用约翰克兰公司生产的带中间迷宫密封的串联式干气密封。

1 离心压缩机轴端密封的选型

目前,国内绝大多数石化企业转动设备轴封形式采用的是单端面机械密封或双端面机械密封。单端面机械密封结构简单,但存在工艺介质易泄漏的问题,不适合输送易挥发介质;双端面机械密封用外引密封液作润滑冷却介质,密封结构及辅助系统较为复杂。由于机械密封为接触式密封,其使用寿命已经不能满足石化企业长周期运行的要求。

干气密封是一种新型的、先进的旋转轴用机械密封。它主要用来密封旋转流体机械中的气体或液体介质。与其他密封相比,干气密封具有低泄漏率、无磨损运转、低能耗、寿命长、效率高、操作简单可靠、被密封流体不受油污污染等特点。在高速离心式压缩机中,干气密封已经可替代迷宫密封、浮环密封及油润滑机械密封。

2 干气密封的基本结构与原理

2.1 干气密封基本结构

干气密封是一种气膜润滑的流体动、静压结合型非接触式机械密封,主要应用于石油化工等行业的旋转机械,如透平压缩机上。一般来讲,典型的干气密封结构包含有静环、动环组件(旋转环)、副密封O形圈、静密封、弹簧和弹簧座(腔体)等零部件。静环位于不锈钢弹簧座内,用副密封O形圈密封。弹簧在密封无负荷状态下使静环与固定在转子上的动环组件配合,如图1所示。

在动环组件和静环配合表面处的气体径向密封有其先进独特的方法。配合表面平面度和光洁度很高,动环组件配合表面上有一系列的螺旋槽,如图2所示。

2.2 干气密封工作原理

随着转子转动,气体被向内泵送到螺旋槽的根部,根部以外的一段无槽区称为密封坝。密封坝对气体流动产生阻力作用,增加气体膜压力。该密封坝的内侧还有一系列的反向螺旋槽,这些反向螺旋槽起着反向泵送、改善配合表面压力分布的作用,从而加大开启静环与动环组件间气隙的能力。反向螺旋槽的内侧还有一段密封坝,对气体流动产生阻力作用,

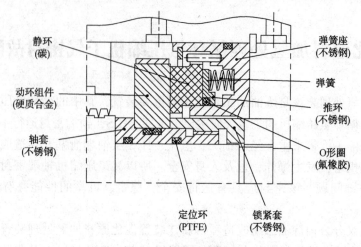

图 1　干气密封结构图

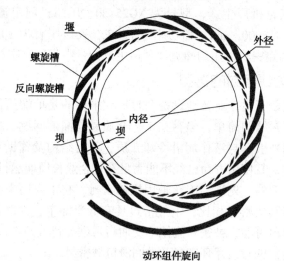

图 2　干气密封端面动压槽示意图

增加气体膜压力。配合表面间的压力使静环表面与动环组件脱离，保持一个很小的间隙，一般为 3μm 左右。当由气体压力和弹簧力产生的闭合压力与气体膜的开启压力相等时，便建立了稳定的平衡间隙。

3　干气密封在循环氢压缩机上的使用

3.1　主要控制流程

循环氢压缩机 K3102 密封采用约翰克兰生产的带中间迷宫密封的串联式干气密封。该密封结构是在串联密封的中间有一个迷宫密封，压缩机正常运行时将工艺气(开机时为氮气)注入迷宫密封，使得由一级密封泄漏的工艺气不能穿越该迷宫，全部排放到火炬，以实现工艺气零泄漏。该型干气密封的静密封选用 V 形 Polymer(聚酯)密封圈(除隔离气密封)。干气密封在动态运转时具有承载能力，可以把动环和静环分开。同时在动环和静环之间形成压力梯度，达到密封工艺气体的目的。采用介质气作为密封气，不会污染工艺气体，运行维护方便。

在流程布置上，该串联式干气密封分别在一级和二级密封处注入工艺气和氮气，同时将一级的排气接至火炬管网。

当压缩机正常运行时，采用压缩机出口气（12.45MPaA，72.3℃）作为一级密封气源，该气源经KO分液罐除去较大液滴和固体颗粒，经气动薄膜调节阀将压力控制在高于平衡管压力0.3MPa，再经过滤器过滤达到1μ精度，然后进入低、高压端一级密封腔，由流量计下游的节流阀将流量控制在300Nm³/h。开停车时，当一级密封气源压力较低，不能满足要求时，可采用增压系统为一级密封气增压。

一级密封气的主要作用是防止压缩机内不洁净气体污染一级密封端面，同时伴随压缩机的高速旋转，通过一级密封端面螺旋槽泵送到一级密封放火炬腔体，并在密封端面间形成气膜，对端面起润滑、冷却等作用。该气体绝大部分通过压缩机的轴端迷宫进入机内，只有极少部分通过一级密封端面进入一级密封放火炬腔体。

二级密封气采用0.8MPaG氮气进入干气密封系统，过滤达到1μ精度后，一部分经过自励式减压阀将压力减至0.5MPaG后分为两路进入二级密封腔，由流量计下游针阀控制流量为4Nm³/h。大部分二级密封气经中间迷宫后与一级密封泄漏气混合后放火炬，少量经二级密封端面泄漏后安全放空。

隔离氮气经过滤器过滤后的另一部分气体经自励式减压阀将压力减至0.5MPaG后，经孔板进入低、高压端隔离气室，一部分经后置迷宫的前端，与二级密封端面泄漏的气体混合，引至安全地点放空；另一部分经后置迷宫的后端，通过轴承回油放空孔就地放空，此部分气体是为了阻止润滑油污染密封端面。

放空流程分两路：一路为一级密封泄漏气与大部分二级密封气混合，经流量计后放至低压放火炬线；二路为少量二级密封气与隔离气混合，引至高点放空。

放火炬流量，直接影响着机组的安全运行以及联锁停机条件，见表1。

表1 干气密封联锁停机条件

项目	仪表位号	联锁	设定值	联锁形式
低压端一级泄漏放火炬流量	FNS14605/A	HH	≥36Nm³/h	三取二联锁停机
	FNS14605/B			
	FNS14605/C			
高压端一级泄漏放火炬流量	FNS14606/A	HH	≥36 Nm³/h	三取二联锁停机
	FNS14606/B			
	FNS14606/C			

3.2 运行状况分析及故障处理

3.2.1 运行情况

干气密封自投用以来，经历了空负荷试车、氮气负荷试车、两次开停工及油压低低联锁停车等多次考验，表2是干气密封运行情况，从表中可以看出密封性能稳定、可靠，机组运行平稳，事实证明了干气密封的优越性。

3.2.2 运行中的注意事项

（1）密封系统在安装时，必须保证管线、梯形槽清洁；

（2）密封气压力至少要大于平衡管压力 300kPa；

（3）开机前必须投用干气密封，停机时先停润滑油，后停干气密封，防止润滑油进入干气密封系统中；

（4）在开机过程中，不宜低转速运行时间太长，在正常运转中，应该保持转速恒定，调转速时尽可能缓慢操作，以避免转速波动太大对干气密封产生不良的影响。

表 2   干气密封运行参数

时间	转速/(r/min)	平衡管与密封气差压/kPa	主密封气过滤器差压/kPa	隔离气压力/kPa	二级密封气压力/kPa	驱动端主密封气流量/(Nm³/h)	非驱动端主密封气流量/(Nm³/h)
0：00	8800	592	5.5	462	517	429	368
2：00	8799	596	5.4	463	515	425	367
4：00	8801	589	5.3	465	515	421	369
6：00	8801	590	5.6	462	516	427	376
8：00	8800	587	5.4	462	514	426	372
10：00	8801	594	5.6	461	516	429	378
12：00	8798	598	5.3	462	517	421	366
14：00	8800	599	5.6	465	514	423	376
16：00	8801	585	5.6	466	516	423	369
18：00	8799	587	5.5	466	517	428	370

3.2.3 故障现象

该套干气密封自 2013 年 4 月 12 日随循氢机开车投入运行。正常情况下干气密封高、低压端放火炬量 FISA14606、FISA14605 维持在 8～12Nm³/h 左右；放火炬压力高压端 PIA14612 为 0.013MPa，低压端 PIA14611 为 0.009MPa；主密封气流量 FIA14602、FIA14601 均维持在 300Nm³/h 左右。

在 2013 年 11 月 12 日 6 点 13 分 05 秒，高压端放火炬流量 FISA14606 从 8.3Nm³/h 突然飙升至 33Nm³/h（高报值为 18Nm³/h），而放火炬压力 PIA14611 在 04 秒时从 0.013MPa 微降至 0.103MPa，4 秒后高压端放火炬流量回落至 7.2Nm³/h，压力跟着恢复到 0.014MPa。通过压缩机转速和密封气与工艺气差压等手段发现，两端放火炬流量只随二级密封气量变化，而这种变化是稳定的，并不会产生突然飙升或者降低的影响。

1 个月后，2013 年 12 月 18 日 7 点 17 分 31 秒，高压端放火炬流量 FISA14606 从 11Nm³/h 升至 22.3Nm³/h 至 44Nm³/h（CCS 系统每 1 秒采集采集 1 次数据）导致机组联锁停机（联锁停机值为 36Nm³/h），高压端放火炬压力 PIA14612 在 30 秒时由 0.013MPa 降至 0.009MPa 后跟随放火炬流量升至 0.023～0.057MPa。低压端放火炬流量和压力分别为 7.6Nm³/h、0.009MPa，一直没有变。主密封气量 FIA14602 在联锁停机前也一直没有变，为 292Nm³/h。

3.2.4 原因分析

机组在运行时，压缩机的转速、振动以及轴位移不停地变化，干气密封受外部干扰，状态也在发生改变，由于干气密封具有自我调节功能，因此密封端面必须有较好的追随性，才能保证密封正常工作。

放火炬流量是判断干气密封端面运行情况的依据之一。正常情况下，放火炬气的组分应该由大部分二级密封气和少量主密封气构成，由于主密封气进气量(约 300Nm³/h)远大于二级气进气量(15~25Nm³/h)，若干气密封失效，主密封气会从密封侧大量漏出，此时放火炬流量会持续增大。而从实时趋势画面来看，当放火炬量到达峰值后，又开始持续回落。

对比 11 月 12 日出现的类似情况，放火炬量瞬间增大又回落至正常水平，由此可以判断干气密封是好的，密封没有失效。

检查二级密封气，二级气来自于低压氮气管网(0.8MPa)，经压控阀后同时供给高、低压端作二级密封气，而当时管网和低压端密封气均稳定，那么也排除了二级密封气波动导致放火炬量突然升高的原因。

检查放火炬管路，发现从孔板后排凝口排出了轻质油，而且放火炬出口管线至低压瓦斯总管碰头处是步步高布置的，结合两次波动分析：

(1) 两次放火炬流量突变的时间是冬天的清晨，环境气温非常低，轻质油的来源是管内轻质组分凝缩而形成；

(2) 由于放火炬管线后有一段立管段，凝缩油聚集产生液封；

(3) 此套干气密封设计放火炬流量非常小，放空管路很细，轻微的液封就能造成气流的阻碍，当放火炬气体受阻产生聚集时，前部压力增大，突然冲破液封，造成放火炬流量突然增大，继而联锁停机。

3.2.5 处理措施

在确认原因之后，采取了以下措施保证干气密封的正常运行：

(1) 将高低压放火炬联锁停机增加 3s 延迟，以防止放火炬量瞬间波动造成停机的误动作；

(2) 整个干气密封系统以及放火炬管线增设强伴热，防止凝液的聚集，同时加强放火炬线的排液；

(3) 干气密封放火炬流程的更改，不再和其他工艺管线合并再进入管网，而改为单独引出，切除外部干扰；

(4) 加强主密封气的压液工作，确保整个干气密封系统不带液；

(5) 控制主密封气温度在 72℃，减少带液。

采取以上措施开机后至今，放火炬流量一直稳定，未出现瞬间升降的情况，没有任何波动。

4 结论

针对上述情况和分析，在确保干气密封本体是完好的情况下，还必须解决该系统在运行过程中由于环境原因或一些外部因素引起的系统误判，导致干气密封系统运行不稳定。

干气密封在离心压缩机上的广泛应用，成为机械密封技术的一次革命，而且，因其效果好、功耗低、操作维护简便，正逐步取代其他密封形式成为高速离心压缩机轴端密封的主流。

(中国石化武汉分公司　周文龙)

41. 丙烷增压泵串联式干气密封的优化改造

克拉玛依石化公司80万 t/a 丙烷脱沥青装置丙烷增压泵是该装置的关键设备，设备生产厂家是嘉利特荏原泵业有限公司，型号为 350X250KSM50A，介质丙烷，温度350℃，入口压力4MPa，出口压力5.17MPa，该泵在设计时选用了成都一通公司的集装串联式干气密封，这种串联式干气密封的主密封为弹簧密封（普通接触式机械密封），干气密封为辅助密封，具有使用周期长、清洁环保的优点。但由于泵用干气密封首次在公司使用，所以在该密封使用初期多次出现泄漏，使用周期还不如一般的机械密封，使用效果较差。后来，经过我们的多次检修、分析和优化改造，取得了较好的改造效果。本文将从该密封结构存在问题的分析以及密封的弹簧比压、端面比压、$P_c V$ 值、密封冲洗流量的计算校核入手，详细介绍丙烷增压泵密封优化改造的情况，从而总结出丙烷增压泵密封设计选型中的一些注意事项和技术要求。

1 故障分析

1.1 故障表现

克拉玛依石化公司80万 t/a 丙烷脱沥青装置增压泵使用的串联式干气密封，该串联式干气密封不是纯粹的干气密封，它是干气密封与接触式机械密封串联使用，第一级为普通的多弹簧机械密封，是主密封，密封介质为丙烷；第二级干气密封为辅助密封，密封介质主要为氮气及少量从机械密封泄漏出已汽化的丙烷气体，这就能可靠保证密封的可靠性。

该密封在使用初期，使用效果并不理想，短时间使用后就会发生泄漏。改造前，两台泵干气密封平均使用周期不到1个月，仅装置开工初期短短两个多月时间里两台泵的干气密封泄漏维修就达到14台次，维修特别频繁。从检修的情况看，该装置两台丙烷增压泵的驱动端和非驱动端共计四套密封泄漏情况均完全相同，主要表现为干气密封部位的氮气排气压力升高，也就是说是主密封发生泄漏，造成高压气体泄漏较多，引起氮气压力明显升高。经过多次拆解检查，密封的干气密封动静环完好无损，没有碰磨痕迹，说明干气密封环工作良好。而主密封的各部辅助密封圈也都完好，但是主密封动环（补偿环）弹起缓慢，补偿不好，所以最终判断该密封的泄漏主要发生在主密封的密封面间。

1.2 原因分析

经过对密封的多次拆检和现场分析，我们认为造成该密封不稳定，频繁发生泄漏主要有以下两个方面的原因：

（1）密封轴套定位不好，引起压缩量变化 该丙烷增压泵密封属于集装式串联干气密封，安装前应将密封压盖上的定位块卡到轴套上的卡槽内，将密封固定好，这个状态下就是保证密封压缩量正好合适，待密封整体在泵体上安装好以后，即将密封整体安装到位，上紧压盖，泵转子调正位置。然后再将轴套与轴使用锁紧套固定好，最后才拆掉定位块。这样就能保证正确的密封压缩量。但是在维修中我们发现，原来使用的轴套锁紧套是通过轴上卡槽内的半圆挡圈挡住，再利用螺纹连接将轴套拉紧来固定轴套位置（如图1），而这种方法，由于半圆挡圈与轴上的卡槽有一定间隙，而且锁紧套与轴套的连接丝扣螺距较大，加上加工不是很精密，所以丝扣间间隙较大，造成安装后轴套在轴向还有一定的窜动，不能保证稳定的压缩量。另外这种锁紧方法没有周向定位，转子在旋转过程中，锁紧套与轴套容易发生相对转动，丝扣就会退出，同样也会造成轴套定位发生变化，使密封工作不稳定。

（2）弹簧比压偏小，密封性能较差　在多次的检修过程中，每次拆检都发现主密封上带有一定的油液（油泥状），在按压主密封动环时，动环压缩后自行弹起比较缓慢，完全不能达到动环的及时补偿要求。这样就很可能造成密封在使用过程中转子发生窜动时动环不能及时补偿造成密封泄漏。进一步检查后发现该密封动环只用了9根小弹簧，而实际还有三个弹簧位置没有安装弹簧，后经过和生产车间及密封厂家交流后，我们得知其实该泵的介质丙烷中含有少量的轻脱油，而轻脱油的黏度近似于润滑油，黏度相对较大，所以导致密封介质的物理性质不同于纯丙烷，液膜反压系数相对较小，加之介质中带的少量粉尘杂质和油液结合后形成油泥，进入密封后造成动环密封圈配合较紧，动环弹起阻力增大，而厂家在设计该密封时并忽略了这一点，设计时的弹簧比压设计选择偏小，所以就不适合该泵。

2　密封的优化改造

2.1　轴套锁紧装置改造

2.1.1　原来的轴套固定装置存在的缺陷

原来的轴套固定装置如图1所示。

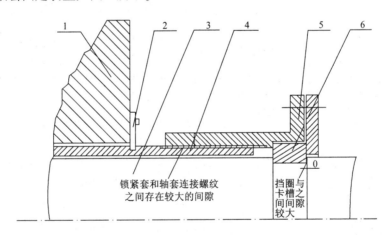

图 1　原轴套锁紧装置
1—密封压盖；2—密封定位块；3—轴；4—轴套；5—锁紧套；6—半圆挡圈

这种轴套锁紧装置，半圆挡圈与轴上的卡槽有一定间隙，而且锁紧套与轴套的连接丝扣螺距较大，加工不是很精密，丝扣间间隙较大，造成安装后轴套在轴向还有一定的窜动，不能保证稳定的压缩量。经过现场的实际测量，挡圈与轴上的卡槽间隙就有 0.50mm，而锁紧套与轴套的连接丝扣之间的轴向间隙也有 0.30mm，也就是说这种轴套锁紧装置安装后密封的轴套仍不能完全定位，约有 0.80mm 的窜动量，这就直接影响密封的实际压缩量。因为该密封本身的设计压缩量只有 3mm，而轴套 0.80mm 的窜动就会对密封的使用性能造成较大影响。

另外这种锁紧方法没有周向定位，转子在旋转过程中，锁紧套与轴套容易发生相对转动，连接丝扣可能慢慢退出，同样也会造成轴套定位发生变化，使密封工作不稳定。

2.1.2　新轴套锁紧装置的改进

为了保证该密封轴套的良好定位，我们对密封的轴套及锁紧装置进行改造，由于该密封的密封腔压力比较高，超过了4MPa，所以改造没有选用顶丝固定的形式，而是选择了利用轴套变形，报紧泵轴固定的方式。改造后的轴套固定装置如图2所示。

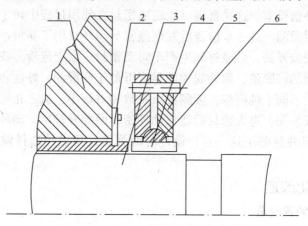

图2　改造后的轴套锁紧装置
1—密封压盖；2—密封定位块；3—轴；
4—轴套；5—锁紧环压板；6—轴套锁紧环

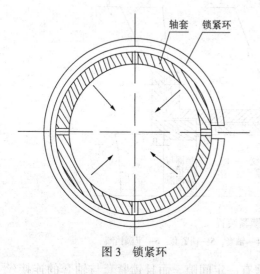

图3　锁紧环

这种轴套锁紧方式主要是将以前轴套端部丝扣去掉，并在轴套端部轴向均布开4道30mm×2mm的通槽，采用截面为梯形的锁紧环和一对锥面压板配合将轴套锁紧，使其端部变形将轴抱死，这样就可靠地保证了轴套的定位，也就保证了密封使用的可靠性。其中锁紧环不是一个完整的圆环(见图3)，而是留有5mm的缺口，以保证能够合紧时锁紧环向轴心方向收缩。这种锁紧装置在两个压板被上紧时，通过锥面的挤压作用，锁紧环被挤压收缩，从而使轴套端部也出现收缩变形，将轴报紧，使轴套与轴之间产生足够大的摩擦力，保证了轴套的良好定位。

2.2　主密封弹簧比压核算改造

2.2.1　密封弹簧比压的重新选择核算

通过对密封泄漏形式的分析，泄漏主要发生在主密封密封面间，所以我们判断是弹簧比压偏小所致。弹簧比压的主要作用就是保证密封在启动、停车或介质压力波动时使密封端面能紧密贴合；保证密封端面磨损后，能克服补偿环密封圈与相关件的摩擦阻力，使补偿环能追随端面沿轴向移动，继续保持密封面的紧密贴合。弹簧比压设计过小，则不能起到上述作用；弹簧比压过大，则会加大端面比压，加剧端面的摩擦、发热与磨损。而该密封就是由于主密封弹簧比压较小引起动环的补偿性较差，使密封面贴合不好发生泄漏。

经过仔细分析和研究，我们将弹簧比压重新进行了核算，根据核算结果，该密封补偿环应该再加装 3 个同规格的弹簧。

2.2.2　密封 P_cV 值的计算校核

密封弹簧比压增大，会直接使密封的端面比压增大。如果密封端面比压过大，运转时密封面就会产生大量的热。密封端面的磨擦热则直接影响到密封可靠性与寿命，而密封端面的磨擦热同时取决于端面比压与端面的线速度。工程上常用二者的乘积表示，即 P_cV 值。如果机械密封的 P_cV 值过大，密封面产生大量的磨擦热，轻者使密封端面的液膜汽化，密封失效；严重者使密封面磨损严重，产生沟纹，甚至出现裂纹。因此 P_cV 值不但是密封正常工作的重要参数，也是密封材料的一种性能指标。所以，增加密封的弹簧比压，只是从泄漏角度考虑了密封的密封性能，所以，为了保证密封改造后使用的长久性，我们又对该密封的 P_cV 值进行了进一步的核算比较。

我们经过核算得出，重新选择密封弹簧比压，增加弹簧后该密封完全能够满足 P_cV 值的核算要求，也就能够满足长周期使用的要求。

2.3　密封冲洗量的核算及冲洗方案的改造

密封经过核算改造，增大了端面比压，使用周期基本达到了一年，但是通过检查使用过的旧密封我们发现，主密封密封环的磨损还是比较严重，和其他使用一年的密封相比磨损相对较大。经过分析后我们认为，该密封端面比压增大后，密封面间的摩擦热就会增加，因为该泵的介质为丙烷，润滑性较差而且容易挥发，就很可能出现了密封面间液膜汽化的问题，造成磨损加剧，由于该泵主密封原设计冲洗方案为 API 682PLAN31，通过旋液分离器有一部分冲洗液直接回到了泵入口，所以最终认为该密封冲洗流量偏小，无法将摩擦热全部带走，因此需要重新核算。

按照该泵进出口压差，根据 HG/T 20570.15—1995 管路限流孔板的设置相关标准和计算，粗略计算出原冲洗方案的冲洗量约为 $8\sim15L/min$，所以不能满足改造后密封的冲洗要求。因此，必须在原设计基础上增加冲洗流量。通过进一步分析，我们认为该泵介质基本没有颗粒杂质，其中只是含有一些轻脱油品，对密封的冲洗影响不是很大，所以最终决定改变冲洗方案，将密封冲洗方案由原来的 API 682PLAN31 改为 API 682PLAN11，来保证足够的冲洗流量。改造后，密封运转时的温度有了明显下降，使用寿命延长到 1 年以上。

丙烷增压泵冲洗方案改造前后温度测量记录　　　　　　　　　　　　　℃

测量部位	驱动端		非驱动端	
	自冲洗线	密封压盖	自冲洗线	密封压盖
改造前	55	61	55	52
改造后	53	48	53	45

3　投用效果

通过上述的原因分析以及相应的计算校核，我们对丙烷增压泵的密封进行了改造。在密封结构上对轴承进行了改进，采用了新的轴套锁紧装置。另外，增加了主密封动环的弹簧，改善了端面比压，同时又改造了机械密封冲洗方案，增大了密封的冲洗量，保证了良好的冷却。

改造前，两台泵干气密封平均使用周期不到1个月，仅2007年8月23日到10月30日两个多月时间里两台泵的干气密封泄漏维修就达到14台次，维修特别频繁。经过对密封轴套锁紧装置、弹簧比压进行改造后，密封使用寿命超过6个月。最终在2010年4月份改造完密封冲洗方案后，该泵密封，使用周期均超过了一年，达到了预期的使用效果，使这种串联式机械密封首次在我公司机泵上应用成功，产生了较好的安全经济效益。

4 结论

（1）对于集装式的机械密封、干气密封，轴套的良好定位非常重要。而螺纹丝扣加挡圈连接的轴套锁紧方式，稳定性相对较差，这种定位锁紧装置不适合在对定位要求较高的机械密封上使用，特别对于密封压缩量相对较小的串联式干气密封中更不适合。另外对于密封腔压力较高的密封，应选择稳定且承受轴向力较大的锁紧装置，普通的顶丝锁紧形式也应根据实际的压力慎重考虑。

（2）对于密封的选型设计，应充分考虑介质中含有的杂质产品对密封介质物理性能的影响。一般炼油厂的丙烷增压泵，由于工艺条件的限制，丙烷中都会含有一些轻脱油品，实际的密封介质并不是纯丙烷，而是丙烷和轻脱油品的混合液体，所以对于炼厂丙烷泵密封的设计选型应充分考虑到这一点，认真衡量确定液膜反压系数，保证密封设计的可靠性。

（3）端面比压是决定端面间存在液膜的重要条件，不宜过大，以避免液膜蒸发和磨损加剧。但从泄漏角度考虑，也不宜太小，以防止密封性能变差。因此进行 P_cV 值的校核，确保 P_cV 值满足要求的基础上选择较高的端面比压，这样才既能保证密封可靠的密封性能又能确保密封使用的长久性。

（4）弹簧比压是密封端面比压的重要组成部分，它对机械密封的密封性能和摩擦特性有着重要的影响。如果仅从改善密封性能的角度考虑增大弹簧比压以提高端面密封比压是最为有效的措施。然而，过分增大端面比压又将破坏密封面间的液膜，很可能造成密封面干摩擦，从而加剧磨损，使密封寿命缩短，如果仅考虑机械密封的摩擦特性，减小弹簧比压可以使密封端面处于良好的液体摩擦状态，降低摩擦功耗，但此时机械密封的密封性能将无法保证。兼顾摩擦特性和密封性能两方面的要求，正确选择弹簧比压，从而使机械密封处于最佳工作状态是设计、制造以及安装机械密封的要点。

（5）机械密封的辅助系统如冲洗、冷却等也是保证密封长周期运行的关键，对于轻烃介质的密封由于介质润滑性较差而且易挥发，容易出现密封面液膜汽化的问题，造成磨损加剧，所以更应该选择合适的冲洗方式，保证足够的冲洗流量，以更好的延长密封的使用寿命。

（中国石油克拉玛依石化公司 焦文让，阿卜杜艾尼，崔洲行）

42. 干气密封在液化气泵上的应用

　　液化气泵是炼油企业某些装置的关键设备，如气分装置的原料泵等，其轴封采用单端面机械密封。长期以来液化气泵密封一直存在不同程度的泄漏。密封使用寿命短，故障率相当高，有时寿命只有几天，最长的也只有3~6个月，严重影响了生产的正常进行。为此，我厂曾专门组织过液化气泵用密封攻关，如密封由过去的弹簧密封改为波纹管密封，对静环进行车削改变密封比压等，但效果并不理想。当机械密封磨损产生热量时，会增加密封端面的温度，造成部分液膜气化，而端面液膜汽化反过来会影响密封端面的润滑性能，使密封面温度更高，如此形成恶性循环，最后造成密封端面无法形成液膜，使其处于干摩擦状态，最后密封端面因烧毁而失效。这也是液化气泵机械密封易出现磨损泄漏的主要原因。找到了影响这类泵机械密封失效的原因及可采取相应的措施，进行密封结构、参数上的改进，以达到提高密封性能的目的。

1　干气密封基本结构及原理

　　一般来讲，典型的干气密封结构包含有静环、动环组件(旋转环)、副密封O形圈、静密封、弹簧和弹簧座(腔体)等零部件。静环位于不锈钢弹簧座内，用副密封O形圈密封。弹簧在密封无负荷状态下使静环与固定在转子上的动环组件配合，如图1所示。

　　在动环组件和静环配合表面处的气体径向密封有其先进独特的方法。配合表面平面度和表面粗糙度很高，动环组件配合表面上有一系列的螺旋槽，如图2所示。

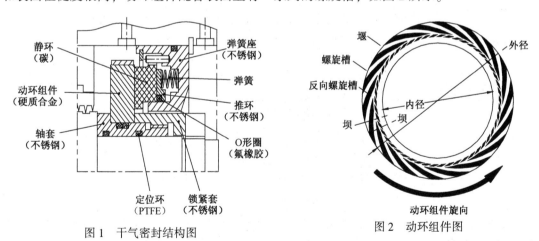

图1　干气密封结构图　　　　　　　　图2　动环组件图

　　随着转子转动，气体被向内泵送到螺旋槽的根部，根部以外的一段无槽区称为密封坝。密封坝对气体流动产生阻力作用，增加气体膜压力。该密封坝的内侧还有一系列的反向螺旋槽，这些反向螺旋槽起着反向泵送、改善配合表面压力分布的作用，从而加大开启静环与动环组件间气隙的能力。反向螺旋槽的内侧还有一段密封坝，对气体流动产生阻力作用，增加气体膜压力。配合表面间的压力使静环表面与动环组件脱离，保持一个很小的间隙，一般为3μm左右。当由气体压力和弹簧力产生的闭合压力与气体膜的开启压力相等时，便建立了稳定的平衡间隙。

在动力平衡条件下，作用在密封上的力如图 3 所示。

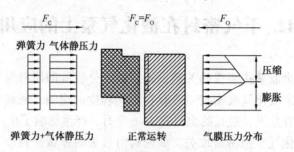

图 3　作用在密封上的力示意图

闭合力 F_C 是气体压力和弹簧力的总和。开启力 F_O 是由端面间的压力分布对端面面积积分而形成的。在平衡条件下 $F_C = F_O$，运行间隙大约为 $3\mu m$。

如果由于某种干扰使密封间隙减小，则端面间的压力就会升高，这时，开启力 F_O 大于闭合力 F_C，端面间隙自动加大，直至平衡为止，如图 4 所示。

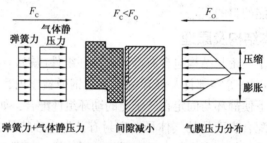

图 4　间隙减小图

类似的，如果扰动使密封间隙增大，端面间的压力就会降低，闭合力 F_C 大于开启力 F_O，端面间隙自动减小，密封会很快达到新的平衡状态，见图 5。

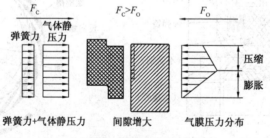

图 5　间隙增大图

这种机制将在静环和动环组件之间产生一层稳定性相当高的气体薄膜，使得在一般的动力运行条件下端面能保持分离、不接触从而不易磨损，延长了使用寿命。

2　串联式干气密封结构说明(见图 6)

(1) 干气密封与接触式机械密封串联使用，机械密封为主密封，干气密封为次密封。

(2) 主密封采用自冲洗，自冲洗管采用原有机械密封的冲洗管线。

(3) 干气密封与主密封间通入氮气，压力为 0.1~0.6MPa。以此保证主密封具有一定背压，减小主密封端面介质液膜气化程度，极大地延长主密封的使用寿命；同时氮气也起到隔离介质和大气的作用，对现场起一定的安全作用。

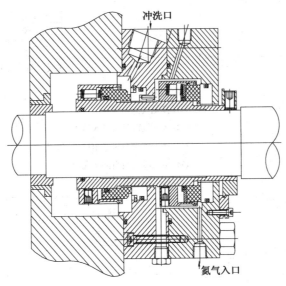

图6　串联式干气密封结构图

（4）主密封泄漏出的少量介质随氮气排入火炬燃烧，起安全、环保密封的作用，主密封失效后，大气侧的干气密封可在≥24h内起到主密封作用，防止工艺介质向大气大量泄漏，为泵安全停修提供时间，是一种安全系数较高的密封。

（5）此泵用干气密封（包括主密封、辅密封）使用寿命长，一般在2年以上。

（6）该干气密封可在无压条件下运行，即使氮气中断也不会损坏干气密封；但长时间无氮气会影响整个密封的使用寿命。

（7）干气密封氮气消耗总量约0.2～0.6Nm³/h。

该干气密封摩擦副组对为：SiC-碳石墨；主密封摩擦副组对为：WC-碳石墨；干气密封和主密封的辅助密封圈均采用丁腈橡胶；干气密封动压槽加工在SiC上，该材料具有表面硬度高、耐磨性能好、热传导系数大、比重小等优点，是目前最好的摩擦副材料之一。碳-石墨材料具有强度高、自润滑性好、耐高温等特点，这一特点保证密封在低转速下反向盘车也不会被损坏。

3　干气密封控制系统（见图7）

干气密封控制系统是干气密封的重要组成部分，它主要由密封气过滤单元和密封气泄漏监测单元组成。控制系统为干气密封长周期稳定可靠运行提供保障。其流程如下：

（1）外部管网0.8MPa氮气进入控制系统。

（2）首先经过过滤器（精度为3μm以下，为干气密封提供一个干净的气体）。

（3）接着经过减压阀（压力范围为0～1MPa，减压到所需0.2～0.6MPa，为干气密封提供稳定的密封气）。

（4）再经过一个单向阀（防止主密封失效后，介质反串到氮气网管里）。

（5）进入干气密封和主密封形成的密封腔。

（形成一个带压的氮气，为主密封提高背压，延长密封的使用寿命），以上流程构成控制系统的过滤单元。

（6）流出干气密封和主密封形成的密封腔。

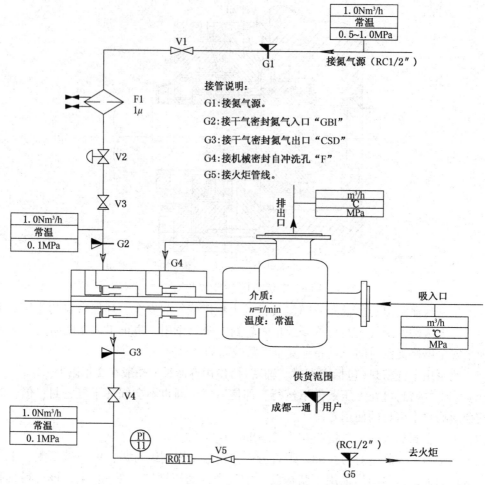

图 7　干气密封控制系统

（7）气化的介质与氮气经过压力表（可以从现场监测主密封的使用情况），当主密封泄漏过大时，由于限流孔板的作用，密封腔压力上升，泄漏管线上的压力表指示上升，表明主密封失效。

（8）经过节流孔板（0.4~0.5mm），起节流气体作用，使密封腔能建立所需的 0.2~0.6MPa 的压力，同时也是对氮气的耗量进行控制。当主密封泄漏过大时，由于限流孔板的作用，密封腔压力上升，泄漏管线上的压力表指示上升（或压力开关发出报警信号），表明主密封失效。

（9）最后经过一个单向阀（防止火炬气反窜）把氮气和主密封泄漏出来的工艺气体排向火炬。

4　试验

对气密封装置分别进行了停氮气和停泵测试发现：

（1）停泵但不停氮气情况下，轴封于 10min 后出现液化气泄漏；

（2）停氮气但不停泵情况下，轴封发生干磨，2min 后出现泄漏。

由此可见，该干气密封在停电或停氮气的极端工况下还是存在泄漏危险。但这种风险比较单端面机封泄漏的风险要少很多。为此我们一般在两台互为切换的泵中，选一台装机械密封，而另一台装干气密封，平时尽可能运行装有干气密封的泵，紧急状态时切换成单端面机械密封泵，以规避干气密封停电或停氮气时存在泄漏风险。

5 结论

干气密封改造后，经过一年多的运行，解决了该设备机械密封寿命短、泄漏严重的问题，减少了维修人员对机封密封频繁泄漏液化气的检修工作量，消除了由于机械密封泄漏液化气给装置生产带来的安全隐患，保证了现场生产稳定和安全。

（中国石化石家庄炼化分公司机动处 万庆才）

43. 气体分馏车间液化气泵机械密封改干气密封

　　气体分馏车间的液化气泵，原来采用的都是单端面机械密封，在使用过程中易发生密封泄露，磨损也比较严重，使用寿命较低，维修成本比较高。而且泄露以后的危险性非常大，易发生火灾爆炸等严重的设备事故或人身伤害事故，不利于装置的长周期运行。

　　液态烃类机泵的机械密封的主要难点是在于液态烃的物理化学性质。液化气在泵内输送的过程中，液体容易气化而且黏度较低，所以很难在密封的摩擦副端面形成持续、稳定的流体膜，而导致因流体膜汽化引起干摩擦，造成密封端面磨损，产生泄漏。

　　根据影响液化气泵的机械密封性能的因素，我们液化气泵的密封进行改造，采用串联式干气密封。

1　干气密封的原理

1.1　干气密封基本原理

　　干气密封从外形结构上与机械密封相同，同样由动环、静环、弹簧、密封圈以及弹簧座等组成。图 1 所示为干气密封环。密封面经过研磨、抛光，并在上面加工有流体动压槽。

　　动、静环作相对旋转运动时，密封气体被吸入动压槽内，由于密封堰的节流作用，进入密封面的气体被压缩，压力升高。在该气膜压作用下，密封面被推开，与气体静压力、弹簧力形成的闭合力达到平衡。此时，流动的气体在连个密封面间形成一层很薄的气膜(大约在 $3\mu m$)，气膜的厚度相对稳定，并且具有良好的刚度，保证密封运转稳定可靠。

　　在稳定状态下，作用在密封面上的闭合力(弹簧力和介质力)等于开启力(气膜反力)，气膜处于设计工作间隙。

　　当发生工艺条件波动或机械干扰，使得密封面贴近，有接触的趋势，此时气膜厚度减小，刚度增大，气膜反力增加，迫使密封工作间隙增大，恢复到正常值。

　　相反，若密封气膜厚度增大，则气膜反力减小，闭合力大于开启力，密封面贴近恢复到正常值。

　　衡量干气密封稳定性的主要指标就是气膜刚度的大小，气膜刚度越大，表明密封的抗干扰能力越强，运行越稳定。

1.2　影响干气密封性能的主要参数

　　影响干气密封性能的参数分为结构参数和操作参数。端面结构参数对密封的稳定性影响较大，操作参数对密封的泄漏量影响较大。

1.2.1　密封端面结构参数对气膜刚度的影响

　　(1) 动压槽形状的影响　理论研究表明，对数螺旋槽产生的流体动压效应最强，气膜刚度最大，稳定性最好，因此，绝大多数干气密封都以对数螺旋槽作为密封动压槽。

　　(2) 动压槽深度的影响　理论研究表明，流体动压槽深度与气膜厚度为同一量级时密封的气膜刚度最大，所以，实际应用中，干气密封的动压槽深度一般在 $3\sim10\mu m$。

　　(3) 动压槽数量、宽度及长度的影响　干气密封动压槽数量越多，动压效应最强，但当动压槽达到一定数量后，再增加槽数时，对干气密封性能影响已经很小。此外，动压槽的宽度、长度对密封性能都有一定的影响。

1.2.2　操作参数对密封泄漏量的影响

（1）密封直径、转速对泄漏量的影响　密封直径越大，转速越高，密封环线速度越大，干气密封的泄漏量越大。

（2）介质压力对泄漏量的影响　在密封工作间隙一定的情况下，密封气压力越高，气体泄漏量越大。

（3）介质温度、黏度对泄漏量的影响　介质温度对密封泄漏量的影响是通过温度对介质黏度影响而形成的。介质黏度增加，动压效应增强，气膜厚度增加，但同时流经密封端面间隙的阻力增加。因此，其对密封泄漏量的影响不大。

1.3　泵用串联式干气密封的特点

原单端面机械密封，泄漏气体直接向外泄漏，造成很大的危害。

现泵用串联式干气密封事故干气密封与接触式机械密封串联使用，第一级机械密封为主密封，密封介质为液态烃；第二级干气密封为次密封，密封介质主要为氮气及少量从机械密封泄漏出的已挥发的烃气体。

（1）干气密封与主密封间通入氮气，压力一般为 0.5~0.7MPa，大大提高了主密封的背压，避免了液态烃在端面间由于摩擦热过早汽汽化，形成液、气混相导致磨损加剧的问题，极大地延长主密封的使用寿命。

（2）当主密封泄漏的工艺介质进入一、二级密封之间的密封腔，液态工艺介质迅速挥发为气体，它将随密封气氮气排入火炬(或废气回收系统)，从而保证工艺介质几乎不向大气泄漏，是一种环保型、安全型密封。

（3）主密封失效后，干气密封短时间内起到主密封作用，防止工艺介质向大气大量泄漏。

（4）该类密封使用寿命取决于机械密封的使用寿命，一般在 2~3 年左右。

（5）该密封主要用于易挥发介质的场合，对密封气压力要求不高。

1.4　单端面机械密封和串联式干气密封对比

单端面机械密封和串联式干气密封对比见表1。

表1　液态烃泵用串联式干气密封、单端面机械密封的比较

		串联式干气密封	单端面机械密封
采用标准		API 682 Plan72	API 682 Plan11 或 Plan12
密封结构及辅助	相同点	主密封是机械密封	主密封是机械密封
	不同点	次密封为干气密封，密封介质为加压的氮气，密封为非接触式，辅助系统为简单的集装式氮气控制系统，只需一个高压报警	无次密封，无辅助系统
安全方面		高。先是氮气将易燃易爆的介质和大气隔离；其次是主密封微量泄漏出来的介质可以自动带往火炬；当主密封完全失效时，干气密封可以起到主密封的作用，可以保证介质不向环境泄漏，起到安全作用	差。介质直接泄漏到环境中，当密封失效时，容易造成大量介质反喷到现场，给装置的安全带来巨大的隐患

续表

	串联式干气密封	单端面机械密封
环保方面	环保型密封。可以做到介质不直接泄漏到环境中,次密封干气密封泄漏的介质仅为氮气,对现场环境无任何污染,去掉了污染环境的油系统	最差。易燃易爆的介质直接泄漏到环境中
维护方面	采用管网氮气作密封气,几乎不需要任何维护	不需要任何维护
维修安装方面	安装简单方便。集装式干气密封,不会存在因安装误差造成密封的使用寿命变短	散装式,安装要求高。存在不可避免的人为安装误差,对密封正常使用有很大的影响
使用寿命方面	2~3年左右,由于次密封腔的氮气可以加压到0.6MPa左右,对主密封可以提高背压,增大主密封摩擦副之间的液膜面积,达到一个比较良好的润滑,从而延长主密封的使用寿命,次密封为非接触式密封,密封使用寿命可达5年以上	6个月左右
抗抽空、工艺波动的能力方面	强。由于次密封腔存在氮气加压,提高主密封的背压,使主密封因抽空或工艺波动时超量泄漏出来的介质减少汽化,减少在密封端面产生气液混相,从而使主密封自动良性循环修复,达到稳定的运行	差。密封因工艺波动或抽空,在密封面上容易产生气液混相,形成干摩擦,产生大量热量,使液态烃介质更容易汽化,更容易产生气液混相,恶性循环,导致密封失效,介质甚至出现反喷

2 气体分馏车间泵用串联式干气密封的控制系统

2.1 干气密封控制系统

干气密封控制系统是密封的重要组成部分。它由密封气过滤单元和泄漏监测单元组成,为干气密封长期稳定运行提供保障。由过滤单元和泄漏检测单元组成。

干气密封结构见图1,控制系统图见图2。

2.2 干气密封的运行及密封监测

2.2.1 干气密封的运行

(1)在泵第一次运转前应将连接到氮气密封腔进气管线脱开,打开氮气入口阀对系统管线进行吹扫(以后可不再进行吹扫)。

(2)泵运转时,须首先打开泵入口阀,进行灌泵,然后再打开氮气入口阀门和截止阀Ⅰ,对干气密封充压;

(3)调节密封气系统的减压阀开度,使密封腔氮气压力维持在0.35~0.5MPa左右;打开系统出口的截止阀Ⅱ,保证系统通路畅通。

(4)做好以上工作后,该密封可以随时开启。

(5)泵检修或放空的注意事项:

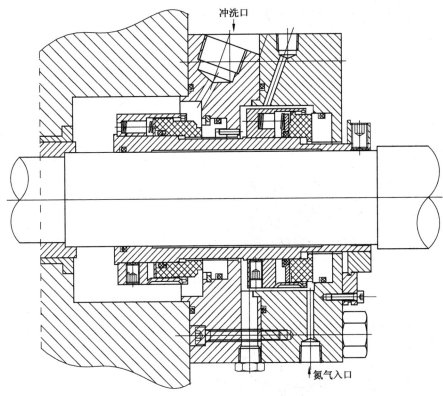

图 1　P704 泵用干气密封结构图

① 因检修泵或其他原因导致对泵物料进行放空，切记先关闭氮气源，待控制系统显示压力趋于 0 时，方能放空泵内物料。

② 再次启动泵时，还是先充料，再投入氮气。

2.2.2　密封失效的判断

（1）密封在运转过程中，通过密封气系统可对干气密封的运行状况进行监测。正常情况下出口压力表显示的值应该和入口压力大致相当。

① 若密封气出口压力表显示过低，表明外侧干气密封泄漏过大；

② 若密封腔出口压力表长时间显示高于 0.5MPa，达到警戒压力 0.8MPa，表明内侧主密封泄漏过大，可视现场情况决定是否拆机检查。

（2）泵在停止运行检修，须首先关闭氮气入口阀，将干气密封腔泄压，然后方可将泵泄压。

2.2.3　干气密封日常保养和维护

干气密封在正常的操作条件下，不需要任何维护，只需对密封气出口压力进行监测，建议每天记录数据，如果压力值有不断增加的趋势，则预示着干气密封的主密封可能出现问题。干气密封使用中应注意以下几个方面：

（1）密封气的气量供应应该充足，但是偶然的供气不足或断气，对该串联式干气密封的影响不会太大。

（2）密封的泄漏，主要是通过监测单元的压力表来显示。压力表值偶然变化较大时，这可能是由于工艺波动、轴的移动、压力、温度或速度波动所引起，不会影响密封正常使用。然而压力表值的变化趋势可以预测到密封的问题。

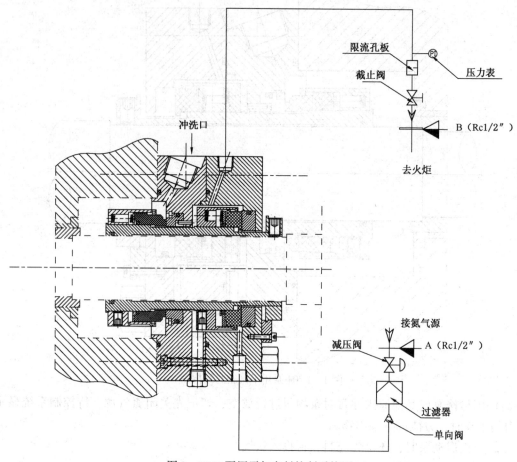

图2　P704泵用干气密封控制系统图

（3）在运行过程中，需保证介质的压力高于密封腔的压力，反压可导致主密封的损坏。

（4）少量的润滑油或其他液体进入干气密封端面，不会对密封造成危害，但应尽量避免该情况的发生。

3　结论

2007年我车间已经完成了7台液化气泵的干气密封改造，效果非常好，安装和运行一次成功。实践证明，在液化气泵上采用串联式干气密封能够解决原来机械密封带来的许多问题，而且干气密封的稳定性和安全性都很高，为装置的安全平稳长周期运行提供了有力的保证，我车间准备在2008年把其余的液化气泵也更换为干气密封。

（中国石化石家庄炼化分公司气体分馏车间　康健伟）

44. 干气密封在离心式风机上的应用

HC-601 离心式风机，是扬子石化化工厂 PTA 装置氧化回收单元干燥机循环载气系统主要设备，该风机原采用石墨浮环密封。长期以来在使用过程中，由于石墨浮环与轴套间的相互磨损造成密封间隙不断增大，大量的醋酸气体从石墨浮环向外泄漏，导致风机故障频繁(平均每 2 个月检修 1 次)，而且对周围设备与钢结构造成腐蚀，同时给装置正常生产和环境带来一定的影响。为此决定在不改变该风机原主要结构的基础上，采用干气密封技术，对风机轴封部分进行改造。

1　HC-601 离心式风机技术参数及其密封特点

操作条件如下：处理介质为 HAC、N_2、H_2O；旋向为逆时针(从风机吸入端看)；正常转速为 3250r/min；介质温度为 42~104℃；吸入压力为 -5kPa；排气压力为 15~18kPa；流量为 633~800m³/h；轴功率为 18kW。

该台离心式风机的特点是：由于工艺介质温度高、腐蚀性强，设备为不锈钢。不锈钢热胀系数高，故在常温下安装的设备，在工作状态下存在一定的变形，导致管道热应力大、对中偏离等现象，致使风机运行振动大。轴封为传统的石墨浮环式密封，恶劣的工况造成密封泄漏量大，已经越来越不能满足输送工艺气体的离心式风机对轴封的要求。

2　干气密封技术原理

2.1　干气密封技术特点

干气密封即"干运转气体密封"，是将开槽密封技术用于气体密封的一种新型轴端密封，属于非接触密封。从 20 世纪 40 年代开始，该技术已逐步应用于工业领域，最初用在航空工业界。到 20 世纪 50 年代后期，才首次在工业压缩机上得到应用。经过近几十年的发展，这一高新技术已经获得了广泛应用，不少压缩机制造厂已把它应用于各种工艺压缩机上，由于密封非接触运行，因此在正常工况下密封摩擦副材料基本无磨损，特别适合作为高速、高压设备的轴封。

与机械密封相比，干气密封具有如下优点：

(1) 密封效果好，可达到轴端无泄漏，实现介质的零逸出，是一种环保型密封；

(2) 能耗小，仅为其他类机械密封的 60% 左右；

(3) 减少了设备投资，只需提供密封气源即可；

(4) 使用寿命长，气膜几乎使动环和静环之间无磨损，最长的运行时间可达 5 年；

(5) 运行平稳，降低了事故的发生率。

2.2　工作原理

典型的干气密封结构如图 1 所示，由旋转环、静环、弹簧、密封圈以及弹簧座和轴套组成。图 2 所示为干气密封旋转环示意图，旋转环密封面经过研磨、抛光处理，并在其上面加工出有特殊作用的螺旋式流体动压槽。

干气密封旋转环旋转时如图 3 所示，密封气体被吸入动压槽内，由外径朝向中心，径向分量朝着密封堰流动。由于密封堰的节流作用，进入密封面的气体被压缩，气体压力升高。在该压力作用下，密封面被推开，流动的气体在两个密封面间形成一层很薄的气膜，此气膜厚度一般在 $3\mu m$ 左右。

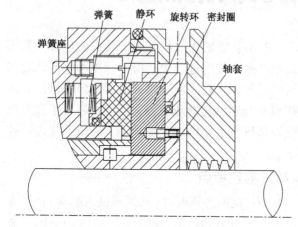

图 1　干气密封结构示意图

图 2　干气密封端面螺旋式动压槽简图

正常条件下，作用在密封面上的闭合力(弹簧力和介质力)等于开启力(气膜反力)，密封工作在设计工作间隙。

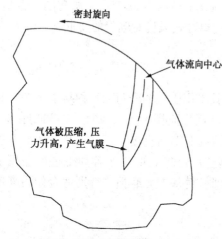

图 3　螺旋槽密封的作用原理

当受到外部干扰，气膜厚度减小，则气膜反力增加，开启力大于闭合力，迫使密封工作间隙增大，恢复到正常值。

相反，若密封气膜厚度增大，则气膜反力减小，闭合力大于开启力，密封面合拢恢复到正常值。因此，只要在设计范围内，当外部干扰消失以后，气膜厚度就可以恢复到设计值。

可见，当气体静压力、弹簧力形成的闭合力与气膜反力相等时，该气膜就能恒定在一个十分稳定的厚度上，而且具有一定的气膜刚度。气膜刚度越大，干气密封抗干扰能力越强，密封运行越稳定可靠。干气密封的设计就是以获得最大的气膜刚度为目标而进行的。

3　改造实施过程

根据离心式风机实际现状，改造时特别考虑了以下两点：

(1)离心风机振动大。干气密封设计时选取槽长和坝长之比 $\gamma=2.6$，此 γ 值可使干气密封的气膜刚度、刚漏比以及承载能力具有最大值，密封具有最佳性能，可有效解决该问题。

(2)离心风机转子与壳体的同心度差。干气密封设计时通过加大旋转件与静止件的径向间隙可有效解决该问题。

经过不断改进，设计出用于离心式风机的双端面干气密封，改进后的密封有如下特点：

（1）用"气体阻塞"替代传统的"液体阻塞"原理，即用带压密封气替代带压密封液，保证工艺介质实现"零逸出"，密封结构如图4所示；

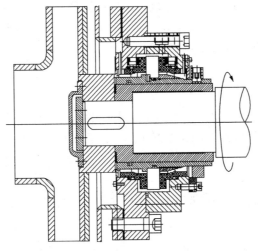

图4 离心式风机用干气密封

（2）干气密封具有很大的气膜刚度，保证离心风机在较大振动的情况下仍能正常运行；

（3）整套密封非接触运行，其功率消耗仅为传统双端面密封的60%，使用寿命比传统密封长5倍以上；

（4）结构简单的辅助系统，保证工艺介质不受污染及工艺介质不向大气泄漏污染环境，彻底摆脱了传统双端面机械密封对油系统的依赖。密封气采用工业氮气，其压力高于介质0.15~0.2MPa。离心风机干气密封控制系统图如图5所示。

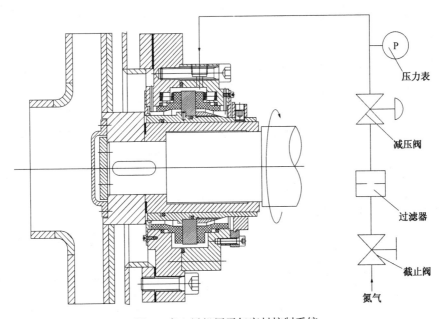

图5 离心风机用干气密封控制系统

4 改造后运行效果

在完成了离心式风机干气密封及其控制系统制造与试验后，现场离心式风机轴封改造立即付诸实施。经过 15 个月现场运行考核，风机运行稳定，未发生一起故障，彻底消除了该风机轴封长期泄漏而引起的风机故障。与改造前该风机平均每两个月修一次相比，表明干气密封在该离心式风机上的应用是成功的。

5 经济效益分析

5.1 直接经济效益

与改造前 2002 年同期对比：改造前每两月修一次，改造后一年可少修 6 台次，则 3 年少修 18 台次，每台次平均备件费用 0.6 万元，三年需 0.6×18＝10.8 万元。一套干气密封至少可用三年，单价 3.3 万元，则三年可节约 10.8-3.3＝7.5 万元备件费。

5.2 社会效益

工艺介质不再损失以及周围设备与钢结构不再被腐蚀，工厂环境不再因此受到污染。

6 结论

离心式风机干气密封新技术的成功应用，为解决风机类转动设备轴封使用寿命短的问题，积累了宝贵的应用经验，为干气密封的推广应用奠定了坚实的基础，也为化工装置的长周期运行和创建绿色工厂提供了保障。

（中国石化扬子石化股份公司化工厂　吴越宁）

45. 高危介质工况下的干气密封解决方案

　　自 20 世纪 70 年代干气密封诞生以来，经过国内密封厂家及研究机构的不断推广，干气密封在我国得到了广泛的应用。

　　目前，利用国内技术的干气密封应用领域从最初的离心泵、离心压缩机已经推广到螺杆压缩机、罗茨风机、真空泵、多轴式压缩机、反应釜等多种旋转设备。其应用的工况由单纯的气体或液体已经推广到气液混合物、含固量极高的磷酸矿浆、高温黏稠的油品、气体粉尘等几乎所有介质。其应用转速从几十转的搅拌器到高于三万多转的多轴式压缩机。其应用温度由 -104℃ 的低温乙烯到 330℃ 的高温油品。其应用压力由真空到 17MPa(G) 的加氢压缩机。

　　实践证明，干气密封在很多方面都优越于普通接触式机械密封。在处理高危介质时，其安全性、环保性、节能性更高。

1　典型高危介质工况下的干气密封解决方案

1.1　液态轻烃介质工况

　　轻烃类介质饱和蒸汽压极低，采用传统的机械密封通常因泄漏介质的闪蒸而导致密封端面在气相环境中工作迅速磨损失效。密封使用寿命极短，而且轻烃本身易燃易爆，存在极大的安全隐患。

　　针对该工况的典型干气密封解决方案为：Plan11+72+76(带压)。

　　密封结构特点：符合 API 682 的 2CW-CS。如图 1 所示，即主密封为 A 型接触式湿式密封，外部密封为 A 型非接触式密封。主密封的冲洗液为泵出口引入的工艺介质，

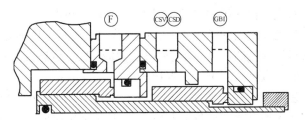

图 1　带有外部密封的接触式湿式内密封

外部密封的密封介质为外引氮气。

外部密封主要起到三方面的作用：

（1）将主密封泄漏出的微量工艺介质，送到火炬燃烧，起到安全环保的作用。

（2）提高主密封的背压，避免泄漏轻烃介质在主密封端面闪蒸，能够有效延长主密封使用寿命，如图 2 所示。

（3）当主密封失效时，短时间起到备用密封的作用，保证高危介质不大量泄漏。

采用 Plan11+72+76(带压)解决方案的轻烃介质，密封使用寿命通常为 2~3 年。

1.2　高温油品工况

高温油品类介质具有温度高、黏度大、易结焦、温度稍低易凝固等特点。该工况常规的接触式机械密封使用效果均不理想，且容易出现燃烧、爆炸、烫伤等安全事故。

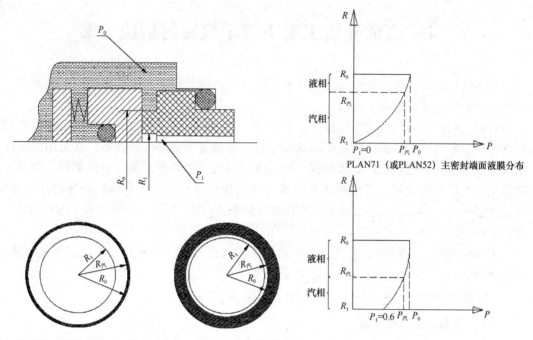

PLAN71（或PLAN52）主密封端面液膜分布　　PLAN72+76主密封端面液膜分布

图2　主密封端面压力分布

针对该工况的典型干气密封解决方案为：Plan32+74。

密封结构特点：符合 API 682 的 3NC-BB。

即由两套非接触式的 A 型密封背对背布置而成，形成带压串联式干气密封。密封气为压力高于介质压力的氮气。在 3NC-BB 密封之前，设有碳环密封，在碳环密封与内侧干气密封之间通入外引工艺允许进入的干净介质，以改善干气密封工作环境，如图3所示。

通过监测干气密封密封气的压力，能够准确判断高温油品是否存在外漏的危险。通过主密封气进气流量，能够直接监测干气密封运转情况。

对于比较清洁、易凝、不含杂质的高温油品，也可采用 Plan02+74 解决方案。该解决方案，不需要向泵腔注入外引清洁介质，只需要在干气密封前加一可靠的保温夹套通入蒸汽即可保证密封的可靠运行。

采用 Plan32+74 或 Plan02+74 解决方案的高温油品工况，密封使用寿命通常大于2年。

1.3　易燃易爆（有毒）气体工况

处理易燃易爆（有毒）气体的旋转设备有风机、压缩机等。但最为关键和核心的是离心压缩机。因此，在此只介绍处理易燃易爆（有毒）气体的离心压缩机的典型干气密封解决方案。

处理该类高危气体的离心压缩机通常要求连续运行不低于5年，且工艺气体不能直接向大气泄漏。因此该密封必须可靠、安全、环保。

针对该工况的典型干气密封解决方案为：符合 API 617 的"带有迷宫密封的串联式气体密封"，如图4所示。

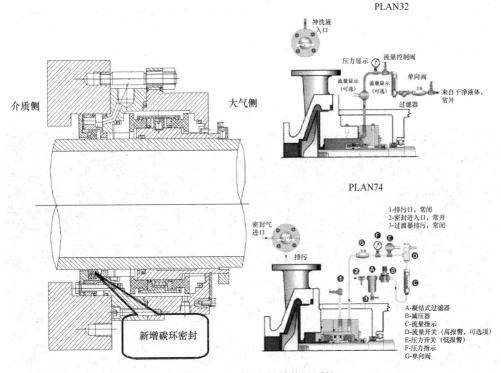

图 3　Plan32+74 密封结构及系统

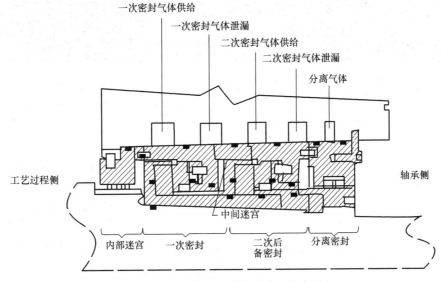

图 4　带有迷宫密封的串联式气体密封

密封结构特点：由两套完全相同的自作用式干气体密封一前一后串联组成，前后密封之间设有中间迷宫密封，在大气侧设有隔离密封。一级密封正常工作时密封气为压缩机出口引入的工艺气，二级密封气为氮气，隔离气为氮气。

二级密封及中间迷宫密封主要有两方面的作用：

（1）当一级密封失效时，二级密封起到备用密封的作用。

（2）在中间迷宫与二级密封之间通入氮气作为二级密封气，将一级密封正常泄漏出的高危工艺介质全部送到火炬燃烧，通过二级密封端面泄漏的只有氮气，保证现场的安全与环保。

隔离密封主要有两方面的作用：

（1）阻止轴承润滑油窜到干气密封部位，影响干气密封性能。

（2）将二级密封泄漏出的气体稀释后送到室外高点排空，避免事故状态高危工艺介质进入轴承箱与空气混合而爆炸。

带有迷宫密封的串联式气体密封的典型控制系统如图 5 所示。

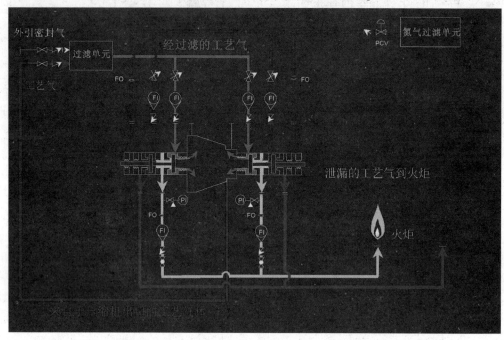

图 5　带有迷宫密封的串联式干气密封典型系统

采用符合 API 617 的"带有迷宫密封的串联式气体密封"解决方案的易燃易爆(有毒)气体工况，密封使用寿命通常大于等于 5 年。

1.4　处理高危介质的其他设备的轴端密封

输送易燃易爆气体的螺杆压缩机及罗茨风机轴端密封可以采用双端面或前置碳环+单端面的干气密封解决方案。

分离干燥易燃易爆固液混合物的离心机轴端密封通常采用前置冲洗+双端面干气密封解决方案。

以易燃易爆介质为原料的低速反应设备，如反应釜和搅拌器，通常采用双端面干气密封解决方案。目前也有在动力分离器上采用串联式干气密封解决方案的成功案例。

2　结论

通过以上高危介质典型干气密封解决方案的介绍，可以看出干气密封技术能够有效地提高设备使用寿命，而且更加安全、可靠，符合节能、环保的潮流。并且经过齐鲁石化、大庆石化、扬子石化、燕山石化等石化厂的现场实践，证明采用干气密封解决高危介质旋转设备轴封问题是有效的途径之一。

（成都一通密封有限公司　彭建)

第五章　法兰垫片密封应用维修案例

46. 法兰垫片密封技术的最新发展动态

法兰垫片密封在现代工业中占有很重要的地位，密封失效造成的跑、冒、滴、漏严重地影响生产的连续性。密封的好坏直接关系到生命财产及人们的身心健康。因此垫片的发展越来越受到人们的重视。垫片密封技术的发展是随着压力容器的发展而发展的，实际应用范围越来越广，随着现代工业特别是近代石油化工业、原子能工业、大型电站的兴起，压力容器向高温、高压、高真空、深冷和大型化发展，对垫片密封不断地提出新的要求，推动垫片向前发展，各种新材料新结构的垫片不断出现。

在垫片密封系统中，垫片的发展速度是最快的。本文向广大工程技术人员介绍几种常用垫片的发展概况，为垫片的密封选型和正确应用提供帮助，为企业的安全生产和创建无泄漏工厂做贡献。

需要特别指出的是因为健康和环保的原因，石棉制品不符合国际环保公约和国际标准化组织的要求，石棉垫片在国际市场上已被禁用或淘汰。设计人员应考虑此要求，从而顺应国际化的需要，与国际接轨。

1　垫片的理想密封性能

众所周知垫片的密封性能对密封效果起着举足轻重的作用，随着现代工业的飞速发展，日益增长的温度、压力以及复杂介质的状况对垫片的密封性能提出越来越高的要求，各国科学家一直在寻求理想的密封材料，为得到理想的密封性能作不懈地努力。

垫片的理想密封性能包括以下几方面：

（1）良好的弹性和恢复性。

（2）具有适当的塑性，压紧后能适应密封表面的凹凸不平而充满密封面间隙，以保证在系统温度和压力变化的情况下能保证良好的密封。

（3）抗拉强度及延伸率等力学性能良好。

（4）耐腐蚀性能良好，在腐蚀介质中不被破坏，不产生大的膨胀和收缩。

（5）高温条件下不软化，不蠕变；低温条件下，不脆化、不收缩。

（6）加工性能良好，材料来源广泛，而且价格便宜。

（7）有足够的强度，在外载荷作用下，不被压溃；在高温下，不被吹出。

2　垫片的发展动态

现代工业中使用的垫片种类和形式有多种多样，按其材料进行分类，可分为：①非金属垫片：主要包括石棉橡胶板、聚四氟乙烯垫和石墨垫，垫片形式多为平垫；②组合垫片：这类垫片是由两种非金属材料或一种金属和一种非金属材料组合而成的，属于这种形式的垫片有缠绕式垫片、金属包垫以及最近发明的波形活压垫片等；③金属垫片：这类垫片通常是由一种金属(或合金)通过机械加工的方法加工而成的，属于这种形式的垫片有平垫、椭圆形、八角形垫圈等，其金属材料可根据介质的腐蚀性质选取碳钢、合金钢、铜、铝、钛等。

2.1 非金属垫片

非金属垫片包括石棉橡胶垫片、柔性石墨垫片、聚四氟乙烯垫片、橡胶垫垫片、无石棉纤维垫片、带状垫片等。

2.1.1 石棉橡胶垫片

石棉橡胶垫片是过去常使用的垫片之一，价格较其他垫片便宜，使用方便，一般用于压力不超过 1.6MPa、温度不超过 200℃ 的场合下。其最大的问题是：垫片材料虽然加入了橡胶和一些填充剂，但仍然无法将那些窜通的微小空隙填满，存在微量渗漏。故对于污染性极强的介质，即使压力、温度不高也不能使用。当用于一些高温油类介质时，通常在使用后期，由于橡胶和填充剂碳化，强度降低，材料变疏松，便在界面和垫片内部产生渗漏，出现结焦和发烟现象。另外，石棉橡胶板在高温下易粘结在法兰密封面上，给更换垫片带来了许多麻烦。

石棉橡胶板还含有氯离子和硫化物，吸水后容易与金属法兰形成腐蚀原电池，尤其是耐油石棉橡胶板中硫磺含量高出普通石棉橡胶板几倍，故在非油性介质中不宜使用。

需要特别强调的是因为健康和环保的原因，石棉制品不符合国际环保公约和国际标准化组织的要求，石棉垫片在国际市场上已被禁用或淘汰，建议少用或不用。

2.1.2 柔性石墨垫片

柔性石墨垫片是取代石棉垫片的理想选择。柔性石墨是膨胀石墨的别称，是天然石墨经过强酸氧化处理膨胀而成的一种理想的密封材料，具有良好的回弹性、柔软性、耐蚀性和耐温性。1963 年由美国科学家率先研制成功，并用在原子能阀门上，引起世界各国的高度重视，至 70 年代已广泛用于工业生产。目前石墨类垫片已发展成为一个庞大的系列，主要包括柔性石墨板材垫片、金属加强柔性石墨板材垫片、镍化石墨板材垫片、柔性石墨金属包覆垫片以及石墨带状垫片。

1）柔性石墨的密封性能

（1）回弹性及柔软性　柔性石墨多孔、疏松而又卷曲，故柔软性极好。加工成形时，其厚度方向约有 10%~70% 的回弹性，利用其回弹性及柔软的特性，在一定的压缩下即可达到密封。

（2）自润滑性和不渗透性　不管是柔性石墨还是天然石墨，其晶体间结合力很小，当受到外力作用发生摩擦时，层与层之间易发生滑移，碳分子转移到摩擦面上产生自润滑性。膨胀石墨的干摩擦仅为 0.08~0.15。膨胀石墨比表面积和表面能很大，其表面总吸附着大量气体或水分子，形成极薄的气膜层或液膜而阻止介质的渗透，其不渗透性较好。

（3）耐蚀性　柔性石墨的主要成分为碳，其化学特性呈惰性，除王水、浓硝酸、浓硫酸及高温铬酸盐、高锰酸盐、氯化铁等几种强氧化剂外，几乎对一切无机及有机介质均耐蚀。

（4）耐温性　柔性石墨具有良好的耐低温性能，研究表明在超低温的液氧（-183℃）、液氮（-196℃）中，柔性石墨性能稳定，不发脆。

2）石墨类垫片的适用范围（见表 1）

表1　几种石墨类垫片的适用范围

垫片名称	材质	最高(低)温度/℃		最高压力/MPa	适用介质
		非氧化条件	氧化条件		
柔性石墨板材垫片	柔性石墨板材	870	450	14	可用于除浓硫酸、浓硝酸、王水、氯化铁等几种强氧化剂外的几乎所有介质
金属加强柔性石墨板材垫片	石墨+316薄片	870	450	14	可用于除浓硫酸、浓硝酸、王水、氯化铁等几种强氧化剂外的几乎所有介质(垫片的稳定性和抗压性能加强)
镍化石墨板材垫片	石墨+高强合金	-196~870	-196~450	15	可用于除浓硫酸、浓硝酸、王水、氯化铁等几种强氧化剂外的几乎所有介质(主要用于高温高压法兰)

2.1.3　聚四氟乙烯垫片

聚四氟乙烯垫片也是取代石棉垫片的理想选择。优良的耐腐蚀性能使它在绝大部分腐蚀性介质中作为密封垫片，对于不允许有污染的场合下尤为合适。但是聚四氟乙烯受压后易冷流，受热后易蠕变而影响密封性能。通常加入部分玻璃纤维、石墨、二硫化钼等，以提高抗蠕变和导热性能，但同时硬度变大，耐腐蚀性能下降。现采用膨化聚四氟，既保留聚四氟本身的特点，同时又大大提高了垫片的抗蠕变性能。其适用范围为：

温度范围：-268~315℃；最高压力：21MPa；pH值：0~14。

2.2　组合垫片

2.2.1　缠绕式垫片

缠绕式垫片是由预压成型的薄金属波形带及非金属填料带紧密贴合，相互交替重叠，螺旋缠绕压制而成的，故也称螺旋垫片。由金属带、非金带以及金属加强环三部分组成。分基本型，内加强型，外加强型以及内、外加强型。金属带由冷扎钢带冲压成V形或W形，厚度为0.15~0.23mm，常用的材料有低碳钢、304、316、特种合金等，起夹持非金属填料的作用。非金属带起密封作用，常用的材料有柔性石墨、聚四氟乙烯、陶瓷材料等。密封性能因非金属带本身的密封性能而异。金属加强环能保证垫片有足够的强度，防止在螺栓过载时不被压溃；同时提高了垫片的回弹力，增强了垫片对温度、压力波动的适应能力。

由于缠绕式垫片具有多道密封、弹性好、强度高、耐高温、抗腐蚀。因而，密封性能好，广泛用于石化、冶金、电力行业中的中低压介质的密封上。

2.2.2　波形活压垫片

波形活压垫片是一种专利产品，也是一种新型通用垫片，由冲压成波形的不锈钢弹性框架和非金属填料组成，其性能部分超过了缠绕式垫片。其金属框架有316SS、304SS、MONEL合金、镍基合金等；非金属材料有PTFE、柔性石墨。波形活压垫片可用于超高压、超高温以及化学属性较强的介质，是取代石棉垫、缠绕式垫片、橡胶垫的理想选择，如图1所示。

1）波形活压垫片的特点

（1）回弹性好　特殊的波形设计，使得垫片具有超强的

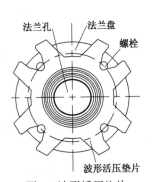

图1　波形活压垫片

回弹性能，能够保持足够的紧力而保证垫片的密封效果，即使在温度变化和压力聚升、机械振动的情况下，弹性框架也能够保持永无渗漏。

（2）螺栓载荷低、法兰变形小　波形活压垫片具有较窄的密封面，因此只需要很小的螺栓载荷就能达到很大的密封比压，从而实现可靠的密封。

（3）单张多用　因为独特的定位设计，使得同一规格的垫片可以应用很多种压力等级的法兰。这将节省定位不匹配垫片的时间，彻底消除垫片选型的失误。

此外，波形活压垫片不伤法兰面，可无限期存放。

2）波形活压垫片的技术参数及适用范围

最高温度：−200~650℃（空气、蒸汽）；−200~900℃（惰性介质）；最高压力：25MPa；pH 值：0~14。可用于除浓硫酸、浓硝酸、王水等几种强氧化剂外的几乎所有介质。

2.2.3　金属包覆垫片

金属包垫是以耐温性能好的碳纤维或陶瓷纤维以及柔性石墨板材为中芯材料，外包厚度为 0.25~0.5mm 厚的金属薄板。按其包覆状态可分为全包、半包、波形包、双层包等。金属薄板材质主要有铜、镀锌铁皮、不锈钢、钛、蒙乃尔合金等。密封性能随中芯材料和金属薄板的密封性能而定。金属包垫的最大优点是能制成各式异形垫片，可满足多管程换热器和非圆形压力容器的需要，在炼油行业中使用广泛。

2.3　金属垫片

金属垫片按其截面形状分为椭圆形和八角形，主要用于梯形槽面法兰，属于强制性密封。密封性能良好，制造复杂，成本高，一般用于高温、高压和非金属垫片及缠绕垫难以胜任的苛刻条件下。它的不足之处在于需要较大的螺栓预紧力。对于金属环垫建议一次性使用，因为在组装和使用中，材质会变硬，如重复使用，就需要加大螺栓预紧力才能获得相同的密封效果，如此法兰的缺痕也就产生了。

金属垫片常用的形式为 R 型，近来发展的有 RX 型、BX 型、封闭环型、过渡环型、内嵌 PTFE 的 RX 环型等一个系列（见图 2）。广泛用于高温高压容器和管道系统以及阀门上。

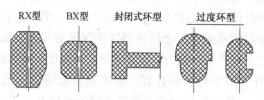

図 2　垫片截面形状

3　垫片的正确选型步骤

3.1　明确垫片所采用的标准

根据行业要求或已知法兰的标准，确定你所采用的标准：进口设备：ASME 标准、ANSI 标准、JIS 标准、BS 标准、DIN 标准等；石化行业：HG 标准、SH 标准；机械行业：JB/T 标准；市政建设：GB 标准、JB/T 标准等。

3.2　确定垫片的公称通径和公称压力

垫片的公称通径和公称压力和法兰相同。

3.3　确定垫片的类别

根据公称通径及介质的最高温度确定所采用垫片的类别。

3.4　确定垫片的形式

根据法兰形式确定垫片的形式。

3.5　确定垫片的材质

根据介质的温度、压力、腐蚀性能确定垫片材质，明确垫片型号。

4　垫片的正确安装

垫片的正确安装对垫片的密封效果至关重要，许多泄漏都是由于安装不正确引起的。

4.1　安装前的检查工作

4.1.1　垫片的检查

（1）垫片的材质、型式、尺寸是否符合要求；

（2）垫片的表面不允许有机械损伤、径向刻痕、严重锈蚀、内外边缘破损等缺陷；

（3）选用的垫片应与法兰密封面型式相适应。

4.1.2　螺栓、螺母的检查

（1）螺栓及螺母的材质、型式、尺寸是否符合要求；

（2）螺母在螺栓上的转动应灵活，但不应晃动；

（3）螺栓及螺母不允许有斑疤、毛刺；

（4）螺纹不允许有断缺现象；

（5）螺栓不应有弯曲现象。

4.1.3　法兰的检查

检查法兰的型式是否符合要求，密封面是否光滑，有无机械损伤、刨车车印、径向刻痕以及严重的锈蚀、焊疤、油焦残疾等缺陷，如不能修整时应研究具体处理方法。

4.1.4　管线及法兰安装质量的检查

偏口、错口是否超标，两相配法兰张口间隙是否过大，法兰错孔偏差是否过大等。

4.2　正确安装

（1）垫片应装在工作袋内，随用随取，不允许随地放置。

（2）两法兰必须在同一中心线上并且平行，不允许用螺栓或尖头钢钎插在螺栓孔内校正法兰，以免螺栓承受较大的应力。

（3）安装前应仔细清理法兰密封面及水线。缠绕式垫片最好用在没有水线的法兰密封面。

（4）两个法兰间只能加一个垫片，不允许用多加垫片的方法来消除两个法兰间隙过大的缺陷。

（5）垫片必须安装正，不能偏斜，以保证受压均匀，也避免垫片伸入管内受介质冲蚀而引起涡流。

（6）当螺母在 M22 以下时，采用力矩扳手旋紧，螺母在 M27 以上时可采用风扳机。

（7）为保证垫片受压均匀，螺栓要对称、均匀地旋紧。

（8）为了避免在旋紧螺母时螺栓产生弯曲、旋松时卡住，凡背面较粗糙的在螺母下加一光垫圈。

（9）安装螺栓及螺母时，在螺栓两端涂敷鳞状石墨粉及润滑剂。

（10）不允许混装螺栓及漏装垫片。

（11）螺栓上打有钢印的一端，应露在便于检查的一端。

5　结论

（1）要得到良好的密封效果是一件不容易的事情，在法兰连接处所出现的变数似乎是无穷无尽的，所有不确定因素都将影响垫片的密封效果。过去，只考虑温度、压力、介质和应用这些参数似乎已经足够了，但在今天，法兰的加工质量、法兰的倾斜、法兰的错位、法兰密封面的缺陷、螺栓的拉紧量、螺栓预紧力的松弛、设备的振动、垫片的正确安装、垫片的正确选型、介质对垫片的腐蚀状况、压力的波动以及温度的变化等，都会对密封效果产生很大的影响。

（2）垫片密封是一个庞大的系统，做好系统中的每一个细小的环节，并使每个环节相互间和谐地工作，才能达到较为理想的密封效果，过去那种厚此薄彼的做法不能再有。

（3）密封的定义已经在过去几年内发生了根本性的变化，衡量泄漏的标准也从每分钟几滴提高为百万分钟几滴。

（4）随着全球经济一体化以及压力容器不断向前发展的要求，密封问题应该提到前所未有的高度来重视。令人欣喜的是在一些项目中，密封问题得到了良好的重视，一些国外常用的密封形式在国内已开始应用。如 CHESTERTON 艾志机械工业技术有限公司生产的 AIG 高温蝶簧，已成功地使用在高温高压换热器的管板密封上，有效地降低了螺栓预紧力的松弛和机械振动带来的危害，得到了较为理想的密封效果。

（神华集团中国神华煤制油有限公司　谢舜敏）

47. 新型自紧式复合密封垫片的工业应用

随着炼油和石化工业大型化的发展，不断出现具有高温、高压、有毒、易燃、易爆、临氢和高腐蚀性等介质特点的工艺条件，这就要求与之相对应大规格尺寸的设备、管线等具有较高"安、稳、长"运行的可靠度，这些装置设备、管线的防渗漏工作显得尤为紧迫和重要。为此，运用密封垫片新技术提高设备可靠度，消除泄漏点成为石油化工等企业具有前瞻性的基础技术工作。密封垫片虽然小，却是石化等工业生产运行中非常重要的部件，选择合理则能有效地杜绝各类机械设备、各种管道法兰、装置设备等生产设施的泄漏，为实现效益最大化助力。强化密封效能不仅能解决气体、液体介质"跑、冒、滴、漏"促进安全生产、减少损耗，而且是根治泄漏保护环境的有效工具。新型自紧式复合密封垫片能为各行业设备、管线绿色低碳运行提供安全、可靠的保障。

1　常用垫片的结构特性

从现有常用垫片的结构特性来看：

（1）高强石墨垫（石墨金属复合垫）虽有较好的压缩–回弹性，能较好地补偿大尺寸法兰密封面的粗糙度和宏观不平度，密封性也较好，但其强度不高，用于高温高压场合安全性不够，这种垫片一般只能用于低压场合。

（2）金属垫片虽然强度高，耐温耐压，可以用于高温高压场合，但金属垫片的压缩量很小，无法对大尺寸法兰密封表面的粗糙度、尤其是其宏观不平度进行有效补偿，而且从以往的应用实例来看，在大尺寸法兰连接上采用金属平垫作为密封件的都难以获得令人满意的效果。

（3）缠绕式垫片因其压缩–回弹性能和密封性能较好，是目前使用较多的垫片型式。但缠绕式垫片的性能在很大程度上取决于垫片的结构形式，除了带内外环的缠绕垫最能代表缠绕式垫片的优异性能外，其他基本型、带内环型和带外环型缠绕垫的性能都因其自身的结构而受到影响。在实际应用时，基本型和仅带外环的缠绕垫常常因为"失稳"破坏而失效，而基本型和仅带内环型缠绕垫又往往因为"散架"损坏而影响其密封性能。这些影响突出表现在大尺寸垫片上，对缠绕式垫片的应用，尤其是在大直径法兰上的应用因此无法获得好的密封性能而受到限制。

（4）柔性石墨波齿复合垫片是20世纪90年代初研制生产的专利产品，它由特殊设计的"波齿"状金属骨架和柔性石墨复合而成，具有很好的压缩—回弹特性，特别是在压缩状态下其丰富的石墨含量能很好地弥补法兰表面的粗糙度和宏观不平度，而且它不会像缠绕垫那样"失稳"，也不会"散架"，因而具有密封性能优异、寿命长、安全可靠、安装使用方便等一系列特点而获得广泛应用，大量应用实例表明，这种垫片适用性比较广，但随温随压波动适应性有限。

（5）新型密封技术——自紧式密封石墨波齿复合垫片是近几年才出现的新型复合垫片，该垫片是由两片金属叠合后在外周通过熔焊方法将两者熔合成一整体，其上下表面加工成相互错开的圆弧型沟槽，形成波齿状整体结构的金属骨架，骨架的上下表面复合适当厚度的柔性石墨，如图1所示。

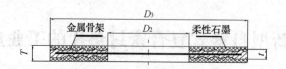

图 1 自密封波齿石墨复合垫片结构

这种垫片的最大特点是采用"压力自紧密封"原理进行设计,由两片金属组合而成的"压力自紧密封"骨架使垫片在工作状态下能利用被密封介质的自身压力来进一步提高其密封性能。自紧密封波齿石墨复合垫片的安装和普通垫片一样并无特殊要求,但在工作状态下则完全不同。以"强制密封"理论设计的普通垫片在被密封介质进入系统后,由于介质压力的分离作用而产生的轴向力会使垫片密封面原有的预紧应力减少,从而使垫片的密封能力下降,因此,应力低于密封所需要的密封比压时就会发生泄漏。但以"压力自紧密封"原理设计的自紧式波齿石墨复合垫片则不同,在工作状态下,系统内的压力介质会通过垫片骨架的两片金属之间的微观间隙进入到两金属面间,并向上、下金属片施压,将介质压力传递给垫片与法兰密封面,从而使这种垫片在操作状态下的垫片应力比其他形式的垫片始终多出一种附加的垫片应力,其值最大可达到介质的压力,因而使垫片能始终保持其良好的密封性能。由于自紧密封波齿石墨复合垫片在结构上除了金属骨架是由两片金属组合成具有"压力自紧密封"的作用,而普通波齿复合垫片的骨架是单一金属构成外,两者同样采用波齿状结构的骨架并复合适当厚度的柔性石墨。因此,自紧密封波齿石墨复合垫片除了具有波齿复合垫片的所有特性外,由于它的"压力自紧密封"作用使其密封性能更为优异,密封寿命更长,更加安全可靠,也更能适应压力温度的波动,因而它特别适用于大尺寸法兰上高温高压部位、压力和温度变化的部位以及对密封性要求较高的部位。

2 密封性能对比试验

为了验证自紧式波齿石墨复合垫片的密封特性,特别是它的"压力自紧密封"性能,选择了自紧式波齿复合垫片和柔性石墨金属波齿复合垫片进行密封性能对比试验。为了能更好地观察垫片的"压力自紧密封"性能,试验采用低预紧力进行,便于内压升高时在垫片受力进一步降低后来观察和测量垫片在此情况下的密封性。垫片加载系统由 8 个应力螺栓和应变仪(配备 24 点平衡箱)组成,可随时测量试验过程中螺栓力的变化,因而亦可随时了解垫片应力的变化。试样垫片尺寸分别如下:自紧密封波齿石墨复合垫片 φ152×106×3.0/20#,柔性金属波齿石墨复合垫片 φ149×117×3.0/20#。自紧式波齿石墨复合垫片与柔性石墨金属波齿复合垫片密封性能对比试验结果如表 1 所示。

表 1 密封性能对比试验

垫片名称	预紧螺栓载荷/kgf	初始预紧力/MPa	试验介质压力/MPa	内压轴向力/kgf	升压后总螺栓载荷/kgf	垫片初始预紧残余应力/MPa	垫片应力/MPa	泄漏率/(mL/s)
自紧密封波齿复合垫片	1310	1.4	2.0	2600	3036	0.47	2.47	0
柔性石墨波齿复合垫片	1421	2.1	2.0	2780	3126	0.52	0.52	0.121

从表 1 中的数据可以看到，在垫片预紧应力很低（自紧式波齿复合垫片的预紧应力为 1.4MPa，而柔性石墨金属波齿复合垫片的预紧应力为 2.1MPa），而被密封的介质压力较高（为 2.0MPa）的情况下，自紧式波齿复合垫片仍能保持密封不漏，而柔性石墨金属波齿复合垫片则已产生较大泄漏。

3　工业应用的密封分析

随着装置的大型化，尤其是在高温、高压并含有氢气和硫化氢等介质的炼油和化工等装置上的设备，诸如换热器，首先要解决在此苛刻条件下的密封问题。为了解决密封问题，普通法兰式的换热器管、壳程法兰将变得非常厚，其紧固螺栓也随之有很大增加，给紧固、拆卸带来了很大困难，既不便于维修，又难以保证不漏，并且大大增加了昂贵金属材料的耗量。所以，为能及时解决运行中出现的泄漏问题，加氢装置等高压部位选择了具有密封合理、结构紧凑、维护简单的螺纹锁紧环式换热器，其管箱用大型螺纹锁紧环承担全部压力，减掉了传统换热器两个大型法兰和相应的一套重型螺栓、螺母，另外压紧垫片的螺栓只承受垫片压紧力，而不同于普通的换热器螺栓还要抵消介质对封头的巨大压力作用，几乎与换热器内压力无关，且运行过程中出现泄漏时也不必停车，只需紧固外面的螺栓即可达到密封要求，其最大优点是可在带压的情况下排除泄漏，实现密封力与内压力由不同零部件承担，因此其结构是合理的，垫片选择得好则密封是有保证的，操作安全可靠。

某炼油化工有限公司在 2006 年新建加氢裂化装置上的反应进料和反应产物换热器引进了意大利 IPM 公司制造的双壳体螺纹锁紧环式换热器，型号为 DFU1600-911-5.2/19-2；板间距 $B = 833$mm；设计压力：管/壳程为 16.5/17MPa；设计温度：管/壳程为 450/425℃；正常生产时操作压力：管/壳程为 14.8/14.5MPa；操作温度：管/壳程为 428/417℃；介质：管程为油气、氢气、硫化氢，壳程为蜡油、氢气。壳体材质采用 2.25Cr1Mo，管箱内件和换热管束选用防腐性能优越的 TP321 不锈钢，为抗 $H_2 + H_2S$ 腐蚀，在管箱和壳程侧采用双层堆焊超低碳不锈钢；内侧为 E309L，外侧为 E347，E347 有较好的抗高温 $H_2 + H_2S$ 和连多硫酸应力腐蚀的性能。

螺纹锁紧环式换热器管束采用了 U 形管式，如图 2 所示，它的结构的独到之处在于管箱部分，如图 3 所示。

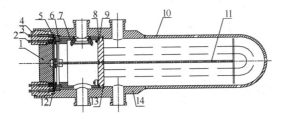

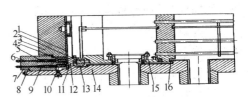

图 2　H—H 型螺纹锁紧环换热器结构示意

1—压盖；2—内压紧螺栓；3—外压紧螺栓；
4—螺纹锁紧环；5—压环；6—卡环；7—管程内套筒；
8—盘根；9—管板；10—壳体；11—分程隔板；
12—密封盘；13—复合垫片；14—筒体

图 3　螺纹锁紧环式换热器密封结构示意图

1—密封盘；2—顶压螺栓；3—压盖；4—内压圈；
5—内压杆；6—内压紧螺栓；7—螺纹承压环；
8—外压紧螺栓；9—外压杆；10—外压圈；
11—外密封垫片；12—压环；13—卡环；
14—管箱壳体；15—内套筒；16—内密封垫片

螺纹锁紧环式换热器在管箱与压盖部分之间安装有外密封垫片，用以防止管程内介质外漏，该垫片承受管箱内介质高达 14.8MPa 的高压。在管箱与壳程之间安装有内密封垫片，用以防止壳程和管程间的介质窜流，该垫片的密封压力仅承受两者间约 0.4MPa 的操作压力差。原内、外密封垫片均采用设备原配的石墨缠绕垫。装置于 2006 年 9 月正式投产。在设备使用过程中发现，外密封垫片在装置初期开、停工或装置应急紧急停工或温度压力波动时，外检查孔有泄漏冒烟现象，在紧固密封螺栓后逐渐消失，判断可能由于结焦而止漏。在 2009 年 12 月装置大检修期间，考虑到装置的安全运行，需要重新选用性能更好和更为安全可靠的外密封垫片，以消除上述影响安全生产的不稳定因素。

螺纹锁紧环式换热器的外密封部位不仅尺寸大，而且承受着高温高压和温度、压力的波动。密封部位尺寸大，容易产生较大的宏观不平度，因而要求垫片必须具有较大的压缩变形补偿量。承受高温高压的垫片必须具有足够的强度和密封性。在温度压力波动的情况下保持密封则要求垫片有足够的回弹性。

4 应用效果

综合各类垫片的特性，考虑到螺纹锁紧环换热器是加氢裂化装置的关键设备，其实际使用温度和压力都很高，特别是密封的压力高达 14.8MPa，使用工况较为恶劣，所选用的垫片必须确保装置的安全、持续运行，因此采用自紧密封波齿石墨复合垫片替代原进口配用的缠绕式垫片，垫片规格分别为 $\phi1793mm \times 1743mm \times 7.2mm$ 和 $\phi1672mm \times 1630mm \times 7.2mm$，材质为 TP321+石墨。加氢裂化装置在完成检修后于 2010 年元月开工投产。经过近几年运行，螺纹锁紧环换热器没有发现任何泄漏情况，说明自紧密封波齿石墨复合垫片的密封性能很好，设备不管在开停工中还是在日常操作或操作波动时均未发现有泄漏的迹象，说明自紧密封波齿石墨复合垫片在高温高压和温度压力波动的情况下具有优秀的密封性能和长久的耐用性，完全适合于具有高温、高压和氢腐蚀环境的加氢裂化装置螺纹锁紧环换热器的运行工况，适用于温度、压力波动、冲击振动等循环交变的苛刻的部位、大直径管法兰、容器和换热器法兰或者对密封性要求较高的重要场合。

5 结论

随着炼油和化工工艺技术的发展，出现了高压、高温、超高压的大型设备和管道，它们安全可靠、长周期、绿色低耗运行要求必须高度重视密封问题。每一种密封垫片有优点，也有不足，合理的选用就是最大限度地发挥其优势，保证密封部位不泄漏，同时兼顾经济性和检修周期。新型密封技术——自紧密封波齿石墨复合垫片是根据"压力自紧密封"原理设计产生的新型垫片，是垫片密封技术的发展，其在加氢裂化装置反应进出物料的螺纹锁紧环换热器上的应用，说明它不但继承了以往各种垫片的优异性能，而且展示了其优秀的压力、温度均布性和追随补偿性，为装置大型化后的大型设备在高温高压等苛刻工况下提供了一种很好的解决方法。

（中国石化海南炼油化工有限公司　徐彬）

48. 换热器法兰连接用密封垫片的选用

长期以来,法兰连接的泄漏是困扰石油化工装置正常生产的主要问题之一。实际情况表明,法兰连接的密封难点更多的是集中在像换热器这样的大型设备上。随着各种装置的大型化和高参数化,设备对法兰垫片的密封性要求越来越高,致使垫片出现泄漏的情况越加严重。换热器是石油化工装置中普遍使用的重要设备。换热器垫片的泄漏不仅影响装置的正常生产,更是危及装置、人员的安全。因此,针对换热器法兰连接的特点,分析研究其产生泄漏的原因,结合垫片密封技术的新发展和新产品,从垫片的正确选用方面着手加以解决应是合符实际的对策。

1 换热器法兰连接密封的特点

(1) 换热器法兰相对于管法兰其尺寸普遍较大,大型石化装置的换热设备其通径往往在 $DN1000 \sim 2000$,甚至更大。由此造成法兰普遍存在如下问题:

① 大法兰在加工过程中其表面质量不容易保证,不仅法兰表面的粗糙度较大而且往往容易形成较大的宏观变形。

② 大法兰的刚性相对较小,在操作条件下受到诸如介质作用力、温度应力和其他各种各样应力的作用而使法兰密封部位更容易产生宏观变形。

正是存在上述的宏观变形使大尺寸的换热器法兰相比于小尺寸的管法兰更容易出现泄漏。根据以往密封原理,密封是通过螺栓的负荷压缩垫片使其变形致密并填塞法兰表面的粗糙度和不平,从而阻止被密封介质从垫片材料内部的微观间隙和法兰表面通过而达到的。螺栓负荷通过法兰作用于整个垫片上使其变形。但由于法兰表面存在宏观变形,垫片在法兰表面的变形并不均匀一致,法兰表面凹下部分相对于法兰表面其他部分所受的压缩变形较小,因而该处垫片材料内部与法兰表面间的界面致密性较小,从而容易形成泄漏通道。因此,只有在法兰和垫片相接触的表面各点通过垫片的压缩变形使其致密性都达到所要求的情况下才能形成良好的密封。

对诸如换热器这类设备大尺寸法兰而言,所用的垫片必须要有足够的压缩变形量来弥补其表面的宏观不平度才能确保其密封不漏。由此可见,要使换热器法兰连接获得良好的密封,垫片压缩变形的补偿能力就显得特别重要。从弥补法兰表面的粗糙度特别是其宏观不平度(变形)的角度看,垫片的压缩变形越大就越有利于密封。因此选择用于换热器等大尺寸法兰的垫片应以其是否具有较大的压缩变形能力作为主要依据。除了垫片所受的压缩应力外,其变形能力主要取决于垫片的结构形式、材料、尺寸(特别是垫片厚度)等。

(2) 换热器的操作条件复杂,不仅温度、压力等工艺参数高,而且波动变化大也是造成换热器垫片容易泄漏的重要原因。

操作压力对密封的影响主要体现在其对法兰连接的力与变形协调关系的改变上。在操作状态下由于介质压力所形成的轴向分离力的作用,原来预紧状态下的螺栓力和垫片应力都会发生变化,螺栓力随之增加,而垫片应力则随之下降。这种变化取决于法兰连接各元件的刚度。另一方面,操作温度对密封的影响则主要体现在由于法兰连接中各元件的温度变化不协调而引起包括垫片在内的各元件受力的变化。例如,在设备降温过程中法兰温度下降比螺栓温度快所形成的温差使螺栓负荷减少，垫片应力随之下降而导致泄漏。在已有法兰连接的情况下，上述的垫片应力下降主要取决于垫片本身的压缩–回弹特性。因而，在选择垫片时必须考虑垫片的良好压缩–回弹性能才能确保连接的密封性。

2　换热器垫片的选用

2.1　选用垫片的一般性准则

垫片的选择有两种情况，一是从设计的角度进行选择，就是在设备设计时考虑选用垫片；另一种是从使用的角度进行选择，也就是根据已有的设备条件来选择合适的垫片。但不管是那种选择，以下列出的垫片选用的一般性准则仍然是应该遵循的。

1）选用垫片的性能必须能满足设备要求

设备对垫片的性能要求主要包括：

（1）密封性　这是显然易见的，选择垫片时其密封性必须能满足设备的要求。但有两方面情况值得注意。一是密封是一个相对的概念。对某些设备来说可能对密封性要求并不高，$1 \times 10^{-2} cm^3 (N)/s$ 的泄漏率就被认为是密封的。但对另一些设备来说，泄漏率必须达到 $1 \times 10^{-4} cm^3 (N)/s$ 甚至以上才能被认为是密封的。因此垫片的选择应根据设备对密封性的要求进行。另外也要注意，所选用的垫片能否具有设备所要求的密封性能。也就是说，垫片本身所具有的密封性随着垫片的型式、结构、材料等不同而不同。有些垫片的密封性只能达到 $1 \times 10^{-2} cm^3 (N)/s$ 的泄漏率，而另一些则可达到 $1 \times 10^{-5} cm^3 (N)/s$ 泄漏率。因此，在以密封性作为性能要求选择垫片时，应首先确定设备的密封性指标也就是容许的泄漏率，然后在此基础上对照垫片本身所能达到的的密封性来选择那些能满足设备密封性的垫片。

（2）密封寿命　这是一个与垫片使用时间相关的性能。垫片的密封寿命是指垫片的密封性能满足设备要求的情况下时间的长短。垫片的密封寿命取决于垫片的型式、结构、材料等，但相对而言，垫片的构成材料是否随时间而发生变化是判断垫片密封寿命长短的重要依据。通常垫片的密封性会随着使用时间的延长而发生变化，但只要这种变化仍然在满足设备密封性要求的范围内，垫片仍然符合寿命的要求。以密封寿命作为性能要求选择垫片时，首先要确定设备对垫片使用寿命的要求（如设备检修期等），以此为依据对照垫片本身所具有的密封寿命性能来选择相应的垫片。

（3）安全可靠性　垫片的安全可靠性直接影响到设备乃至装置的持续安全生产，因此安全可靠性应作为垫片选择的重要准则予以重视。由于垫片的结构型式和材料不同其安全可靠性会有很大差异，例如一般来说，金属垫片的安全可靠性很高，而非金属垫片的安全可靠性相对较差，金属与非金属材料复（组）合的则介于两者之间。

（4）使用安装性　垫片的使用安装性是指垫片在运输和现场安装时是否方便、容易。一般说来，垫片的使用安装性虽然不会直接影响到垫片的密封性能，但如果垫片在运输和安装过程中容易损坏就会延误施工工期，造成浪费。因此在选择垫片时其使用安装性能也应作为选用的因素加以考虑。

（5）适应性　选择垫片应该与介质的特性相适应，应考虑与介质的相容性、耐腐蚀性，还有就是与环境的适应性等。

2）选用垫片时经济性的考虑

从控制工程建设或维护检修成本的角度出发，选择垫片时无疑应对其经济性加以考虑。但这里的所谓经济性不仅是指垫片本身的价格成本，而且还包括其他隐性成本。例如选择一个价格相对便宜但性能一般的垫片与选择一个价格稍高但性能更好的垫片相比，前者似乎节约了购买垫片的费用，但如果在往后的安装过程中却容易出现损坏而更换，甚至在使用过程中不能确保密封而需要采取诸如停车更换或现场"打包"堵漏等后续措施进行补救，这时所产生的费用(即所谓隐性成本)显然要比垫片的价格高了不知多少倍，这样的选择是得不偿失的。由此可见，即使从经济性来考虑选择后者应该更为明智。因此，选择垫片时其经济性的考虑不应简单地仅考虑垫片本身的价格，还应从密封性、使用寿命、安全可靠性和使用安装性能等各方面加以综合考虑，才能选择出真正符合要求的密封件。

2.2　合用于换热器法兰连接的新型垫片

由于现代石油化工生产装置的大型化和高参数使得包括换热器在内的各种设备对密封垫片的性能提出越来越高的要求。人们不仅千方百计寻求性能更为优良的密封材料，而且力图从结构上加以创新，以获得高性能的密封件产品。近些年来，不仅出现性能极为优异的柔性石墨密封材料，而且出现了结构新颖、性能更好的密封件产品。20世纪90年代初期，由本文作者发明和研制生产的专利产品——"柔性石墨金属波齿复合垫片"因结构新颖、性能优异，已成为二十年来广泛用于石油化工各装置的设备普遍使用的密封件，并且取得很好的效果而受到广大用户的高度好评。近几年，本文作者又进一步发明和研制生产了性能更加优异的新型专利产品——"双金属自密封波齿复合垫片"，并在近几年推广应用中为解决那些使用其他垫片不能密封的泄漏难题上发挥了其独特的作用，从而受到广大用户和设计单位的高度好评和广泛欢迎。

1）柔性石墨金属波齿复合垫片

波齿复合垫片系由特殊构造的金属骨架与膨胀石墨材料复合而成。金属骨架上、下表面开有相互错开的特殊形状的同心圆沟槽，其上复合了一层适当厚度的膨胀石墨材料，最终构成整体结构的垫片，如图1所示。

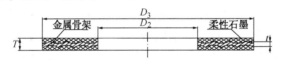

图1　柔性石墨金属波齿复合垫片

由于复合垫片的金属骨架既是带尖齿又是波纹状的，故名为波齿复合垫片。使用时由于法兰的压紧，复合在垫片上的石墨材料被压缩进入沟槽，金属骨架上、下表面的环形齿峰与法兰面紧密接触并在法兰进一步压紧下产生弹性变形，使膨胀石墨被高度压缩和封闭在金属骨架与法兰面之间所形成的环形密闭空间里，由此形成了波齿复合垫片的特有性能，一道道金属骨架的尖齿峰连同被高度压缩的柔性石墨材料构成一道道严密的密封，整个复合垫片实际上具有多道金属密封与柔性石墨材料密封的联合作用。而特殊构造的金属骨架就像弹性元件一样使波齿复合垫片具有良好的弹性。由于波齿复合垫片的特殊构造使之与其他类型垫片相比具有一系列更为优异的性能特点：

（1）优异的密封性　由于波齿复合垫片具有齿形金属密封和非金属柔性石墨密封的双重作用，而且它的密封带是完全隔开的(这有别于缠绕式垫片的螺旋形带)，因此使它具有特别优良的密封性。气密性试验表明，波齿复合垫片即使在35MPa压紧下也能达到极高的密封性(泄漏率可达 $10^{-5}\mathrm{cm}^3/\mathrm{s}$ 级)。

（2）回弹性能优良、密封寿命长　由于波齿复合垫片具有特殊构造的波齿状弹性骨架，而且构成复合垫片的金属和柔性石墨材料具有极好的耐高温、耐流体侵蚀的性能及不会老化，垫片的弹性主要由特殊构造的金属弹性骨架产生，不必担心使用时会发生应力松驰，因此能长期保持优异的密封性能。

（3）安全可靠性高　波齿复合垫片使用时金属骨架的环形齿峰与法兰面紧密接触，其柔性石墨材料被坚固的金属骨架和法兰面所封闭，因此不必担心柔性石墨材料会被高压流体冲走，也不必担心会像缠绕式垫片那样被压"散架"或"压溃"（"失稳"），波齿复合垫片实际上具有与金属垫片同样的安全可靠性。

（4）使用安装方便　波齿复合垫系带金属骨架的整体结构，在运输和使用安装中不必担心像缠绕式垫片那样会"散架'。此外，波齿复合垫片厚度较薄（通常为 2~4mm），在用于凸凹型或榫槽型法兰时可以留出足够深度作为凸型法兰安装时定位用，因而安装方便，能确保安装质量，避免缠绕式垫片通常因厚度较大、影响定位而容易产生"压偏"的现象。

（5）适应性广　波齿复合垫片可以适用于绝大多数场合，包括高、低温（-200~600℃）和高、低压（真空~25.0MPa）场合，由相应的金属骨架材料制造的波齿复合垫片可用于包括大多数腐蚀性流体在内的各种场合。

（6）经济性　波齿复合垫片是一种经济型垫片。尤其是在石油化工和电厂中各种油品、蒸汽等非腐蚀性流体场合，采用由碳钢材构成的波齿复合垫代替缠绕式垫片或齿形垫等可为用户节省费用。

波齿复合垫片自 90 年代初研制生产以来以其独特结构和优异性能很快在石化系统各装置上获得广泛应用。据统计，仅广州市东山南方密封件公司在 2000~2009 年十年间向 43 家石化企业供应的波齿复合垫片就达 120 万件，其中用于换热器等大型设备上达到 81800 件，几乎遍及所有生产装置。

值得注意的是，尽管波齿复合垫片的出现已有多年而且从 2003 年已制订了国家标准，但市场上的产品的质量良莠不齐，性能差异明显，严重影响到波齿复合垫片的应用。这是因为波齿复合垫片的生产完全不同于其他常规垫片，由于其结构特殊，从金属骨架的设计到石墨填充都需要精心设计并通过试验验证才能使产品达到其优异的性能，如果生产企业没有这方面的设计技术自然无法生产出好的产品。事实上，市场上有不少所谓"波齿垫"其结构与真正的波齿复合垫片的设计相去甚远，其性能也无法达到产品标准规定的要求。因此，在选用波齿复合垫片的同时还应特别注意供应商对产品的技术设计能力和产品质量（用户可通过要求供应商提供波齿复合垫片的性能试验数据加以确定）。

2）双金属自密封波齿复合垫片

与过去传统垫片的"强制密封"不同，双金属自密封波齿复合垫片是按"压力自密封"原理设计的新型垫片。它由两片金属叠合后在其外圆周通过熔焊方法将两者融合在一起而形成整体结构的"压力自密封"金属骨架，然后像柔性石墨金属波齿复合垫片一样，在金属骨架的上下表面加工有特殊设计的波齿状沟槽，此特殊结构骨架的外表面再复合上适当厚度的柔性石墨材料，最终构成了双金属自密封波齿复合垫片。双金属自密封波齿复合垫片的典型结构如图 2 所示。

在外观上双金属自密封波齿复合垫片与过去的柔性石墨金属波齿复合垫片几乎没有

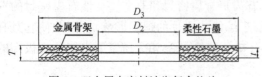

图 2　双金属自密封波齿复合垫片

差异，两者的安装和预紧也一样，但在操作状态下其工作原理则完全不同。在操作状态下，包括柔性石墨金属波齿复合垫片在内的普通垫片由于介质形成的轴向分离力作用会使垫片原有的预紧力减少，密封能力下降，可能导致密封失效。但对双金属自密封波齿复合垫片来说，操作状态下的介质会渗透进入组成金属骨架的两片金属间的微观间隙内，由于此介质压力的作用使两片金属分别压向上下两法兰面，从而使垫片与上下法兰面上的应力增加，最大可增加至介质的压力值。也就是说，由于双金属自密封波齿复合垫片的"压力自密封"结构，使得垫片避免了普通垫片因介质压力形成的轴向分离力的作用而减少的预紧力的下降，从而使垫片的原有密封能力得以保持。也可以说，双金属自密封波齿复合垫片与普通垫片相比，其最大特点是在操作状态下密封性能不受介质压力的影响。

由于双金属自密封波齿复合垫片是在原有柔性石墨金属波齿复合垫片结构的基础上进一步改进发展的，因此它除了具有原来柔性石墨金属波齿复合垫片的所有优异性能——优异的密封性、回弹性能好、密封寿命长、安全可靠性高、使用安装方便、适应性广等外，还由于它的"压力自密封"作用使其密封性能更好，寿命更长，安全可靠性更高，而且对法兰密封面的宏观补偿能力更为有效，更有利于诸如压力容器、换热器一类大尺寸法兰连接获得良好的密封。

近几年来，双金属自密封波齿复合垫片在解决石油化工系统的各种设备密封难题上已经发挥了很好的作用，其中包括那些采用碟形弹簧补偿装置而仍然泄漏的密封难题。特别是作为换热器法兰连接垫片其效果更为显著。目前该垫片已在中国石化、中国石油、中国海油三大公司的 40 多家企业的各种装置上获得应用，总数已超过 27000 件，其中在直径 650mm 以上的超过 6560 件，1000mm 以上的超过 3760 件，1500mm 以上的超过 1140 件，2000~3000mm 的超过 180 件，3000mm 以上的有 30 件，最大尺寸达 3300mm。

2.3 换热器垫片选用的一般性建议

石油化工装置的换热器型式多样，使用工况复杂多变，垫片的选用难以针对具体设备，在此仅就换热器垫片选择中的相关情况提出一般性建议以供参考。

(1) 换热器法兰的尺寸普遍较大，应充分考虑法兰加工过程和使用时产生的宏观变形对密封影响，因此垫片选用的基本原则是所选择的垫片应有足够的压缩变形量以提高其对大尺寸法兰宏观变形的补偿能力。为此，建议垫片选择时原则上应选其压缩变形量相对较大的垫片如非金属材料类构成的或金属与非金属材料复合的垫片。

(2) 一般来说，金属平垫、齿形垫或齿形组合垫等金属类垫片不适合选作包括换热器在内的大尺寸设备法兰用垫片。因为金属垫片的压缩变形量极小，无法对法兰表面存在的任何宏观变形进行补偿，从而容易导致垫片的密封能力不足而泄漏。

(3) 连接法兰面的型式为凹凸面的换热器，应尽量避免选用缠绕式垫片。由于用于大尺寸凹凸面上的缠绕式垫片既无外环加强，又无内环加固，垫片的密封部位极易被压溃而使密封失效。而且大尺寸缠绕式垫片结构松散，极易在运输安装过程中损坏而增加成本，拖延工期造成额外损失。

(4) 连接法兰面的型式为突（平）面的换热器（包括其他大尺寸的其他设备），可以选用带内外环的缠绕式垫片，但应结合垫片的尺寸大小，考虑其运输和安装是否存在问题。

(5) 柔性石墨复合垫片（即高强石墨垫片）有一定的压缩性和密封性，也容易制成大尺寸垫片，运输安装也没有什么问题，但安全可靠性不足，仅推荐用于操作参数不高的非重要场合。

(6) 新型柔性石墨金属波齿复合垫片和双金属自密封波齿复合垫片不仅具有一系列优异的密封性能，而且具有较大的压缩变形量，能很好地补偿包括换热器在内的大尺寸法兰面的宏观变形而获得良好的密封，因而特别适用于包括换热器在内的大尺寸设备法兰上。尤其是双金属自密封波齿复合垫片的"压力自密封"作用，更有利于垫片对法兰面上任何部位的变形进行自动补偿，从而使换热器法兰连接获得更为可靠的密封性。

(7) 低压高温等非重要场合使用的换热器法兰垫片可选择能耐高温的柔性石墨复合垫片(即高强石墨垫片)(垫片的耐温能力取决于柔性石墨材料)。对密封性要求较高的也可选用柔性石墨金属波齿复合垫片或双金属自密封波齿复合垫片。

(8) 高温高压和易燃、易爆、有毒介质等重要场合必须确保法兰连接的密封性能优良，安全可靠。因此，推荐选用性能优异的柔性石墨金属波齿复合垫，但对密封性和安全可靠性要求高的场合应选用性能更好的双金属自密封波齿复合垫片。

(9) 高温高压场合的换热器法兰也可以选用八角垫等金属环垫。理论上金属环垫的密封性能比较好，安全可靠性也高，但由于在实际应用上受法兰和垫片的加工制造精度、安装要求等因素影响很大，往往难以获得满意的效果，而且成本高，法兰环槽应力集中容易对法兰造成损坏，选用时应慎重考虑。

(10) 对操作温度和压力略有波动的场合，一般情况下可选用柔性石墨金属波齿复合垫片，而对密封性或安全可靠性要求较高的场合应选用双金属自密封波齿复合垫片。操作压力变化大的推荐选用其密封性能免受介质压力影响的双金属自密封波齿复合垫片。

(11) 对压力、温度等操作参数波动较大，特别是温度变化激烈的场合应在选用双金属自密封波齿复合垫片的同时附加碟型弹簧补偿装置。

(12) 热媒(导热姆或联苯导热油)加热系统不应采用石棉橡胶板或非石棉橡胶板一类材料作为密封件，而应采用防介质渗透性强、不会溶胀的柔性石墨材料为主体的密封件，如柔性石墨金属波齿复合垫片和双金属自密封波齿复合垫片。由于热媒介质渗透性强，对密封性和安全可靠性要求很高，应首选高性能的双金属自密封波齿复合垫片以确保其密封性的要求。

(13) 对带一般性腐蚀性介质的场合可选用不锈钢骨架的柔性石墨金属波齿复合垫，要求较高的重要场合可采用不锈钢骨架的双金属自密封波齿复合垫片。压力不高的非重要场合亦可选用不锈钢增强的高强石墨复合垫。

(14) 以石棉为基材的密封材料如石棉橡胶板等应尽量少用或不用，因为该类材料不仅不符合环保要求，而且性能往往不能满足要求，造成事故隐患，故一般只推荐用于低参数、不重要场合如普通水、汽和油品等。对已往较多使用石棉橡胶板的低参数非重要场合，建议采用高强石墨垫或非石棉橡胶板代替。

(广州市东山南方密封件有限公司　吴树济，吴凯珺)

49. 石油化工设备大直径法兰连接密封垫片的选用

随着现代工业生产的大型化、高参数，尤其是大型石油化工装置，包括各种容器、换热器和管道等在内的设备其尺寸越来越大，参数也越来越高。例如现在大型石化装置的设备其直径通常都在 $DN1000 \sim 2000$，有些甚至更大（我公司曾为石化装置配套过直径达 $\phi5000$ 的波齿复合垫片）。设备的大型化和高参数对法兰连接的垫片提出了越来越高的要求。实际上，一直以来法兰的密封难点更多的是集中在大直径的设备法兰上。特别是石化系统，长期以来不少装置的换热器和容器法兰密封问题相当突出，以至直接影响到装置的生产并成为生产安全的隐患。为了解决这些泄漏难题，在不断开发和寻求性能更好的垫片和密封方法同时，针对大直径法兰连接的特点和结合垫片的特性，对现有垫片的适应性进行分析研究，从而更有针对性地选择合适的垫片来解决其密封难题是值得探讨的。

1 石油化工设备大直径法兰连接密封问题的特点

众所周知，根据密封理论，垫片是在螺栓拉紧力的作用下，通过法兰使其受到压缩应力的作用而变形并阻塞垫片内部和法兰表面的泄漏通道而获得密封的。因此，垫片通过变形填补的除了垫片材料内部的微观间隙和密封表面的微观不平度（粗糙度）外，还包括法兰表面的宏观不平度。对大尺寸法兰而言，因为：①由于法兰尺寸大，在生产制造过程中法兰表面加工质量难以保证，从而存在较大的粗糙度，特别是相对于小尺寸法兰其表面更容易形成不同程度的宏观不平度；②由于法兰尺寸大，在设备使用时各受力元件的作用下法兰更容易发生变形或扭曲；③由于法兰尺寸大，在操作状态下，法兰由于压力和温度的作用下更容易变形甚至扭曲，尤其是在容器和换热器法兰的刚性往往不足的情况下更是如此。因此，大尺寸的法兰连接相对于小法兰更难密封，除了其粗糙度更大需要垫片通过更大的变形进行填补外，更重要的是其较大的宏观不平度同样需要垫片的变形给予填补才能达到密封。

研究分析垫片被压缩变形情况可知，由于垫片是通过两个刚性法兰而受压缩的，法兰表面的宏观不平度会直接影响到法兰表面与垫片相接触的各点的压缩应力（压缩变形）的均匀性。显然，法兰表面突出部分的压缩应力（压缩变形）要比凹下部分大，因而在法兰表面存在宏观不平度（即变形）的情况下垫片应力的分布是不均匀的。法兰表面的宏观不平度越大，其不均匀的程度就越大。当法兰表面凹下部分的垫片压缩应力小于密封所需的应力时，泄漏就会从此处发生。因此，只有在法兰和垫片相接触的表面各点通过垫片的压缩变形获得足够的补偿并达到密封所需的应力时才能确保连接密封不漏。

由此可见，要使大尺寸法兰连接获得良好的密封，垫片的压缩变形补偿能力就显得特别重要。从弥补法兰表面的粗糙度和宏观不平度（变形）的角度，垫片的压缩变形越大就越有利于密封。因此选择用于大尺寸法兰的垫片应以其是否具有较大的压缩变形能力作为主要依据。影响垫片的压缩变形能力的因素很多，除了垫片所受的压缩应力外，主要与垫片的结构形式、尺寸（特别是厚度）和构成材料等有关。

2 大直径设备法兰连接用垫片的选择

从以上分析可知，要解决大直径法兰连接密封问题除了要克服法兰制造本身的问题，尽量降低法兰表面的粗糙度和宏观不平度外，从密封元件的角度必须从解决法兰变形的补偿着手。但据了解目前在大直径设备法兰连接用的垫片选择上还常常仅考虑使用压力和温度等参数，而极少注意到大直径法兰连接的特殊性，致使在垫片的实际应用上往往无法满足密封的要求。因此，在选择用于大直径法兰连接用的垫片时应根据使用工况（温度、压力及其波动情况）、法兰尺寸大小和垫片本身的特性（特别是其压缩变形能力）等各种因素综合考虑进行。

2.1 石棉（或非石棉）橡胶板

这是在很多使用参数不高的场合被经常用于大直径法兰连接垫片的材料。这种材料压缩强度不高，有一定压缩变形能力因而能较好地弥补法兰表面的微观不平度（粗糙度），并在一定程度上弥补其宏观不平度，具有一定密封性。但鉴于材料本身的特性和压缩变形能力有限（即使 4mm 厚度的垫片其变形量也只有 0.6mm 左右），难以用于较高参数和大直径的法兰连接上。因而可用于尺寸不大、工况参数较低和对密封性要求不高的场合。

2.2 铁包垫

由于这种垫片的整体性较好而且能耐较高的温度，因此过去在使用温度较高的场合常常被用于大直径法兰连接上。但实际上，即使其用于较小尺寸的法兰上其密封性也比较差，再加上它的压缩变形能力有限（与石棉橡胶板相仿），因此，难以用于对密封性有一定要求的大直径法兰上。

2.3 金属平垫、齿形垫（组合垫）

由于这类垫片材料能耐高温高压因而经常被用于高参数场合，甚至也因此常常被用于高参数的大尺寸法兰上。但由于此类垫片的压缩变形量极小，即使在极高的应力下也难以补偿法兰的宏观不平度，因此作为大直径法兰连接用垫片时其密封性是无法满足要求的。因此，在大法兰上应尽量避免采用这种垫片。

2.4 柔性石墨复合垫片

这是一种经由冲刺的薄金属板上复合柔性石墨构成的板材加工而成的垫片（也称高强石墨垫）。这种垫片具有包括密封性在内的较好的综合性能，特别是它具有较好的压缩变形能力。而且，在特殊情况下这种垫片还可以叠层使用，其变形量可以通过加大垫片厚度来获得进一步提高，从而在用于大直径法兰上时更为有利。但这种垫片的安全性不高，使用压力等级应限于低压场合。因此，将这种垫片用于介质压力不高的大直径法兰场合使用是较好的选择。尤其是由于这种垫片便于制作，比较适用于在特大尺寸的法兰上使用。

2.5 缠绕式垫片

这种垫片的压缩-回弹性和密封性能等都很好，能承受高温高压的作用和操作参数的波动，因而是目前使用比较广泛的垫片之一。由于这种垫片具有较大的压缩变形量，因而能较好地补偿法兰的宏观不平度，是目前在换热器和容器等大尺寸法兰上使用较为普遍的垫片。但从实际应用效果来看，在大直径法兰上使用缠绕式垫片仍然存在不少问题。首先是由于结构上的原因，大尺寸缠绕式垫片在使用时更容易被"压溃"和"失稳"，尤其是在换热器上使用的缠绕式垫片无法采用内外环进行加固的情况下，使它很容易丧失了其应有的密封性。因此，目前在石化系统容器和换热器上采用缠绕式垫片而发生泄漏的情况不少。此外，大直径缠绕式垫片在运输、安装时更容易"散架"而使它的应用受到很大的限制。

2.6　柔性石墨金属波齿复合垫片

这是 1990 年代初由笔者发明和研制的专利产品。这种垫片是在波齿状结构的金属骨架上复合柔性石墨材料构成。该垫片不仅金属骨架设计特殊而且复合的柔性石墨层较厚，其压缩变形量很大（厚度 4.5mm 的垫片其总变形量可以达到 1.5mm，均大于上述的各种垫片），能很好地补偿法兰的宏观不平度，因而具有很好的压缩-回弹特性和优异的密封性能，再加上它的安全可靠性和克服了缠绕垫片容易"散架"的缺陷，是目前大直径管法兰和压力容器尤其是换热器等大尺寸法兰上普遍使用的垫片。自该产品问世近二十年来的实践表明，不少大直径高温高压设备法兰在采用其他垫片无法密封的情况下改用柔性石墨金属波齿复合垫片后泄漏的难题均能获得很好的解决。

2.7　双金属自密封复合垫片

双金属自密封复合垫片是近两年来由笔者新发明和研制的另一专利产品。这是一种与以往设计理念完全不同的垫片。以往垫片是按"强制密封"理论设计制造的，也就是说，这些垫片在安装使用时都是通过强有力的螺栓力将法兰拉紧，在垫片上形成足够的垫片应力来达到密封不漏。但在实际使用时，一旦原有的预紧应力由于各种原因（例如压力温度的变化和波动或垫片材料本身的蠕变松弛等）降低至一定程度就会发生泄漏。这种情况对使用目前按"强制密封"原理设计制造的垫片是经常发生的。而双金属自密封复合垫片是一种根据压力自密封原理设计的"压力自密封"垫片。它能利用被密封介质的压力来提高垫片应力，从而使垫片始终保持良好的密封。该复合垫片已获得国家专利授权。我们根据上述专利已成功研制开发了可用于管法兰、容器法兰和换热器法兰用的"双金属自密封波齿复合垫片"和"双金属自密封复合平垫片"两大类产品。

2.7.1　双金属自密封波齿复合垫片

1）双金属自密封波齿复合垫片的结构特点

双金属自密封波齿复合垫片在构造原理与现有的复合垫片（诸如缠绕垫、高强石墨复合垫）完全不同。双金属自密封波齿复合垫片是由两片金属叠合后在其外圆周通过熔焊方法将两者融合在一起而形成整体结构的"压力自密封"金属骨架，然后像以往柔性石墨金属波齿复合垫片一样，金属骨架上下表面加工有特殊设计的波齿状沟槽，特殊结构骨架的外表面复合上适当厚度的柔性石墨材料，最终构成了双金属自密封波齿复合垫片。双金属自密封波齿复合垫片的典型结构如图 1 所示。

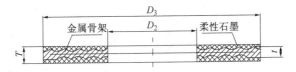

图 1　双金属自密封复合垫片

2）双金属自密封波齿复合垫片的工作原理

从外观上看，双金属自密封波齿复合垫片与普通柔性石墨金属波齿复合垫片几乎没有什么差别，但实际上其工作原理则完全不同。在操作状态下，对一般按"强制密封"原理设计的普通垫片而言，垫片原有的预紧应力因各种原因而减少从而导致垫片密封能力下降，在垫片应力下降到一定程度时就会出现明显的泄漏。但对按"压力自密封"原理设计的双金属自密封波齿复合垫片则不同。尽管在预紧情况下各元件的受力情况与"强制密封"一样，但在操作状态下，当压力介质进入系统后它同时会渗透进入金属骨架的两金属片之间的微观缝隙。由于叠合在一起的金属骨架上下两金属片外圆周边已被完全紧密地融合在一起，介质不会从此处泄漏出来。进入两金属片之间微观缝隙处的介质压力作用于两金属片的内表面，使两金属片分别向外压向相应的法兰面，从而在双金属自密封波齿复合垫片的上下外表面与法兰面之间形成附加的垫片应力。此附加的垫片应力随介质压力的存在而存在，其值可以达到介质的压力值。也就是说，在操作状态下，双金属自密封波齿复合垫片的垫片应力比普通垫片始终多出一种附加应力，其值可与介质压力相当。这种附加应力的存在使原来因压力升高或其他原因而减少的垫片应力得到了补偿或增加，因而使双金属自密封波齿复合垫片具有比现有的其他垫片更好的密封性能。甚至在极端情况下，即使双金属自密封波齿复合垫片的初始预紧应力因各种原因而全部丧失，但垫片仍然存在与介质压力相同的附加垫片应力，而使垫片仍能保持一定密封性。因为双金属自密封波齿复合垫片的附加垫片应力是由介质压力形成的，介质压力越高，所形成的附加垫片应力也越大，随之其密封也越容易得到保证。由此可见，双金属自密封波齿复合垫片具有与以往所有其他垫片完全不同的"压力自密封"的特性，因而成为完全有别于所有以往"强制密封"垫片的新型"压力自密封"垫片。

3) 双金属自密封波齿复合垫片的性能特点

从以上所介绍的双金属自密封波齿复合垫片的特殊构造和工作原理及与其他垫片密封性能对比试验结果可知，双金属自密封波齿复合垫片具有如下其他垫片所无法媲美的优良特性：

(1) 优异的密封性　双金属自密封波齿复合垫片表面同样采用柔性石墨作为复合层，因而其密封性能特别优秀。特别是在垫片骨架是波齿状结构时，其金属齿峰更起到多道金属线密封作用，而圆弧形沟槽上填充的柔性石墨材料不仅具有很好的密封贴合性，而且能很好地补偿法兰表面的微观缺陷，因此垫片具有金属线密封和柔性石墨密封的双重作用，使它在较低的垫片应力下即能达到极高的密封性。尤其是它除了能很好地补偿法兰的宏观不平度外，它的压力自密封作用使介质内压形成的附加应力是直接作用于密封表面的任何点上的。因此，这不仅能使密封面上的突出部分也能使任何凹下部位的应力都能得到提高和补充，因而能使密封面上包括凹下部分的任何部位都得到良好的密封，特别适合于容器和换热器等大直径设备法兰上使用。

(2) "压力自密封"结构使它能长期保持密封　由于双金属自密封波齿复合垫片的骨架设计成"压力自密封"结构，在操作状态下介质压力会变成附加的垫片应力，它随介质压力的存在而存在，最高可以达到介质的压力值。因此，在垫片的预紧应力不管是因垫片本身的特性（如应力松弛），还是因介质压力的升高或操作温度的波动等各种原因而减少时，都会使垫片应力得到补偿和加强，从而使垫片始终保持高的垫片应力，因而其密封性能比现有的其他垫片更能得以长期保持。甚至在螺栓初始预紧应力接近消失的极端情况下，由于其"压力自密封"作用所形成的相当于介质压力的垫片应力的存在，垫片仍能保持一定密封性。

(3) 安全可靠性高　双金属自密封波齿复合垫片的骨架是整体金属的，结构牢固，安全可靠。特别是它的波齿状结构能使柔性石墨被紧密地封闭在金属骨架的凹槽与法兰面之间，从而使它具有像金属垫片一样的安全可靠性。而且，由于它的整体结构牢固，因而不必担心在高应力时会像缠绕式垫片那样被"压溃"或"失稳"而损坏。

(4) 使用安装方便　双金属自密封波齿复合垫片的整体刚性结构使它在运输和安装过程中克服了缠绕式垫片会"散架"的缺陷，这对用于大直径管法兰和容器、换热器法兰尤其有利,而且它具有多种定位方式使它安装极为方便。

(5)适应性广 双金属自密封波齿复合垫片既可用于低温(至-196℃)和高温(达600℃),也可以用于低压和高压(42.0MPa),而且特别适用于温度和压力波动的场合、大直径管法兰和容器换热器法兰、对密封性要求较高的重要场合。由相应的金属骨架材料制造的双金属自密封波齿复合垫片亦可用于几乎所有腐蚀性流体的各种场合。

由于双金属自密封波齿复合垫片的上述特性,它不仅具有大压缩量和回弹量,从而能很好地补偿大尺寸法兰的宏观不平度,而且由于双金属自密封波齿复合垫片具有的现有其他垫片所不具备的自动补偿能力,使它特别适合于工况参数波动场合的大直径法兰上使用。实际上,近两年来在包括容器、换热器等大型设备的法兰上采用双金属自密封波齿复合垫片来解决大尺寸法兰的密封难题已有很多非常成功的实例。

例如,中国石化广州分公司新建的一套汽油吸附脱硫装置,其主体设备脱硫反应器(R-7101)的使用压力和温度都比较高,使用温度达416~441℃,使用压力为3.1MPa,介质为氢气、汽油、吸附剂(颗粒)等,法兰密封面尺寸为1727×1549。据了解,其他单位同类装置采用缠绕式垫片,密封效果很不理想。2010年1月初该公司采用双金属自密封波齿复合垫片后密封效果很好,装置顺利投产。

中国石化金陵石化分公司炼油运行一部Ⅲ套常减压装置(800万t/a)自2004年完成改造建设开车以来,该装置的一些重油、渣油介质的设备的法兰一直都存在各种各样的密封难点。如E5-103/1-3初底油、渣油换热器法兰之间的密封就很突出。当装置的操作压力、温度的波动时就会引起泄漏、冒烟的情况,因而存在非常大的安全隐患。从2004年装置投用以来,经常是1~2个月就得拆法兰换垫片。2009年底,该公司机动部决定在E5-103/1-3初底油、渣油换热器上采用双金属自密封波齿复合垫片,并于2010年初安装试用,效果非常好,至现在已有超过一年多,这期间没有出现任何泄漏情况。

由此可见,双金属自密封波齿复合垫片的研制成功,以其独特设计和优异的性能将为彻底解决各种装置(尤其是大型化、高参数的装置)的设备、换热器和管道的法兰连接泄漏难题提供非常有效的方法,可广泛用于石油、化工、电力、轻纺、冶金等工业部门作为各种设备(如容器、换热器等)、管道和阀门的法兰连接的理想密封元件。尤其在高温高压场合、压力温度波动的场合、法兰尺寸较大的场合或者对密封性要求较高的重要场合下使用,更能充分显示双金属自密封波齿复合垫片的优异性能,从而为企业真正做到"安、稳、长、满、优"生产提供切实的保证。

2.7.2 双金属自密封复合平垫片

双金属自密封复合平垫片的基本结构与双金属自密封波齿复合垫片相类似。它的自密封骨架由两块平板融合而成,然后在骨架的上下表面复合上一定厚度的柔性石墨复合板构成。因此,双金属自密封复合平垫片不仅具有柔性石墨复合垫片的性能,而且由于它的"压力自密封"特性使它的密封性能比普通的柔性石墨复合垫片更为优异。在大尺寸法兰上使用时,它可以通过增加复合其上的柔性石墨复合层的厚度来提高其压缩变形补偿能力,因而特别适合于压力不高,但因法兰尺寸大、表面加工误差和变形大,或在使用工况条件下产生较大变形而需要较大的变形补偿量的情况下使用。

(广州市东山南方密封件公司 吴树济)

50. 临氢系统环槽型法兰密封的质量控制

石化行业的临氢系统属于高温高压环境，其介质 H_2 是典型的易燃易爆物质，一旦发生泄漏，就有可能造成严重后果。而临氢系统的环槽型法兰面在气密或运行过程中，由于制造、安装等原因，经常发生泄漏，增加了处理成本，对开工进度和生产运行造成较大影响。

1 密封原理

在上紧螺栓后，垫片与两个法兰密封面之间产生一定的密封力，此时垫片单位面积上的密封力称为预紧比压，预紧比压使垫片产生一定的弹性变形或塑性变形，从而保证接触面的密封。垫片的材质不同，预紧比压的要求也不同。当介质压力升起后，由于内压的作用使垫片的压紧力比预紧状态有所降低。为了保证在工作状态下的密封性能，要求此时垫片的比压不小于 $m \times p$（p 为内压，m 是与垫片材质及要求达到的密封程度有关的数值）。在临氢系统应用较多的是八角垫密封，其结构如图1所示。

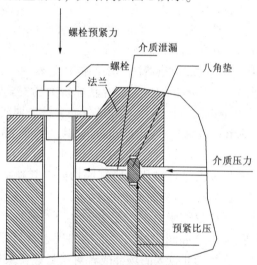

图1 八角垫密封示意图

八角垫安装在梯形槽内，与梯形槽斜面形成面接触，属于一种半自紧式密封连接。当拧紧螺栓时，垫圈受轴向压缩与上、下梯形槽贴紧，产生弹性变形或塑性变形，填满密封面的凹坑不平处，从而形成一环形密封带，建立初始密封。当介质引入升压后，在介质压力作用下，使八角垫径向扩张，垫片与梯形槽的斜面更加贴紧，产生自紧作用。但是，介质压力的升高同样会使法兰和连接螺栓变形，造成密封面之间的相对分离，垫片密封比压下降。

2 影响密封的因素分析

影响环槽型结构法兰密封的因素是多方面的。主要有垫圈性能、法兰刚度、表面粗糙度、密封面配合情况、螺栓预紧力等。

下面对影响密封效果的主要因素及对应的管理措施进行论述。

2.1 垫圈性能

反映垫圈密封性能的指标有压缩率、回弹率和应力松弛等。金属环垫适用于高温、高压管道，最高公称压力可达 42MPa，最高使用温度可达 700℃。垫圈材料的选择应根据温度、压力以及介质的腐蚀情况决定，同时还要考虑密封面的形式、螺栓力的大小以及装卸要求等。

在安装前，要求施工单位对法兰和垫圈进行材质确认，并逐一进行硬度测量，对垫圈和法兰整个圆周对称测量四点，取其平均值。要求配对垫圈的硬度比法兰梯形槽低 30HB 以上，这样可以尽可能减少法兰紧固对梯形槽密封面的损坏。垫圈硬度值越低，越容易发生弹性变形，初始气密泄漏的可能性越小。其中垫圈材质为软铁（硬度值≤90HB）的静密封面，在气密过程中很少有泄漏现象，即便发生泄漏只需及时调整螺栓预紧力即可。ASME 标准 B16.20 垫圈的硬度要求见表 1。

表 1 不同材质金属环垫的硬度要求

环形垫片材料	最大硬度	
	布氏硬度	洛氏硬度"R"
软铁	90	56
低碳钢	120	68
4-6 铬 1/2 钼	130	72
410	170	86
304	160	88
316	160	83
347	160	83

2.2 法兰刚度

由于法兰的刚度是有限的，在螺栓载荷、垫片反力、介质压力和附加外力的合成力矩作用下，由于刚度不足而产生偏转、翘曲，从而使垫圈的压缩存在外紧内松现象，使其对垫圈的压紧力不均匀，从而导致法兰泄漏。由于法兰的载荷和变形涉及的因素比较复杂，美国 ASME 规范提出了法兰刚度计算方法，并认为法兰刚度越大，法兰在预紧和使用时变形小，密封性能越好。为防止法兰泄漏可采用两种方法，一是降低法兰处管道的作用力和力矩；二是提高法兰的压力等级，从而提高其允许受力。

从现场安装经验看，公称直径越小、厚度越薄的环槽型法兰，在其他影响因素相同的情况下，泄漏的可能性越小。尤其是公称直径小于 $DN100mm$ 的环槽型法兰，开工过程中基本未发现泄漏现象。即使在升压过程中出现泄漏，只需要及时予以紧固就可以解决。对于公称直径大于 200mm 的法兰，若存在垫圈与梯形槽配合不好等影响因素，一旦发生泄漏，很难调整螺栓预紧力，大多需要拆卸进行研磨、机加工或更换法兰等。由于加工等原因，一般情况下垫圈以及与之相配的环槽型密封面适用于直径不大的高压场合。值得一提的是加氢反应器人孔法兰等大直径部位基本上是气密的难点部位，均需重点监控。

2.3 表面粗糙度

密封面的表面粗糙度对密封效果影响很大，密封面的加工光洁度要求较高。特别是当采用非软质垫片时，表面粗糙度值大是影响泄漏的重要因素。要求垫圈及环形槽密封面光滑，不得有划痕、磕痕、裂纹和加工程度不足等缺陷，其表面粗糙度应小于 $R_a1.6um$。从临氢装置气密的经验来看，密封面加工精度不够，存在凹凸不平、划痕、磕痕等缺陷是气密泄漏的重要原因之一，特别是贯穿密封面的纵向划痕将导致气密难以通过，需要在拆卸后用标准研具进行研磨处理。

2.4 密封面配合情况

密封面的配合是影响环槽型法兰密封质量的关键因素之一，安装过程中多次发现两者接触线存在间断甚至间隙过大等现象。2400kt/a 汽柴油加氢装置在气密过程中发现 8 处环槽型法兰泄漏，经多次预紧无法消除，拆卸后发现法兰和垫圈密封面配合较差，两者最大间隙达 3mm 以上。经分析是法兰在机加工过程中，梯形槽中心圆直径偏差超出标准公差范围，普遍偏大。最终不得以将该 8 片不锈钢法兰切割，并进行机加工处理，经配对合格后安装，再次气密合格。

本项目法兰的制造标准执行 ASME B16.5 或《石油化工管道器材标准》中的 SH 3406《石油化工钢制管法兰》；垫圈的制造执行 ASME B16.20a 或 SH 3403《管法兰用金属环垫》。其中 SH 标准是参照 ASME 标准编制而成，技术尺寸基本一致。

其中环槽型法兰结构见图 2，SH 3406《石油化工钢制管法兰》中其关键尺寸的公差范围见表 2，垫圈的结构见图 3，SH 3403《管法兰用金属环垫》中其关键尺寸的公差范围见表 3。

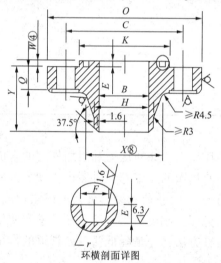

图 2   八角垫的结构示意图

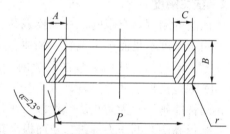

图 3   环槽型法兰关键尺寸的公差范围

表 2   环槽型法兰关键尺寸的公差范围

尺寸名称	代 号	偏差值
环槽深度	E	+0.4
环槽顶宽度	F	±0.2
环槽中心圆直径	P	±0.13
环槽角度	23°	±0.5°
环槽圆角	r	±0.1
密封面外径	K	±0.5

表 3   金属环垫关键尺寸的公差范围

尺寸名称	代 号	极限偏差
节径	P	±0.18
环宽	A	±0.2
环高	B	±0.4

尺寸名称	代　号	极限偏差
环的平面宽度	C	±0.2
斜面角度	α	±0.5°
环垫圆角半径	r	±0.5

从图 2 可知环槽型密封面配合的影响因素有：环槽中心圆直径、槽顶宽、环槽角度、节径、环宽、斜面角度等，这些参数的公差将导致环槽型密封面的配合存在间隙，其中影响最大的是环槽中心圆直径、垫圈节径、斜面角度等。上述参数的公差累加近似等于法兰和垫圈的的配合偏差。查表 2、表 3 可知，法兰和垫圈的最大配合偏差 $B \approx ±0.4$mm。从现场安装经验来看，对于公称直径小于 200mm 的法兰，两者的配合偏差在 ±1mm 以内，可以判定合格，在使用过程中基本上可以满足密封要求。若垫圈硬度值越低，两者的配合偏差还可以适当放宽。但对于公称直径大于 200mm 的法兰，对法兰面与垫圈的配合精度要求相对较高。

对于法兰本体为碳素钢/低合金钢、垫圈为不锈钢的静密封面，若冷态下发生在安全范围内的微量泄漏，若不具备条件可暂不予处理。因为碳素钢/低合金钢的热膨胀系数约为 11×10^{-6}/K，不锈钢的热膨胀系数约为 17.5×10^{-6}/K，在升温过程中，垫圈的热膨胀量为法兰密封槽的 1.6 倍。因此，垫圈与法兰密封槽在螺栓预紧力的轴向限制下，将会出现高温胀紧而停止泄漏。这样可以解释环槽型法兰面在冷态下发生泄漏，在高温下却未泄漏的现象。若垫圈与密封槽在预紧或热膨胀过程中因过度挤压出现了不可恢复的塑性变形，在高温下可能未泄漏，在降温过程中由于不锈钢垫圈的收缩量相对较大，就可能导致密封比压不够而出现泄漏。因此对于环槽型静密封不仅需要在升温过程中热紧，关键部位在降温过程也有必要及时进行"冷紧"。

2.5　螺栓预紧力

螺栓预紧力是影响密封的主要因素。预紧力必须使垫片压紧并实现初始密封条件。同时，预紧力也不能过大，否则将会使垫圈产生不可恢复的塑性变形，回弹能力下降，密封比压小于工作比压，同样会造成密封面泄漏。尤其是螺栓力要均匀，否则易使法兰面变形不均匀，或使密封面和垫圈压坏，造成密封失效。国内通常采用套筒冲击扳手，螺栓润滑也不讲究，因此实际螺栓力与要求相差甚远，最大与最小可达 4 倍，往往不能保证良好的密封。

临氢系统环槽型法兰规格较多。本文以规格为 DN200、压力等级为 Class2500、材质为 F321 的法兰为例，紧固件选择 25Cr2MoVA+35CrMoA，其螺栓预紧力的计算可按 GB 150—1998《钢制压力容器》附录 G 进行。

本项目环槽型法兰在预紧过程中，使用的是 HYTORC 液压拉伸器，根据厂家提供的经验数据，作用在螺栓上的预紧载荷在不同的施工条件下存在损耗，实际需要的扭矩值要大于理论值，见表 4。

表 4　DN200 法兰的螺栓载荷

螺栓尺寸/mm	六角螺母对边	受力面积/mm²	螺栓载荷/kN	需要的扭矩/N·m 二硫化钼润滑 $K=0.100$	需要的扭矩/N·m 不润滑 $K=0.440$　$K=0.300$
M52x5	80	1758	580.11	3017	13273

螺栓在穿入前，待紧固螺帽与法兰的接触部位以及螺纹部分要均匀地涂抹上二硫化钼，既可以降低摩擦力，减少预紧力损失，又能防止螺栓在高温下咬合，方便今后拆卸。法兰组对时，取法兰圆周方向均匀测量 4 点，要求两法兰端面平行偏差≤0.2mm，径向偏差≤0.2mm，防止法兰面存在张口、偏口、错口等问题。预紧时要求对称把紧螺栓，先按"十"字对称交叉把紧，再按"※"字对称把紧，从而尽量使各螺栓预紧力大体均匀。

由于预紧时螺栓将发生弹性变形，螺栓的拉应力也将发生变化，且螺栓之间存在弹性相关性，使临近的螺栓发生应力松弛现象。因此预紧过程中使用液压拉伸器操作时需避免一次预紧，要求至少分 5 次以上预紧，使各螺栓应力尽可能一致，以防止部分螺栓应力减少，达不到所需预紧力导致密封失效。

由于管道支吊架设计不合理、法兰面不平行或存在中心偏差、管系附加外力、热应力、振动等因素，也会导致螺栓预紧力不均匀而发生泄漏，因此在安装以及问题处理过程中必须综合考虑。

3　提高密封质量的措施

（1）法兰、垫圈属于常规管配件，制造技术门槛相对较低。但厂家必须严格执行相关标准，加强对机床加工、质检等工序的管理。必要时业主可委派专业人员驻厂监造，尤其是高压大口径法兰，制造周期长，返工难度大，更要引起足够的重视。

（2）由于订货时法兰与垫圈不是同一厂家，两者均存在制造公差甚至超出公差范围。业主在签订法兰技术协议/合同时，必须明确要求厂家在法兰出厂前用标准样规进行检查，并逐一与标准垫圈进行配对检查，合格后方可出厂。

（3）由于设备法兰一旦出现气密泄漏，现场处理难度较大。因此对于参与现场气密的压力容器，要求制造厂家加强法兰机加工的质量管理，并在水压试验合格后，再进行气密试验。

（4）施工前要准备好一套检查密封面用的标准全断面样板和单个槽形的样板。要用标准样板检查密封面的角度及中径，以样板与密封面完全接触不透光为合格。

（5）密封槽的加工精度以及密封槽与八角垫的配合情况对密封效果影响很大。若加工精度较高以及配合良好，则在气密过程中不容易出现泄漏；若两者均存在问题，则气密难度增大，最好通过机加工、研磨或缠绕石墨纸来处理；否则必须通过调整螺栓预紧力的方式进行弥补，但难度和风险均较大。

（6）现场安装过程进行重点管理。对环槽型结构的静密封面建立台账，由监理、车间参与检查，检查项目包括法兰/垫圈、紧固件的材质、硬度、表观质量、配合质量、法兰组对质量、预紧过程等。这样可最大限度地避免强力组装，减少气密问题的发生。

（7）螺纹之间、螺帽与法兰接触面之间均存在摩擦损耗，导致螺栓预紧力的有效载荷减少。但不锈钢法兰与铬钼钢法兰相比，螺栓预紧力的损耗更大。因为不锈钢硬度低，螺帽容易与法兰面发生咬合。因此，在螺栓与螺帽、螺帽与法兰面之间抹上二硫化钼润滑或加上特殊的垫片，能有效减少摩擦损耗。

（8）通常在氮气气密时发现的泄漏，在氢气气密时泄漏程度并没有明显增加，而且随着温度的升高，泄漏会明显减轻或消失。

4　结语

该炼厂新建的 1.7Mt/a 渣油加氢装置以及 $50km^3/h$ 制氢装置，其环槽型静密封面在安装过程中，业主组织各参建单位严格按要求进行检查和安装，累计检查 1400 多处法兰面，处理或更换 63 处法兰，最终临氢系统气密一次合格，从而极大地降低了成本，缩短了开工准备时间，为上述两套装置的开车一次成功奠定了坚实的基础。

（中国石化长岭分公司机动处　陈宝林，李永升）

51. 法兰连接垫片密封加装高温预紧碟簧在延迟焦化装置的应用

石油化工装置向零泄漏、无污染、长周期、低能耗方向发展，设备和管线的法兰密封点因其数量繁多、工况复杂，不仅涉及环保和能耗问题，而且严重影响到装置长周期平稳运行，从而引起各个炼厂的重视。

延迟焦化是深度热裂化过程，是处理渣油的手段之一，也是唯一可以生产石油焦的工艺过程。延迟焦化装置是以贫氢重质残油为原料，在500℃左右进行深度热裂化反应和缩合反应来生产石油焦及一部分气态烃和轻质油品。

武汉石化公司两套焦化装置分别采取两炉四塔(100万 t/a)和一炉两塔(150万 t/a)，焦炭塔区域法兰密封点的频繁泄漏在使用高温预紧碟簧之前长期困扰该装置的安全、平稳生产。

1 延迟焦化装置焦炭塔区域泄漏情况简介

延迟焦化装置本身为一种半连续操作工艺，加热炉连续进料，焦炭塔切换操作。即生焦过程为连续操作过程，冷焦和除焦过程为间隙性操作过程。正是由于延迟焦化装置生产操作的特殊性，决定了该装置依照生产周期的不同(18~24h)，焦炭塔区域每周期会有常温~500℃、常压~0.15MPa的温度和压力的周期性大幅波动。这样的温度、压力周期大幅波动带来了该装置焦炭塔区域设备和管法兰密封点泄漏频繁的问题。

焦炭塔区域由于温度、压力的周期性大幅波动，引起的法兰密封点频繁泄漏部位主要集中在四通阀至焦炭塔进料线、焦炭塔底盖或底盖阀、焦炭塔顶盖或顶盖阀、大油气管线、放空线等部位的法兰密封点。从工艺过程看压力变化最为剧烈的过程在焦炭塔试压过程、切换初期、放空初期、小给水初期；温度变化最为剧烈的过程在预热初期、切换初期、大吹气初期、小给水初期和放空初期。上述部位在这些过程中的温度变化通常为几分钟内温度升降超过150℃，压力升降通常超过0.1MPa。所以极易在短时间内突然发生泄漏。

另外，为了将生焦过程由加热炉炉管延迟到焦炭塔内进行，油品在加热炉炉管内的流速非常高。先通过较高的加热炉进料泵出口压力来提供动力，再通过对炉管内注入中压蒸汽或高压软化水来为油品提速。正是由于油品的高流速和部分位置存在两相介质，造成了加热炉炉管存在小幅度的简谐振动。这种简谐振动主要影响区域集中在加热炉出口转油线至四通阀、四通阀至焦炭塔进料线和焦炭塔底盖或底盖机部位。

预紧力降低与简谐振动造成的泄漏情况区分是较为明显的。加热炉转油线至四通阀部分，在工艺平稳操作的前提下只存在简谐振动。表现为偶发的、低频次的个别法兰上的个别螺栓松动。四通阀至焦炭塔进料线、焦炭塔底盖或底盖阀部分则同时存在温度、压力的周期性大幅波动和简谐振动。表现为频发的、大量的、多个螺栓位的泄漏，同时伴有多个螺栓的松动，且松动的螺栓多见于四通阀至焦炭塔进料线以及底盖或底盖靠近进料线侧。焦炭塔顶盖或顶盖阀、大油气管线、放空线等部位的泄漏则仅由温度、压力的周期性大幅波动引起。表现为频发的、大量的、多个螺栓位的泄漏，但较少发生螺栓的明显松动。

2　法兰密封点泄漏原因分析

造成法兰密封点泄漏的原因很多，各连接件材料的正确选用、介质对各连接件的腐蚀状况、法兰加工质量、法兰安装质量、螺栓的应力松弛、垫片的正确选型和安装、温度和压力的波动、法兰密封点所属设备管线的简谐振动等，都会对法兰密封点的密封状况造成很大影响。

一般地讲，法兰连接是一个预紧力不定的系统，安装完好后各紧固原件预紧力处于一个相对较高的水品。生产过程中，设备内压力带来的轴向载荷、温度的大幅波动及简谐振动的影响，造成螺栓和垫片的蠕变及应力松弛、法兰产生偏转，此时各紧固件的预紧力较安装初期都发生了较大改变，从而造成法兰密封点密封比压的下降进而引发泄漏。根据统计，法兰密封点的密封性能下降中接近70%为螺栓预紧力下降所导致。

螺栓的失效影响因素很多，如材料、螺纹设计、热处理、运行工况等。而其中又以运行中的高温蠕变造成的失效为主。无论奥氏体钢还是珠光体钢，在恶劣的工况下（高温或温度剧烈变化）都会发生蠕变、断裂、应力松弛等形变过程，同时会伴有组织和性质的改变。

通常从材料角度来讲，在碳钢中加入 Cr、Ni、Mo、Ti 等元素，可以有效改善金属的金相组织，从而达到提高金属高温强度和抗应力松弛能力。根据焦炭塔区域的操作温度，螺栓材质选用 25Cr2MoV 是符合 SH 3404 要求的。

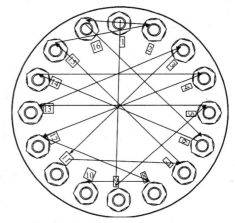

从加工制造角度看，螺栓安装后的应力集中于螺栓与螺母接触的第一个螺纹牙底与退刀槽部位。所以我们应选用符合以下两点要求的螺栓：①螺纹牙底为圆弧状；②退刀槽为圆弧过渡。

从安装角度看，首先应符合如图 1 中的螺栓紧固顺序次序为：1、9、5、13、3、14、7、15、2、16、6、14、4、12、8、10。

图 1　螺栓紧固顺序

从螺栓预紧力的角度来看，过高的初紧力会带来螺栓塑性变形速率的增加，反而会降低螺栓的使用寿命。所以对螺栓的热紧（即中间再紧）也就显得尤为重要，且被普遍采用。螺栓的再紧固应力变化曲线如图 2 所示。

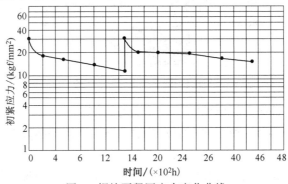

图 2　螺栓再紧固应力变化曲线

但螺栓的再紧固次数也是有限的，每一次的紧固都会使螺栓材料发生硬化，直至最后断裂。有专家曾在近似于实例的情况下对螺栓多次再紧固进行应力分析(见图3)。由图3可以看出螺栓在经过第5次再紧固之后,预紧力改变程度不大。这也提醒我们在生产实践当中,经过5次以上再紧固的螺栓将无法使其预紧力通过紧固而获得较大改善,从而改善泄漏状况,应考虑更换。

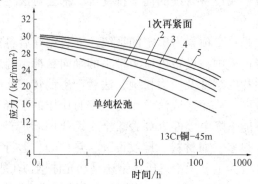

图3 螺栓多次再紧固应力变化曲线

3 预紧碟簧应用

针对造成延迟焦化装置焦炭塔区域法兰密封点频发泄漏的情况,我们有针对性地选用了高温预紧碟簧来防止泄漏的频繁发生。

碟簧采用耐高温、高弹性模量的合金材料制成,采用小拱高、高厚度的形式,并通过较小的行程来提供足够大的轴向力,因其体积小巧能够很好地满足现场安装条件的优势,得到了大量应用。碟簧安装示意图如图4所示。

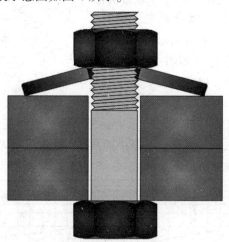

图4 碟簧安装示意图

碟簧在安装时将外部提供的机械能,通过轴向的形变而转化为自身的势能。当螺栓受到外界如温度、压力、简谐振动等的影响,发生预紧力下降的情况时,碟簧释放自身的势能来补偿螺栓的预紧力。

但需要注意的是,在选用碟簧时需要对碟簧的预紧扭力值与螺栓的建议扭力值进行比较,并选用预紧扭力值与螺栓的建议扭力值相似的碟簧。否则,如两者偏差较大要么碟簧被彻底压平甚至断裂而无法有效补偿螺栓预紧力,要么碟簧无法被有效压缩而无法有效储存机械能来补偿螺栓预紧力。

武汉石化公司延迟焦化车间于 2007 年开始使用碟簧，初次安装在焦炭塔 C-101/3 进料阀连接法兰、C-101/3 大油气隔断阀连接法兰上。通过一年的观察与 C-101/4 相同位置法兰比较，两处安装高温预紧碟簧的位置均未发生明显泄漏，而 C-101/4 相同位置法兰则在多次热紧之后，被迫选择逐条更换螺栓的方法。在后来的历次大检修过程中，车间逐步对焦炭塔区域的法兰密封点加装高温预紧碟簧，都取得了显著效果。有效避免了焦炭塔区域在各个温度、压力明显波动阶段的泄漏问题与存在简谐振动部位的螺栓松动问题。尤其在大油气线、放空线、底盖阀与焦炭塔塔体连接法兰处使用效果显著。

目前，把高温预紧碟簧试安装到高温过滤器大盖、高温机泵大盖上，使高温过滤器切换、高温机泵切换初期的泄漏问题也得到了有效解决。

4　结论

如何避免螺栓法兰密封点的泄漏是一个复杂的问题。通过实践证明，高温预紧碟簧安装简单，并能有效解决目前困扰延迟焦化装置的焦炭塔区域频发泄漏的问题，从而保证了装置的安、稳、长、满、优生产。

（中国石化武汉分公司延迟焦化车间　　武文斌）

52. 浅析高压高温管箱法兰密封泄漏与螺栓紧固

石油化工装置中换热器往往是介质热交换的关键设备，其中多数换热器需要在高温高压的工况下运行，而高压和高温变更容易造成换热器管箱法兰垫片老化、强度降低、蠕变松弛增大、螺栓伸长或蠕变变形等问题，从而造成管箱法兰的密封失效及发生泄漏，进而引发事故或影响石油化工装置的安全运行。本文讨论的重点是通过加强对安装、螺栓紧固的控制来防止泄漏。

1 法兰密封机理

管箱法兰密封是通过螺栓的预紧力，使垫片和法兰密封面之间产生足够的压力，垫片表面产生的变形足以填补法兰密封面的微观不平度，从而达到密封的目的。法兰在操作运行过程中，在内压轴向力的作用下，管箱的两片法兰呈现分开的趋势，螺栓将产生弹性或塑性变形，作用在垫片上的压紧力将减少。当作用在垫片有效截面上的压紧力减小到某一临界值时，仍能保持密封，此时剩余的压紧力为有效紧固力。当此有效紧固力小于临界值时，法兰密封面发生泄漏。因此垫片的有效紧固力必须大于管箱法兰的操作压力才能保持密封状态。在工艺操作状态下，管箱法兰和密封垫片间的密封性是靠垫片的回弹力来保证的。

管板与壳体的连接与换热器的形状有关，分可拆和不可拆两大类。固定管板式换热器的管板兼做法兰，与壳程筒体采用不可拆的焊接连接[见图1(a)]；浮头式、U形管式换热器的固定端管板被夹持在壳体法兰和管箱法兰之间，是可拆连接[见图1(b)、(c)、(d)]，因此，浮头式、U形管式换热器的管束可以抽出进行清洗和检修。各结构的密封形式可根据使用压力、温度、介质特性、气密性要求等条件决定。

2 法兰密封泄漏原因分析

法兰密封泄漏原因之一是垫片的失效渗漏，原因之二是垫片与法兰密封面间的间隙泄漏。由于新型材料的不断出现，垫片失效渗漏的现象极少发生。日常发生的绝大多数是第二种情况的泄漏。

高温高压换热器管箱法兰直径通常比管法兰要大得多，在实际工作中受力很复杂，螺栓、垫片、内压力都直接对法兰产生作用力，这些力不均匀可能导致法兰的不规则变形。螺栓力不均匀性是由螺栓螺纹间的摩擦、由于偏载造成额外的不确定的摩擦以及螺母和法兰面间的摩擦共同作用形成的。这些力从强度方面来看是足够的，但这些变形往往导致法兰的泄漏发生。法兰不仅要满足强度要求，还要满足其不泄漏的法兰最小变形。管箱法兰承受过高的轴向力和弯矩，致使密封面失去必要的压紧力，从而导致泄漏的发生。精确的法兰泄漏计算方法应将法兰刚度、垫片形式与特性、螺栓刚度及紧固力等因素考虑进去。

3 螺栓紧固力核算

3.1 垫片需要的紧固力

换热器管箱法兰根据给定的工艺条件(工艺介质、工作温度和压力、公称直径)更为具体地分析垫片，必须对法兰的预紧和操作两种状态进行分析。

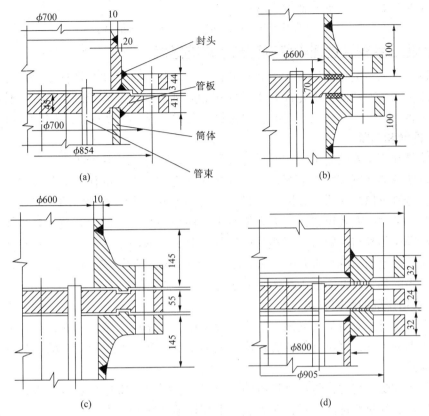

图 1　管板与壳体的连接结构

3.1.1　预紧状态

为了消除法兰密封面与垫片接触表面的缝隙，保证法兰面的密封，必须在垫片上施加足够大的预紧力。这种预紧状态下所需的最小垫片压紧力为：

$$F_a = \pi D_G by$$

3.1.2　操作状态

垫片在压力作用下保持密封的条件是：介质通过密封面时所受到的阻力大于介质压力的推力。这个阻力与垫片和法兰密封面间的压紧力有关。在操作状态下垫片的最小压紧力为 F_G：

$$F_G = F_p = 2\pi D_G bmp_c$$

本文计算公式的物理量符号、计量单位按 GB 150—1998《钢制压力容器》第 9 章法兰设计部分的物理量和计量单位，不另列符号说明。

3.2　螺栓载荷

而对于多管程的换热器，因隔板槽的面积已折算到垫片的密封环上，故我们：将换热器管箱法兰的螺栓载荷和法兰力矩的计算公式改写为如下公式（分别在原来符号的右上角标上"′"，以示区别）。

（1）预紧状态下所需的螺栓最小载荷：

$$W'_a = F'_a = 3.14 D_G y (b+\Delta)$$

式中，Δ 为分程隔板槽位置处垫片的面积折算到圆周方向后，垫片有效宽度的增量。

（2）操作状态下所需的螺栓最小载荷：

$$W'_p = F + F'_p = 0.785 D_G^2 p_c + 6.28 D_G m p_c (b + \Delta)$$

4　管箱法兰安装过程中控制密封泄漏的措施

换热器法兰安装前仔细检查法兰和垫片的形式、材料、尺寸和螺栓是否符合规定的要求，保持法兰密封面清洁，不允许有机械损伤和腐蚀损坏以及残余的旧垫片。检查法兰表面粗糙度是否合格，法兰面是否对准，两密封面是否平行，必须要满足垫片的使用要求。

4.1　冷紧和热紧

冷紧就是在管箱安装施工时，通过外作用力使得法兰、垫片产生预变形，通过这种预变形，使得换热器在安装状态下存在一个与操作状态时反方向的作用力，从而降低管箱的力和力矩。冷紧可以防止法兰处因力矩过大而发生泄漏。当法兰紧固的力矩使垫片受力不均，垫片某一部位的有效压紧力比无力矩时大，而另外某一部位的有效压紧力比无力矩时小，当最小部位的参与压紧力小于垫片的有效压紧力，泄漏便在此发生。在操作温度高于安装温度时，冷紧的措施是必要的。对高温高压的管箱法兰除安装时冷紧外，物料投用后，还要进行适当的热紧以补偿由于热膨胀引起的螺栓松弛现象。

4.2　采用正确的紧固方式

螺栓在预紧时，对角均匀紧固，防止应力集中，减小应力偏差。螺栓载荷的均匀性是螺栓是否松动的关键，这也是保证管箱法兰密封的关键环节。螺栓载荷的均匀性取决于螺栓的锁紧方式。

为了使垫片受压均匀，防止垫片压偏造成泄漏，同时要避免垫片被挤入管箱内而受介质冲蚀，螺栓必须对称逐渐拧紧，在大法兰上使用液压螺栓张力器测量螺栓的伸长量，来测试螺栓的预紧应力。当螺栓群受力不均时，可能引起法兰面变形，使得传力摩擦面的螺栓个数减少，摩擦面之间产生间隙，降低了螺栓的有效作用范围，因而部分螺栓的承载作用被大大降低，承载力下降。当该节点受到极限载荷的作用时，螺栓在螺栓孔内发生微小的位移，当长期受到温变往复载荷作用时，螺母会逐渐产生松动。

高温工况下，管箱法兰密封垫片受温度和介质压力的共同作用，将产生明显的蠕变和应力松弛，另外密封垫片材料发生氧化或热分解，材料的屈服极限降低，将导致塑性变形量增大。两种因素均会导致密封垫片回弹性能的下降，当密封垫片回弹量不足以补偿介质压力、温度和法兰外载荷引起的密封面分离和高温下连接结构的蠕变松弛时，就会导致介质的泄漏。

使用扭矩法时要避免人力紧固而采用风动或液压扳手，同时采用良好的润滑剂。如果工具良好螺栓紧力偏差为20%，没有润滑措施时，螺栓紧力偏差则高达30%。高温高压换热器工况要求苛刻且螺栓较大，采用拉伸法更为合适，结合可控扭矩转动螺母，螺栓紧固力偏差可控制在±15%。而采用超声测微仪时，紧力偏差为1%～±10%。扭矩法和拉伸法如图2和图3所示。

螺栓被扭力扳手紧固时，需要额外的一个点来阻止工具移动，反作用力支点越近，偏载力越大。使用液压扳手时螺栓末端受到附加翻转力矩，两侧螺牙变形克服螺牙摩擦，损失扭矩未知。在螺栓载荷作用下，螺母嵌入法兰面，受力面受损，增加未知的摩擦力。

4.3　加装螺栓垫圈附件

法兰要求垫片具有良好的密封性和较高的回弹性，给螺栓加装弹性垫圈和拉伸垫圈可以不同程度地解决这一问题。螺栓垫圈安装方式如图 4 所示。

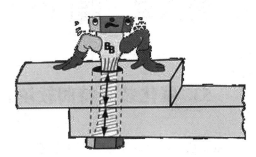

图 2　扭矩力转化为螺栓载荷　　　图 3　螺栓伸长量转化为螺栓载荷

弹性垫圈承担法兰垫片的压缩回弹性能。在高温下密封垫片出现蠕变和应力松弛时，可利用弹性垫圈优异的回弹性能补偿密封垫片与法兰密封面之间的松弛，从而确保垫片上仍然维持有足够的工作比压，可以解决因垫片残余应力下降引起的工艺介质泄漏的问题。

拉伸垫圈是目前比较先进的螺栓紧固密封附件，螺栓紧固时，螺栓不跟转，没有偏载，不需要对螺栓过度拉伸。使用于垫片工况的拉伸垫圈如图 5 所示。通过在螺栓上加装拉伸垫圈，使作用于普通螺栓上的扭矩转换为螺栓轴向拉力，进而直接转换为螺栓的预紧力。拉伸垫圈内部通过过盈配合的螺纹环与紧固螺纹产生的双螺纹效果，使螺栓不会随着螺母转动，在进一步旋转螺母时，则螺栓被轴向力拉伸，这使得拉伸垫圈内部螺纹环也随着螺栓的伸长而上升，起到了较好的预紧效果。拉伸垫圈安装简单，紧固精度高，适用于高温高压及温度变化频繁的部位，使用专用工具安装，螺栓紧固精度可以达到±10%左右；同时由于双螺母效果的存在，可以消除由于振动所致的螺母松动。

图 4　螺栓垫圈安装方式　　　　图 5　使用于垫片工况的拉伸垫圈

5　结语

换热器管箱法兰泄漏的原因是多方面的，以上仅对高温高压工况下的泄漏进行了简单的分析，评价了法兰接头的密封性能，并从螺栓紧固方面分析了解决泄漏的方法。通过技术改进及合理的安装使用，会大大减少管箱法兰密封的泄漏。

（中国石油克拉玛依石化分公司　潘从锦，向长军）

第六章　阀门密封应用维修案例

53. 催化装置特阀软填料动密封装填新技术

炼油厂催化装置的特阀是该装置的关键设备。填料密封泄漏是特阀运行过程中的常见故障，一旦泄漏，主风中夹带大量催化剂对阀杆进行冲蚀，将很难有效处理，装置将被迫停车。2000 年以前，锦西石化分公司的二催、重催装置因特阀填料泄漏，多次发生被迫停车事故，造成很大的经济损失。为解决这一难题，作者经过近几年的研究和实践，针对软填料动密封的特点，从软填料动密封原理入手，对传统的软填料动密封装填方法提出质疑，大胆革新，发明了一种全新的特阀软填料装填新技术。

1　催化装置特阀简介

催化装置的特阀包括：电液(单动、双动)滑阀、电液蝶阀、电液塞阀等。现以重油催化 DYLD1000 型再生单动滑阀为例作简单介绍。该阀为电液调节单动滑阀，焊在催化裂化装置反应器与再生器之间的再生斜管上，通过调节阀板的开度来控制由再生器流向反应器的催化剂循环量。

1.1　技术数据

设计压力/MPa	0.40	全开口径/mm	$R200+220\times400$
设计温度/℃	780	全开面积/cm²	1500
设计压差/MPa	0.12	阀杆行程/mm	470
阀体试验压力/MPa	0.8		
通过介质	分子筛催化剂	行程速度/(mm/s)	25

1.2　结构

该阀由阀体、阀盖、阀板、导轨、阀座圈阀杆、阀密封填料及液压缸、控制箱等组成。图 1 为 DYLD1000 型特阀阀盖组件简图。

1.3　DYLD1000 型特阀填料及传统装填方法

DYLD1000 型特阀填料为柔性石墨环。其传统装填方法如下：

首先将阀杆装入填料函箱，然后逐圈将填料环、间隔环、填料环装入填料函箱内，最后用填料压盖紧固螺栓压紧填料。用这种方式装填填料密封圈，特阀经过一段时间运行后，常常会发生主风泄漏，而一旦填料泄漏，0.3MPa 的主风会携带大量催化剂，沿阀杆及填料间隙大量泄出，同时高速流动的催化剂颗粒将损伤阀杆表面，使阀杆沿轴向产生冲蚀沟痕，因而使得特阀不能继续工作，装置只能停车更换特阀阀杆及填料，因此会造成很大的经济损失。

2　软填料动密封

2.1　软填料动密封材料

密封能力是一个综合指标，在很大程度上是由材料变形和强度性能所决定的。为了保证密封装置具有良好的密封性能及长久的使用寿命，对于密封装置来说，结构是先导，工艺是保证，材料是基础。密封材料是保证密封性能和使用寿命的关键所在。

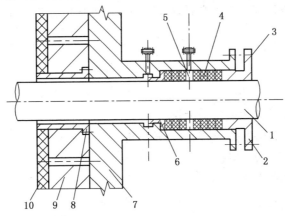

图 1　阀盖组件简图

1—阀杆；2—填料压盖；3—紧固螺栓；4—软填料；5—间隔环(油环)；
6—推衬环(或节流环)；7—阀盖；8—限位压盖；9—隔热、绝热层；10—耐磨层

炼厂设备密封装置采用的软填料多为碳素纤维盘根和柔性石墨填料环。催化装置特阀采用的软填料为柔性石墨填料环。

2.1.1　柔性石墨

柔性石墨作为一种密封材料，在国内石油、化工、石油化工、电力等领域有着十分广泛的应用。柔性石墨密封材料的主要特性是：

（1）气密性好。对气体和液体具有良好的不渗透性是实现密封的基础，柔性石墨具有这一特点。

（2）柔软性及回弹性好。柔性石墨具有良好的柔软性和回弹性，这是作为理想密封材料所必备的特性之一。

（3）耐温性好。柔性石墨具有普通天然石墨的耐温性能，其在非氧化介质中使用温度为$-200 \sim 1600℃$。

（4）各项异性。石墨属于六方晶系结构，它的平面层内的碳原子间距与上下层间的碳原子间距有明显区别(分别为 1.42Å 和 3.35Å)，因此在导热及热胀系数的性能上有明显的各项异性现象。变成柔性石墨后，更加大了各项异性。

（5）耐腐蚀性好。

（6）机械性能好。

（7）摩擦系数小。柔性石墨的摩擦系数小，具有自润滑性能。

（8）无毒。柔性石墨无毒，在生产使用过程中不会产生公害。

柔性石墨填料环是使用经过裁切的板材连续螺旋缠绕(为增加其强度，有时在期间加入薄铜皮)，并在定性模具中压制而成的环状密封圈，环的截面一般为矩形。

2.1.2　碳素纤维填料

碳素纤维填料是一种复合材料制成的填料，碳以石墨的形式出现，晶体为六方结构，六方体底面上的原子以强大的共价键结合，所以碳纤维比玻璃纤维具有更高的强度及弹性模量。例如普通碳纤维的 $\sigma_b = 500 \sim 1000MN/m^2$，$E = 20000 \sim 70000MN/m^2$；而高模量碳纤维

的 $\sigma_b>1500MN/m^2$，$E>150000MN/m^2$，而且比强度和比模量是一切耐热纤维中最高的。因此碳素纤维填料具有以下特点：

（1）比强度和比模量高。强度和弹性模量与密度的比值称为比强度和比模量。

（2）抗疲功强度好。

（3）冲击韧性高。

（4）耐热性能好。

（5）化学稳定性高。

总之碳素纤维是十分理想的密封材料。

2.2　软填料动密封的原理、结构特点及应用

2.2.1　软填料动密封结构简图

软填料动密封结构如图 2 所示。

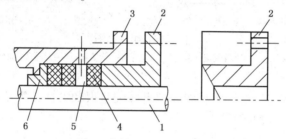

图 2　软填料密封结构简图

1—轴或阀杆；2—填料压盖；3—填料函箱；4—软填料；5—间隔环(油环)；6—推衬环(节流环)

2.2.2　软填料动密封的原理

在轴与壳体之间充填软填料，然后用压盖和螺栓压紧，使填料发生弹、塑性变形，从而达到：①填料与推衬环端面、填料与填料、填料与填料压盖之间紧密贴合，实现径向密封目的；②由于填料压盖有 30°倾角，从而使填料压盖对填料产生径向预紧力，径向预紧力使得填料在径向产生弹、塑性变形，使填料与轴紧密贴合，从而达到轴向密封的目的。

2.2.3　软填料动密封的应用

软填料动密封可应用于液体或气体介质，轴可作往复运动和旋转运动的密封，广泛应用于各种阀门、泵类(如水泵、真空泵等)。

选择适当填料及结构，可用于压力≤35MPa、温度≤600℃和速度≤20m/s 的场合。

2.3　软填料动密封传统装填方法及存在问题

2.3.1　软填料动密封传统装填方法

将软填料、间隔环、软填料逐圈装入填料函箱内，然后用填料压盖和螺栓进行紧固。

2.3.2　软填料动密封传统装填方法存在的问题

传统装填方法造成软填料各圈沿轴向、径向受力不均匀，靠近压盖侧填料受力最大，远离压盖侧受力逐渐减小，从而使得远离压盖侧的填料轴向、径向弹、塑性变形减小，密封能力减弱，而远离压盖侧的填料，密闭的介质压力又很高。密封能力弱，密闭介质压力又高，双重作用的结果，使得靠近介质侧的填料很快失效，并逐渐向外扩展，最终使软填料密封很快整体失效。

实践也证明，传统的软填料装填方法在密封效果方面也是不可靠的，例如：①锦西石化分公司的催化装置的特阀(一、二再单动滑阀，双动滑阀，待生塞阀、气压机出入口闸

阀)填料，往往运行不到一个周期即发生泄漏，多次造成装置的非计划停车，经常损失很大；②锦西石化分公司催化、焦化、加氢、重整等装置的工业用汽轮机调节器阀阀杆多次发生泄漏，给正常生产运行造成很大被动；③锦西石化分公司3万t聚丙烯装置的聚合釜、反应釜轴端密封也是软填料密封，传统软填料装填方法也满足不了密封的长期可靠性。

3　软填料密封装填新技术

3.1　传统软填料装填方法造成各密封圈密封能力不一致原因

传统的软填料装填方法，造成转入填料函箱内的各密封圈沿轴向愈向密闭介质处密封能力愈弱，愈向密封填料压盖处密封能力愈强，这是由装填方法和软填料自身特性所决定的。由于软填料抗拉、抗剪切能力低，易发生弹、塑性变形，靠近填料压盖处的填料，首先受到填料压盖作用给填料的轴向、径向力，力作用的结果，使得靠近压盖处的几圈填料首先发生弹、塑性变形，从而使得靠近填料压盖处的几圈填料(一般为2~4圈)与轴及填料函箱内壁之间摩擦力增大，进而造成远离填料压盖处的密封圈所受轴向、径向力减小，密封圈弹、塑性变形减小，密封能力减弱。

软填料密封圈受力分析如图3所示。

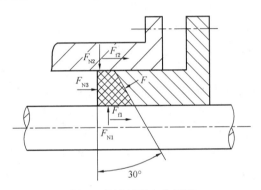

图3　软填料受力分析图

由填料受力图可知，靠近填料压盖处的软填料密封圈，受到如下几个力的作用：填料压盖作用到填料的压力 F，轴及填料函内壁作用给填料的反向压力 F_{N1}、F_{N2}，相邻填料作用到盖密封圈的压力 F_{N3}，轴及填料内比作用给填料的摩擦力 F_{f1}、F_{f2}，力的恒等式为：

$$\vec{F} = \vec{F}_{N1} + \vec{F}_{N2} + \vec{F}_{N3} + \vec{F}_{f1} + \vec{F}_{f2}$$

力综合作用的结果，使填料发生弹、塑性变形，从而形成密封圈密封力。

由于靠近填料压盖处密封圈弹塑性变形大，填料与轴、填料函内壁摩擦阻力大，造成有效传递给内部各密封圈的压力减小，进而使靠近介质侧密封圈密封力减小，密封效果差。

3.2　软填料密封装填新技术

如何使装填在填料函箱内的各密封圈充分发挥其密封能力，进而保证密封装置可靠，是解决传统软填料装填方法造成密封装置能力差的关键所在。经过笔者几年的认真研究，发明了软填料密封装填新技术。

3.2.1　软填料密封装填新工艺

软填料密封装填新技术，就是改变传统的软填料装填方法，制作专用软填料装填工具，采用新的软填料装填工艺，保证装入填料函内的各圈填料逐圈压紧，使各密封圈的密封能力一致，充分发挥各密封圈密封效能。

　　图4为软填料装填新工艺简图。采用软填料装填新工艺,首先制作长短不一的一组填料压套(填料压套制作方法:根据轴径、填料箱内孔尺寸、填料箱深度、每圈填料厚度确定其加工尺寸,首先加工成筒状套,压填料侧车削成与直径方向成30°的倒角,然后沿直径方向铣成两半,以便装拆)。然后装入第一圈填料,利用压套、填料压盖、紧固螺栓将第一圈软填料压紧,取出填料压套,装入第二圈填料,采用同样方式紧固第二圈软填料,以此类推,将填料函箱内的其余填料、隔离环、填料装配完。

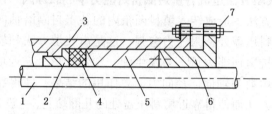

图4　软填料装填新工艺简图

1—轴;2—节流衬套;3—填料函箱;4—软填料;5—填料压套;6—填料压盖;7—紧固螺栓

3.2.2　软填料装配过程中注意事项

(1)柔性石墨环软填料尽可能采用整圈装配方式,不要切口装配;

(2)碳素盘根软填料装配,各圈切口应互成90°或120°;

(3)填料函中隔离环多用来引入封液,对填料起润滑作用,减少轴径磨损,提高使用寿命,并能有效改善填料受力状况,因此,隔离环的装配,一定要对准填料函上的工艺孔。

3.2.3　软填料密封装配新技术在炼厂催化装置特阀上的作用

软填料装配新技术首先于2000年在催化装置特阀上应用,经过几年的实践检验,在催化装置生产运行周期内,从未发生过一起因特阀填料泄漏造成装置非计划停车事故。新技术的采用,延长了特阀的使用寿命,保证了生产装置的安、稳、长、满、优运行。

3.2.4　软填料密封装填新技术的其他应用

软填料密封新技术在炼化催化装置特阀成功应用后,笔者又开拓了其应用范围,先后在工业用汽轮机调节汽阀、聚丙烯装置聚合釜、闪蒸釜、工业用循环水泵等方面加以推广和使用,均取得了非常好的应用效果。

4　结论

软填料密封装填新技术,是对传统软填料装填方法的革命性改进,从根本上解决了传统的软填料装填方法存在的缺陷,延长了密封装置寿命期,提高了密封装置的可靠性。该技术,对整个石油、石化行业乃至整个机械行业都具有普遍的指导意义,具有很高的应用价值。

(中国石油锦西炼油化工总厂　张春雨)

54. 顶装式球阀密封结构的改进

普光气田集气站阀门种类繁多，有闸阀、球阀、截止阀、止回阀、安全阀等十余种，其中球阀使用较广泛，集气站及阀室所用球阀压力等级从 Class 150lb 至 Class 2500lb，公称直径从 DN15 至 DN700，阀门材质为 LCC、LF2、WCC 和 WCB 等，苏州纽威阀门厂生产的顶装式球阀在普光气田使用较广泛。

1 普光气田集输工程概况

1.1 普光主体

普光气田主体 105 亿 m³ 产能建设主要包括 16 座集气站，39 口开发井、1 座集气末站及 1 座污水处理站，管网 ESD 阀室 29 座，酸性天然气管线 37.78km，山体隧道 5 处，穿跨越 27 处。

1.2 大湾区块

大湾区块 30 亿 m³ 产能建设主要包括 7 座集气站，13 口生产井，1 座污水处理站（位于 D403 站内），1 座污水回注站，集气总站扩建，18 座 ESD 阀室，23.82km 酸气管线，6 处穿跨越，9 处山体隧道。

2 普光气田顶装式球阀简介

顶装式固定球结构，上装式枢轴固定支持，阀门具有双截断和泄放（DBB）功能，任何一边都能够承受全压差，上游为自泄压式阀座，下游为双活塞式阀座。阀球与阀座采用金属对金属密封结构形式。阀座密封面表面喷涂碳化钨硬化处理，阀门底部有排污口，并安装根部阀双阀结构。阀杆设计成在介质压力作用下拆开阀杆密封圈时阀杆不至于脱出的结构，阀杆密封采用自紧式密封，以防止泄漏。

3 顶装球阀常见问题分析

3.1 在投产初期阀门内漏分析

投产初期，在现场进行吹扫试压过程中，多次对阀门开关后发现，阀门关闭后，对下游管线放空后，压力无法泄放到 0MPa，多次测试分析，阀门存在内漏现象。

1）阀门拆解后分析

对存在内漏的阀门进行了解体，解体后在阀腔内发现有金属颗粒、硬物及充满泥沙的黏稠液附在球体和阀座上，部分阀门球体和阀座上仅有微小划痕，这些杂质混在介质中不可避免地进入到唇式密封圈的密封区域，随着长时间的高速气流吹扫，造成唇式密封圈被刮伤，同时由于对零件的表面粗糙度要求很高（要求 $R_a0.2$），任何细小的划痕都会导致密封泄漏。

2）顶装球阀密封结构失效原因分析

吹扫试压时，对阀门进行开关操作，介质进入阀座密封处，导致阀座处的唇式密封圈密封失效。

唇式密封要求较硬，要求的过流介质较洁净，阀门厂家在选择使用在普光气田的阀门密封形式错误。

3.2 使用过程中出现问题分析

随着生产时间的延长，部分球阀出现了开关十分困难现象，经过分析，判断一是减速机构处存在问题，二是阀门内部密封及弹簧处存在问题。

1）减速机构存在问题所做工作

打开部分球阀减速箱后，发现传动机构轴承出现了断裂情况，且传动机构都存在积水现象，更换轴承后，球阀开关灵活。分析传动机构出现积水现象的主要原因为压盖密封性不好，雨水进入到内部，造成黄油变质，最终导致轴承生锈，在多次的开关后产生断裂。

2）阀门内部密封及弹簧处存在问题所做工作

在经过检查减速机构无问题后，分析内部球阀的结构及阀门使用环境。分析得出：一是由于多次的批处理使阀腔内沉积有杂质造成阀门开关困难；二是阀门本体密封结构处设计不合理，在开关多次后使得阀门开关困难。已经将减速箱处密封胶改换为青稞纸，增加密封性。

4 问题解决措施及改进方法

4.1 Lip seal 性能（唇式密封）

（1）唇式密封是一种单向作用，截面形状为 U 形。唇式密封圈密封面硬度为 65 邵氏 D。

（2）唇式密封圈配对材料的粗糙度要求较高，R_a0.2 才能密封。

（3）唇式密封圈较硬，抗颗粒介质较差。

4.2 抗硫 O 形圈性能

（1）O 形圈的硬度为 90 邵氏 A（等于 42 邵氏 D）。

（2）O 形圈对配对材料的粗糙度要求低，粗糙度 R_a1.6 就可以密封。

（3）O 形圈软抗颗粒介质强，即使有微小颗粒介质嵌入也能被 O 形圈包容而密封。

综合分析抗硫 O 形圈性能应用在普光气田阀门密封时，密封性能强于唇式密封。遂采用抗硫 O 形圈代替原阀门唇式密封。

4.3 中腔密封结构改进

在阀体中腔部位增加一道密封，当 lip seal 失效时由于颗粒进入失效时还有一道 O 形圈+一道石墨密封，可以大大降低外漏风险，如图 1 所示。

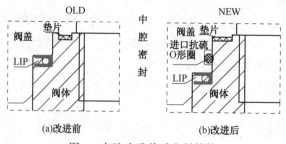

图 1 中腔改进前后密封结构

4.4 阀座部位改进

改进前上游阀座与下游阀座均为 lip seal 密封形式（见图 2）。

理想情况下：当介质从上游流向下游时，上游 lip seal 阀座密封，下游 lip seal 阀座第二道备用密封；当介质从下游反向流向上游时：下游 lip seal 阀座密封。

存在杂质情况下：由于 lip seal 对密封面的要求高，要求粗糙度在 $R_a 0.2$ 条件下才能密封，如果有颗粒介质进入密封区域，容易造成 lip seal 失效。当 lip seal 失效时阀门泄漏。

改进后上游阀座为 lip seal 密封形式，下游阀座为 O 形圈密封(见图3)。

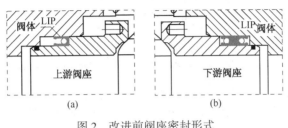

图2　改进前阀座密封形式

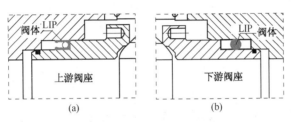

图3　改进后阀座密封形式

理想情况下：当介质从上游流向下游时，上游 lip seal 阀座密封，下游 O 形圈第二道备用密封；当介质从下游反向流向上游时，下游 O 形圈密封。

存在杂质情况下：当介质从上游流向下游时，如果上游 lip seal 失效时，阀门还可以利用下游的 O 形圈密封；当介质从下游流向上游时，如果上游是 lip seal 失效，下游 O 形圈密封，提高了密封的可靠性。

4.5　阀杆填料部位改进

使用抗硫 O 形圈代替原阀门唇式密封，如图4所示。

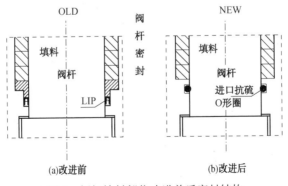

图4　阀杆填料部位改进前后密封结构

4.6　阀门内腔过流表面防腐处理

对阀体表面密封面进行超级化学镀 ENP，提高阀门耐腐蚀性，延长使用寿命。

5　改进后阀门应用情况及效果

改进后阀门应用情况及效果见表1。

综合分析，针对顶装式球阀的阀杆、阀盖及阀腔密封的内、外泄漏现象做出的四种改造方案，经过专家论证及现场实际使用情况验证，效果良好。

表1　改进后阀门应用情况及效果

序号	口径	磅级	数量	安装场站	安装位置	安装时间	工作状态描述	当前性能状况
1	$DN300$	900lb	1	304井站	普光304集气站发球筒出口第一个球阀	2010.10.23	每月管线清理，一次收发球作业需开关10次左右	密闭性良好，目前使用正常
2	$DN300$	900lb	1	304井站	普光304集气站发球筒出口第二个球阀	2010.10.23	每月管线清理，一次收发球作业需开关8次左右	密闭性良好，目前使用正常
3	$DN300$	900lb	1	303井站	普光303集气站收球筒出口第一个球阀	2010.9.16	每月管线清理，一次收发球作业需开关8次左右	密闭性良好，目前存在内漏现象
4	$DN300$	900lb	1	303井站	普光303集气站收球筒出口第二个球阀	2010.9.16	每月管线清理，一次收发球作业需开关8次左右	密闭性良好，目前存在内漏现象
5	$DN200$	900lb	1	303井站	计量汇管出口阀门	2010.9.16	属于常开状态，外漏未发现，但无法验证内漏情况	

（中原油田普光分公司采气厂　于会景，张广晶，贾厚田，易文）

第七章　新型密封技术应用案例

55. 新型密封技术在石化压缩机上的应用

自离心气体压缩机诞生以来，随着科学技术的发展，压缩机技术一直在不断进步。目前的情况是，单独从叶片本身流动设计角度看，已经达到相当完善的程度，压缩机的效率已经没有太大的提升空间。为了进一步提高压缩机的性能，仅通过改进叶轮等的性能，对提高压缩机效率的作用非常有限。影响压缩机效率的因素很多，其中压缩机内部密封和外部密封漏气是导致设备效率降低的重要原因，特别是压缩机参数越来越高，相同密封间隙下，通过级间汽封气体密度升高，则质量流量增大。为了减小漏气的影响，现代压缩机设计者均十分重视汽封的设计。减小漏气的途径有增加长度、减小间隙和增加阻力三种途径，在设备尺寸已经确定，增加气封的长度已经无法实现的情况下，如何减小气封与转子间的间隙，增加气封对泄漏气体的阻力成为关键。现代工业中输送的气体种类越来越多样化，在输送含硫天然气、合成气和烷烃等气体时，常用的铝制蜂窝密封腐蚀现象严重，不锈钢带钎焊蜂窝密封有开焊、倒伏、磨轴、伤轴现象，对易燃易爆气体介质存在安全隐患。因此，急需新材料、新工艺、新技术加工生产的蜂窝密封来解决以往蜂窝密封存在的不足，填补该项空白。

1　详细技术内容及技术创新点

为加工出密封效果更好，更能满足用户需要的密封，我公司经过不懈努力终于研发出"系列新型蜂窝密封"，其中包括直式蜂窝密封、斜式蜂窝密封、可磨涂层蜂窝密封、PEEK蜂窝密封、嵌合式蜂窝密封等，该系列新型蜂窝密封在实际使用中都取得了很好的使用效果。

1.1　直式蜂窝密封：其创新点是本体与蜂窝为一体，蜂窝稳固

原有蜂窝密封为不锈钢带焊接而成，设备运行时易倒伏；化学蚀刻法加工的蜂窝深度浅、蜂窝格厚度大，难以达到规则蜂窝式汽封的技术要求。我公司采用激光数控法加工的直式蜂窝密封菱形孔正六边形蜂窝密封，蜂窝盲孔与密封本体为一体加工而成，加工间隙可完全达到设计要求的间隙，内孔光滑，蜂窝形状规整，蜂窝格窄，蜂窝可达到设计深度，如图1所示。

1.2　斜式蜂窝密封：其创新点是蜂窝为斜式，气阻大，泄漏量小

经大量实验数据表明，在相同的入口条件下，进入蜂窝腔的气流与水平面的夹角越大，其漩涡体积越大，蜂窝密封形成的漩涡对外漏气体造成的阻力越大，密封效果越好。依据这一原理我公司研发出阻气效果更好的新型斜式蜂窝密封，该密封特点是，正六边形蜂窝与密封本体为一体，采用我公司研发的新型加工工艺在铝材密封环体的密封面上加工出密布的与轴成夹角、顶端与轴平行的正六边形蜂窝孔（见图2～图4）。蜂窝孔倾斜，泄漏气体进入蜂窝后形成反冲力。蜂窝孔顶端与轴平行，气体冲入蜂窝内后挤压到蜂窝孔顶端与蜂

窝孔轴线形成的夹角内,气体受压缩反冲力更大,阻止气体进一步向内扩散。我公司生产的斜式蜂窝密封的正六边形蜂窝与密封本体成一体,加工出的蜂窝远比原钎焊的形状规则且一致性好,更有利于减少机械振动,保证透平机等设备的稳定性。密封的整个内孔与轴间隙一致,防止了因锥孔与轴间隙过大导致泄漏量变大。随着被密封气体的压力和设备转速的不同合理选择蜂窝孔的倾斜角度,防止了大倾角蜂窝孔对气体阻碍作用的增大造成的设备噪声和振动,实现了气体密封性与设备稳定性的最佳结合。

图 1　直式蜂窝密封

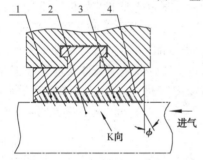

图 2　斜孔蜂窝密封示意图

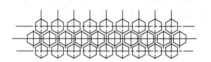

图 3　正六边形蜂窝 K 向示意图

1—斜孔蜂窝孔;2—轴;3—蜂窝孔轴线;4—蜂窝孔顶端

图 4　斜孔蜂窝密封

1.3　可磨涂层蜂窝密封:其创新点是蜂窝密封与轴间隙更小,不伤轴,减少泄漏量

早期的蜂窝密封,采用真空钎焊不锈钢,即先将不锈钢薄板加工成规整的正六边形蜂窝带,然后采用真空钎焊技术将蜂窝带钎焊在母体汽封环内表面上。蜂窝汽封安装在设备上要求与轴颈保持较小的配合间隙。真空钎焊不锈钢薄板加工成的蜂窝密封,若遇到轴颈

下沉，不锈钢蜂窝带会磨损轴面，并易产生火花，对易燃易爆气体工况带来安全隐患。随着加工水平的提高该材质已逐渐被金属铝材所代替。与先期真空钎焊不锈钢蜂窝密封相比，当今先进的铝制蜂窝密封与转子间间隙已经减小很多，但仍然达到0.4mm以上，大型设备间隙更大。随着工业的发展，设备越来越大型化，同样的间隙设备越大泄漏量越大。对大型设备，减少一点间隙所产生的经济效益都是十分明显的。现有的刷式汽封、接触式蜂窝汽封、DAS气封等，都是在整套气封中增加几条小间隙气封齿，增加的密封效果有限。

随着航空工业的迅速发展和航空技术的日益进步，新材料、新工艺不断增加，其中可磨耗封严涂层的应用大大提高了航空发动机的推力和效率。可磨耗封严涂层由一定比例的金属相和具有润滑作用的非金属相及较多的空隙组成。其既有足够的强度抵抗外部颗粒及气体的冲蚀，又可被刮削，在叶片与涂层发生摩擦接触时，涂层被刮削而叶片尖端不磨损，涂层不脱落，可封严间隙，减少气体泄漏，有效提高飞机发动机的工作效率(见图5)。我公司通过对这一新兴材料的不断研发，将可磨耗封严涂层与蜂窝密封结合在一起，充分利用蜂窝密封可降低亚异步振动及具除湿性等优点和可磨耗封严涂层与轴摩擦接触时涂层被刮削而轴

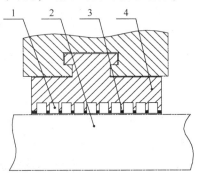

图5　可磨涂层蜂窝封示意图
1—蜂窝孔；2—轴；
3—可磨涂层；4—蜂窝密封本体

不磨损的特性，以铝材为本体，根据不同工况，在蜂窝密封内表面采用等离子喷涂一定厚度不同成分的黏结相金属基体的可磨耗封严涂层。蜂窝密封安装前内孔尺寸与被密封轴间隙接近为零，蜂窝密封安装到设备上后在运行中进行自摩擦刮削成型，可在不损伤轴的前提下获得设备实际工作状态下的最小间隙，以达到减小密封间隙，降低泄漏量的目的，如图6所示。

图6　可磨涂层蜂窝密封

1.4　PEEK密封及其蜂窝密封：其创新点是耐腐蚀性更强，适用于压缩机腐蚀性气体介质，使用寿命长，可减少泄漏，减轻压缩机激振

在现代蜂窝密封加工中，铝合金以其密度小、耐腐蚀性能好、柔软不伤轴等特点得到广泛采用，但在输送含硫天然气、合成气和烷烃等气体时，常用的铝制蜂窝密封腐蚀现象严重，针对此工况，我公司专门设计了PEEK蜂窝密封(见图7)。其中文名称为聚醚醚酮树脂(Polyether Ether Ketone，简称PEEK树脂)，是由4，4-二氟二苯甲酮与对苯二酚在碱

金属碳酸盐存在下以二苯砜作溶剂进行缩合反应制得的一种新型半晶态芳香族热塑性工程塑料，最早在航空航天领域获得应用，替代铝和其他金属材料制造各种飞机零部件，现已在航空航天、汽车制造、电子电气、医疗和食品加工等领域得到广泛应用，用来制造轴承、压缩机阀片、活塞环、密封件和各种化工用泵体、阀门部件、电缆绝缘等。该材质不但具有金属铝材所有优点，且比铝材更轻、更耐磨、更耐腐蚀（不溶于浓硫酸外的几乎所有溶剂），其出色的耐磨损和自润滑性（特别是碳纤、石墨各占一定比例混合改性的 PEEK 自润滑性能更佳）大大提升了机械运转的稳定性，有效降低了噪声，改善了设备的操作环境。因其具绝缘性，密封内孔与轴摩擦时不会产生火花，在输送易燃易爆，如氨气、甲烷、丙烷、石油气、氢气等危险气体时比其他材质更具优势。很多塑料产品易受到化学品侵蚀、尺寸变换不定和机械性能受损失，而用 PEEK 材料生产的蜂窝密封对各种腐蚀性气体适应性更强，减震效果更好，解决了在输送含硫天然气、合成气和烷烃等气体时，常用的铝制梳齿、铝制蜂窝密封腐蚀现象严重，普通塑料材料制造的梳齿或蜂窝密封易变形、维修频繁的问题。

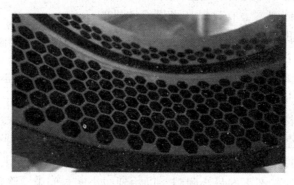

图 7　PEEK 蜂窝密封

1.5　嵌合式蜂窝密封：其创新点是中开结构，轴套上设环形梳齿与蜂窝密封层相互楔入接合，间隙更小，泄漏量更少

蜂窝密封属于间隙密封，在运用蜂窝原理产生阻尼效果减少泄漏的同时，控制和减小间隙对减少泄漏量效果更为明显。嵌合式蜂窝密封在减小蜂窝密封与轴的间隙上，结构特点有创新，密封效果更明显（见图 8、图 9）。其主要结构是蜂窝密封基环和蜂窝为剖分式，密封处轴段加装轴套，轴套上有数个环形刃口梳齿，梳齿外径大于蜂窝密封内径 0.20～0.5mm，安装蜂窝密封前，将带梳齿轴套与蜂窝密封用专用工装配装旋转磨削、刮削，实现两者的嵌合，然后再将轴套和密封安装在设备上。嵌合式蜂窝密封对于解决高温高压汽轮机组的蒸汽透平轴端密封，减少蒸汽泄漏量有明显效果。

综上五种类型的蜂窝密封的特点可以看出，一个好的产品除了要有好的材料和设计方案外，材料和加工工艺也是关键，我公司所有蜂窝密封均采用我公司自主研发的激光数控加工工艺生产，正六边形蜂窝与密封本体为一个整体，解决了铝材不易焊接的难题；克服了真空钎焊不锈钢薄板加工成的蜂窝密封，若遇到轴颈下沉，蜂窝带磨损轴面，易产生火花，存在安全隐患的问题。我公司加工的蜂窝密封蜂窝形状规整，蜂窝格窄，蜂窝密封内孔光滑，蜂窝更深，蜂窝结构稳固；克服了化学蚀刻铝材深度浅，侧蚀易造成蜂窝格穿孔，难以达到蜂窝式汽封密封效果的问题。采用该加工方法加工的整体菱形状正六边形盲孔蜂窝密封，符合菱形状正六边形蜂窝密封的设计机理，克服了数控钻铝材圆形盲孔容积小，圆形盲孔气体漩涡大，圆形盲孔之间三角形带易于气流通过，降低了蜂窝式汽封阻尼效果等问题，更有利于减少机械振动，保证透平机等设备的稳定性。我公司生产的可磨涂层蜂窝密封采用新材料加工，与普通迷宫密封相比泄漏量减少近30%，特别是抑制轴系亚异步振动的能力大大提高。PEEK蜂蜂窝密封在含硫天然气、合成气和烷烃等腐蚀性气体输送工况具有普通铝制蜂窝密封无法比拟的优势，得到用户的普遍好评。该种密封在降低噪声及激振上效果也非常显著。斜孔蜂窝密封与现有常用的直孔蜂窝密封相比泄漏量降低显显著，市场前景广阔。嵌合式蜂窝密封，结构独特，解决了高压蒸汽透平轴端密封泄漏量大的问题。

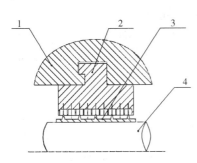

图8　嵌合式蜂窝密封示意图　　　　图9　嵌合式蜂窝密封

1—压缩机隔板；2—蜂窝密封体；3—带梳齿轴套；4—轴

2　推广应用实例

2.1　直式蜂窝密封应用实例

（1）使用单位：新疆新业能源化工有限责任公司

压缩机生产厂：沈鼓集团沈阳透平机械股份有限公司

压缩机型号：H1917（3BCL457），段间、平衡盘隔板处

介质：空气，封前压力为72.755atm，温度为172.5℃；封后压力为27.848atm，温度为130.9℃

（2）使用单位：黔桂天能焦化有限责任公司

压缩机生产厂：沈鼓集团沈阳透平机械股份有限公司

压缩机型号：H2012（2MCL456）焦炉气压缩机

封前压力：11.8atm，85.2℃；封后压力：7.9atm，115℃；最大连续转速：12832r/min

2.2　斜式蜂窝密封应用实例

（1）使用单位：伊朗北阿项目

压缩机生产厂：沈鼓集团沈阳透平机械股份有限公司

压缩机型号：H1945（2BCL407）；段间、平衡盘密封

介质：油田伴生气；温度：141℃；压力：57.68kgf/cm²

（2）压缩机生产厂：沈鼓集团沈阳透平机械股份有限公司

压缩机型号：HC1，低压缸

介质：空气；最大连续转速：3400r/min；额定压力：$P_1 = 0.2947$MPa（A），$P_2 =$

0.08901MPa(A)；温度：$T_1 = 38℃$，$T_2 = 28.4℃$

2.3　可磨涂层蜂窝密封应用实例

使用单位：中国石油化工股份有限公司天然气分公司

压缩机生产厂：沈鼓集团沈阳透平机械股份有限公司

项目名称：榆林–济南输气管道增压工程项目安阳站 PCL504 天然气压缩机组（西气东输安阳站）；压缩机型号：PCL504（H1875）

介质：天然气；工作温度：21~91℃；压缩机进口压力：3.8MPa(G)，21℃；压缩机出口压力：7.5MPa(G)，78℃；设计压力：12MPa(G)，100℃；最大压差：4.0MPa

2.4　peek 蜂窝密封应用实例

（1）使用单位：新疆新业能源化工有限公司

压缩机生产厂：沈鼓集团沈阳透平机械股份有限公司

压缩机型号：H1948 压缩机（2MCL607），冷剂压缩机的平衡盘部位。

介质：冷剂；封前压力为 32atm，温度为 121.3℃；封后压力为 12.5atm，温度为 142.1℃；压缩机最大连续转数：9686r/min

（2）使用单位：四川中京燃气有限公司

压缩机生产厂：沈鼓集团沈阳透平机械股份有限公司

压缩机型号：H2100（2BCL526）冷剂压缩机

封前压力为 44.3atm，温度为 125℃；封后压力为 4atm，温度为 39.1℃

2.5　嵌合式蜂窝密封

改造用户：大庆石化化工二厂

改造项目：D3741 透平轴端气封

压缩机生产厂：沈鼓集团沈阳透平机械股份有限公司

压缩机型号：D3741；转数：12700r/min

介质：高温高压蒸气；温度：290~410℃

改造时间：2015 年 5 月

改造原因：蒸汽泄漏量大，节能减排，安全生产。

改造方案：嵌合式蜂窝密封；密封生产厂：沈阳北碳

2.6　peek 密封应用于压缩机密封改造实例

（1）改造用户：大连石化四催化装置离心压缩机

压缩机生产厂：沈鼓集团沈阳透平机械股份有限公司

压缩机型号：2MCL706；转数：6870r/min

介质：富气；温度：40~106℃；压力：15.3atm

改造时间：2014 年 4 月 29 日

改造原因：铝制梳齿密封腐蚀损坏，泄漏量大，造成压缩机效率低

改造方案：采用 peek 密封；密封生产厂：沈阳北碳

改造效果：泄漏量减小，达到设计性能指标。

（2）改造用户：哈尔滨石化一催化车间

设备名称：离心式鼓风机

设备生产厂：沈阳透平机械股份有限公司

设备型号：D-60-17；转数：12746r/min

介质：热空气；温度：190℃

入口压力：0.34MPa

出口压力：0.42MPa

改造时间：2013 年 12 月

改造原因：介质气泄漏量大，造成轴承箱漏油，改造了几种轴端密封均没有解决问题

改造方案：采用 peek 密封；密封生产厂：沈阳北碳

改造效果：泄漏量减小，轴承箱不漏油，设备正常运行

（3）改造使用单位：中国石化北海炼化延迟焦化装置压缩机组

压缩机生产厂：沈阳透平机械股份有限公司

压缩机型号：2MCL527；转数：8795r/min

介质：富气；温度：40/42~121/103℃

入口压力：0.14/0.51MPa，出口压力：0.534/1.4MPa，

改造时间：2014 年 4 月 29 日

改造原因：铝制梳齿密封腐蚀损坏，泄漏量大，造成压缩机效率低

改造方案：采用 peek 密封；密封生产厂：沈阳北碳

改造效果：泄漏量减小，达到设计性能指标

（4）改造用户：中石油大庆炼化炼油二厂 180 万 t/a ARGG

压缩机生产厂：沈鼓集团沈阳透平机械股份有限公司

压缩机型号：H2115/2MCL806；转数：5574r/min

介质：富气；温度：40~106℃

入口压力：0.16bar(A)；出口压力：14.6bar(A)

改造时间：2014 年 4 月

改造原因：铝制梳齿密封，腐蚀损坏，泄漏量大，造成压缩机效率低

改造方案：采用 peek 密封；密封生产厂：沈阳北碳

改造效果：泄漏量减小，达到设计性能指标。

3　结语

随着工业的发展，废气排放导致雾霾现象严重，能源的过度开发和使用对环境的破坏日益严重，节能减排保护环境已迫在眉睫，而要使压缩机实现节能减排，一套好的密封是关键。因此提高国产蜂窝密封产品的产量和质量，不仅是企业的要求，更是民族工业发展的要求，只有突破了原有蜂窝密封产品材料限制、形式限制、加工工艺的限制，才能形成具有自主知识产权的先进产品，并完全替代和优于进口同类产品，进而充分展示中国人的智慧和能力。不同材质及形式的系列蜂窝密封的研制和使用成功，不仅具有显著的经济效益，更主要的是社会效益，标志着我国蜂窝式密封产品处于世界先进水平，在汽轮机、燃气轮机和飞机发动机，特别是化工压缩机等领域具有广泛的应用价值和较强的市场竞争力。

（沈阳北碳密封有限公司　崔正军，霍素梅，赵锦文）

56. 新型蜂窝密封在石化压缩机上的应用

早在 20 世纪 90 年代初期，美国就研制了钢制蜂窝密封形式，经过不断完善终于成为世界上最先进的密封之一，并广泛应用在航空、航天、化工等领域。蜂窝密封具有安全可靠性高，密封效果良好，可以保证转子动力学的性能达到最佳状态等诸多优点。蜂窝式密封逐渐取代传统的梳齿密封，成为叶片机械中重要的密封形式，蜂窝式密封成功地应用在汽轮机组、燃气轮机、空气压缩机和飞机发动机等领域。例如：美国的 U-2 飞机、乌克兰 GT25000 燃气轮机、我国歼-10 飞机发动机等均采用了蜂窝式密封。跨国集团进入中国的 300MW、350MW、600MW 及 650MW 核电机组上均采用此项技术。

1　蜂窝密封的机理

蜂窝密封应用在气轮机、燃气轮机、空气压缩机和飞机发动机等领域，特别适用于安装在透平机轴端、级间等部位。其机理是：封闭式蜂窝状网格将强大的气流切割分离为无数弱小涡流，每个蜂窝孔表面形成强烈的气旋，转速越高，压差越大，气旋效应越强烈，无数弱小涡流对气流形成强大的交叉阻尼，整个蜂窝气封带表面则形成一层具有很强张力及弹性的气膜，产生强大的阻力，阻止后面的气体进一步前移，产生良好的密封效果。

2　常见蜂窝密封的加工方法及缺欠分析

目前，加工制作蜂窝密封的方法主要有三种，并分别存在一定问题：

（1）真空钎焊不锈钢材的方法　这是国外一直采用的方法。先将厚度 0.05~0.1mm 不锈钢薄板加工成规整的正六边形蜂窝带，见图 1。然后采用真空钎焊技术将蜂窝带钎焊在母体气封环内表面上。蜂窝气封安装在设备上要求与轴颈保持较小的配合间隙。真空钎焊不锈钢薄板加工成的蜂窝密封，蜂窝易开焊和倒伏，造成密封失效；若遇到轴颈下沉，不锈钢蜂窝带会磨损轴面，并易产生火花，对易燃易爆气体工况带来安全隐患，见图 2~图 4。

（2）化学蚀刻金属铝材的方法　采用化学蚀刻法制造出的铝制六边形蜂窝盲孔跟密封壳体是连在一起的，克服了铝材不易焊接的难题，但化学蚀刻的深度有限，蜂窝孔深超过 3~4mm，逐渐产生侧蚀突沿，工件在蚀刻液中的时间越长，侧蚀越严重，蜂窝芯格易穿孔，见图 5。化学蚀刻法加工的蜂窝深度浅、蜂窝格厚度宽，易于气流通过，难以达到蜂窝式气封的深度技术要求，见图 6。同时，化学蚀刻液对环境造成污染，危害身体健康。

图 1　不锈钢蜂窝带构件示意图　　　　　　图 2　压缩机转子磨损状况

图 3　压缩机转子相对的蜂窝密封

图 4　蜂窝密封芯格磨损效果图

图 5　深度蚀刻效果图

图 6　浅度蚀刻效果图

（3）数控钻铝材圆形盲孔的方法　铝材密封盲孔跟壳体也是连在一起的，是在铝材密封环体的密封面上钻出密布的圆形盲孔代替正六边形蜂窝盲孔。此法形成的圆形盲孔容积不如正六边形蜂窝盲孔容积大，圆形盲孔之间形成三角形格带，格带面积宽大，易于气流通过，这些都会降低蜂窝式密封的密封效果，见图 7、图 8。

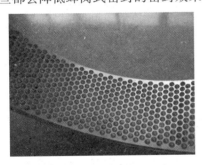

图 7　圆孔型式蜂窝密封样品

图 8　圆孔式蜂窝密封芯格效果图

针对上述技术中存在的不足，随着国家工业设备和国防军事设施发展的需要，为提高国产蜂窝密封产品的质量水平，突破原有蜂窝密封产品加工工艺和产品缺欠，形成具有自主知识产权的先进的工艺方法和蜂窝密封产品，国产蜂窝式密封替代并优于进口蜂窝式密封的研发和制造刻不容缓，为此，我公司研发出了新型蜂窝密封，并得到了很好的应用。

3　新型蜂窝密封的加工方法及优点说明

新型蜂窝密封，其主要特点是采用数控激光设备加工制作蜂窝密封产品。

当完成加工时，经检测我们制作的蜂窝式密封各部尺寸均达到设计图纸的要求，蜂窝六边形对边距离为 0.8~6mm，蜂窝深度为 1.6~6mm。这一加工方法的成功，使加工的蜂窝式密封蜂窝六边形形状更为规整，芯格厚度均匀，蜂窝深度一致，使蜂窝式密封加工工艺得到了升华，克服了传统方法带来的产品缺陷，见图9~图12。

图9 压缩机轴端蜂窝密封

图10 压缩机平衡盘蜂窝密封

图11 压缩机级间蜂窝密封

图12 新型蜂窝密封芯格效果图

新型蜂窝密封的主要优点如下：

（1）新型蜂窝密封，正六边形蜂窝与密封本体是成一体的，同时铝材蜂窝密封与轴接触不易产生火花。克服了铝材不易焊接的难题，克服了真空钎焊不锈钢蜂窝密封的蜂窝易开焊和倒伏，造成密封失效的问题；克服了若遇到压缩机震动轴颈下沉，蜂窝带磨损轴面，易产生火花而存在安全隐患问题。

（2）新型蜂窝密封，蜂窝形状规整，蜂窝深，可达6mm以上，蜂窝格窄，格厚度可加工到0.3~0.5mm之间。克服了化学蚀刻铝材深度浅，侧蚀易造成蜂窝带穿孔，难以达到蜂窝式气封密封效果，以及化学蚀刻对环境污染、危害人体健康带来的问题。

（3）新型蜂窝密封，符合正六边形蜂窝密封的设计机理，克服了数控钻铝材圆形盲孔容积小、圆形盲孔气体漩涡大、圆形盲孔之间三角形带易于气流通过、降低了蜂窝式气封阻尼效果等问题。新型蜂窝优于圆形盲孔的密封效果，更有利于减少气轮机高压转子产生的气流激振，保证透平机等设备的稳定性。

（4）新型蜂窝密封，沈阳北碳密封有限公司可以根据设备的工况参数选择加工材料制成耐高温、耐腐蚀的新型蜂窝密封。

4 新型蜂窝密封应用推广情况

沈阳北碳密封有限公司生产的新型蜂窝密封完全替代并优于进口同类产品，售价仅为进口产品的30%左右，目前已广泛地应用于沈鼓集团压缩机设备上近70台套，压缩机配套新型蜂窝密封使用的最终用户，如山东临沂3万空分装置3BCL457压缩机、内蒙古蒙大新能源公司 120 万 t/a 二甲醚项目 3BCL459 合成气离心压缩机、山东泰安 LNG 工厂国产化研发工程项目 3BCL526 空气离心压缩机、吉林天富能源公司 2MCL407 天然气冷气离心压缩机等，不仅取得了显著的经济效益，更取得了巨大的社会效益。

总之，新型蜂窝密封的研制和应用成功标志着蜂窝式密封加工制作方法上有了重大突破，为汽轮机组、燃气轮机、空气压缩机和飞机发动机等领域的易燃易爆气体工况和高温、腐蚀工况以及减少激振、降低噪音等提供了安全、先进的蜂窝密封。此项工艺的创新标志着蜂窝式密封加工制作方法上有了重大突破，标志着我国蜂窝式气封产品处于世界先进水平。

（沈阳北碳密封有限公司　崔正军，赵锦文，王金华）

57. 蜂窝密封在汽轮发电机组上的应用

大庆石化公司热电厂 3# 汽轮发电机组于 1985 年 11 月投产，型号 B25-90/10，由北京重型电机厂制造，是单缸冲动背压式机组，配装北京重型电机厂 QF-25-2 型发电机。该机组额定功率 25MW，进汽压力 (9.0 ± 0.5) MPa，进汽温度 535^{+5}_{-15}℃，进汽流量 ≤240t/h；设计汽耗 9.19kg/kW·h。排汽压力 $1.0^{+0.2}_{-0.15}$MPa，温度 (285 ± 25)℃，排汽流量 ≤220t/h，供化工生产用汽及高压厂用蒸汽，机组具有两级非调整抽汽。该机组自投运以来，由于轴系的低频自激振动，为避免轴振动，保证机组安全运行，汽轮机轴端梳齿迷宫汽封（即机组前、后汽封）在安装时汽封径向间隙通常调整至规程值的上限或更大，导致密封效果不佳，汽封漏汽量一直很大，机组汽耗增加，热效率下降；高温蒸汽外漏还造成机组前、后轴承箱近汽封处表面温度升高（经测试达 90℃以上），油质劣化，严重影响机组安全运行；原梳齿迷宫汽封在运行中经常受到碰磨、损坏，间隙增大，更加剧了漏泄。经分析，该机组汽封存在一定缺陷，决定采用新型密封——蜂窝汽封对汽轮机轴端汽封进行改造。

1 蜂窝汽封的原理及结构特点

近年来，蜂窝汽封已逐渐取代梳齿迷宫汽封，成功应用于汽轮机组、燃气轮机、空气压缩机、飞机发动机等多个领域。所谓蜂窝汽封，即密封环的内孔表面是由规整的蜂巢菱形状的正六边形小蜂窝孔组成，其蜂窝带结构如图 1 所示。

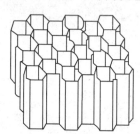

图 1　蜂蜜密封的结构

蜂窝汽封正六边形的蜂窝孔是由厚度仅为 0.05~0.10mm 的耐高温 Hastelloy-X 合金经特殊加工手段制成的蜂窝带而形成的。蜂窝的高度及蜂窝孔的大小是根据一定的设计规范确定的。先由薄板加工成规整的蜂窝带，然后采用真空钎焊技术将蜂窝带钎焊（亦称光滑无渣焊接）在母体汽封环内表面上，具有良好的耐高温性能。蜂窝带很薄，硬度很小，不会对与其相接触的任何钢质物件产生磨损，特殊情况下仅会自身被磨损；蜂窝带叠合成正六边形状，使其在高度方向上具有足够的强度，不会在接触时被压损。因此，蜂窝汽封带可与轴颈若即若离，保持适宜的配合间隙，达到良好密封效果。蜂窝带即使被磨损也依然保持蜂窝形式，不会有结构上的变化及影响密封效果。

1.1 梳齿迷宫汽封存在的弊端

（1）迷宫式汽封齿间为环形腔室，环向流动减少了涡流降速效果，其阻汽效果差，泄漏量较大。

（2）当汽封间隙不均时，可产生流体激振，从而破坏转子的运行稳定性。

（3）机组启停过程中，由于胀差较大，汽封低齿易出现"掉台"、高齿"倒伏"现象，使轴向泄漏量增大，又加剧了胀差的增长，危及机组安全运行。

（4）汽封的泄漏量与间隙成正比，汽封齿的磨损必然导致间隙增大，计算表明，汽轮机的泄漏损失占内部损失的 30% 左右，整个通流部分因密封部位泄漏造成的损失大约影响机组效率 2% 左右。

1.2 蜂窝汽封同梳齿迷宫汽封的比较

1.2.1 双向的高效阻尼及气旋效应

蜂窝汽封同梳齿迷宫汽封原理有着本质的不同。梳齿迷宫汽封以节流原理来密封，而蜂窝汽封是以汽体通过蜂窝带时产生的阻尼来密封，如图 2 所示。

在梳齿迷宫汽封中，汽流周向旋转运动是引发机组轴系自激振动的主要原因，蜂窝汽封的轴向网格可有效阻止这股汽流的流动。由于轴及叶轮的高速旋转，带动汽体的切向运动，而汽封两侧的压差，会使汽体沿轴向运动。汽体在通过蜂窝表面时会遇到切向及轴向两个方向的阻力。这样，在每个蜂窝孔表面形成强烈的气旋，转速越高，压差越大，气旋效应越强烈。从宏观上看，宛如形成一个个具有很强张力的"汽泡"。这些"汽泡"单个的运动都很复杂，但整个蜂窝汽封带表面则形成一层汽膜，汽膜具有很强的张力及弹性，会产生相当大的阻力，阻止后面汽体进一步前进，起到良好的密封效果。因为单个"汽泡"的直径非常小，对于轴来讲，不会产生大的合力，对于轴在运动中保持平稳运行起到很好的作用。而且，蜂窝汽封从切向及轴向都有阻尼，有效阻止了工质在周向的运动，可使轴系自激振动减至最小。因此，蜂窝汽封不仅具有较好的密封效果，而且能够最大限度地保证机组稳定、安全运行。梳齿迷宫汽封的背弧大多都有一桥式或板式弹簧，其作用是当轴发生振动时，轴同汽封齿相碰后，通过弹性变形，使汽封退让。当机组恢复稳定运行时，保持原有间隙和形状。但大多数情况下，当轴与汽封相碰磨后，汽封齿会受到较大损坏，齿尖大多被磨损，从而造成更大的泄漏损失。这是因为轴在高速旋转下，同汽封齿摩擦时，相接触的面积很小，汽封块及弹簧的压力全部作用于尖齿上，齿与轴接触部位会产生较高压强及热量，从而使齿尖磨损。梳齿迷宫汽封的要求是齿越尖密封效果越好。但齿越尖，汽封就越容易被损坏。齿被磨秃及间隙的加大，都会使密封效果大大降低。梳齿迷宫汽封结构如图 3 所示。而蜂窝汽封在结构上有所不同，当轴同蜂窝汽封体相接触时，是一个很宽的密封面同轴向接触，相同的力作用于一个平面上，接触面局部压强很小，保证汽封的有效退让，使弹簧片真正起到作用。

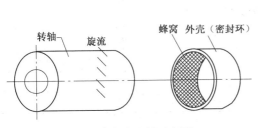

图 2 蜂窝式汽封示意图

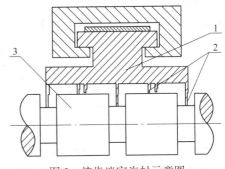

图 3 梳齿迷宫汽封示意图

1—静止密封环；2—密封齿；3—轴上密封凸台

1.2.2 高效的热力学效应

其热力学效应原理同梳齿迷宫汽封类似，只是汽流在进入各个蜂窝网格时，增大了汽流与汽封圈的热交换面积，使汽流的动能大为减弱。同时，由于汽流会形成旋涡，将汽流向前的速度矢量转化为旋转矢量，从而进一步减少向前的动能。因此，蜂窝汽封在同等轴向长度的密封范围内，泄漏量自然最小。

1.2.3 高效的收缩效应

工质流经蜂窝带中的每个小网格与轴颈间的微小间隙时由于制造蜂窝网格板材厚度仅为 0.05~0.10mm，流体产生收缩，流束截面变小，引起蒸汽的涡流和摩擦等局部阻力损失，使流过蜂窝带的蒸汽压力低于网格进汽压力，减小了蒸汽流动的势能。

1.2.4 高效的阻透汽效应

在一般梳齿迷宫汽封中，由于通过汽封间隙的汽流只能向一侧扩散，在膨胀室内不能充分进行这种动能向热能的转换，而靠光滑壁一侧有一部分汽流速度不减小或只略为减小，直接越过各齿顶流向低压侧，这种一掠而过的现象称为透汽效应。试验证明，蜂窝汽封可使汽流的动能充分向热能转换，可有效减小透汽效应所带来的泄漏。

2 蜂窝汽封相对梳齿迷宫汽封泄漏量减少率的计算

在相同尺寸情况下，蜂窝汽封相对梳齿迷宫汽封泄漏量减少率可用下列公式计算得出：

$$\Delta G = 1 - G_{蜂窝}/G_{迷宫}$$

$$G_{蜂窝}/G_{迷宫} = \beta \times D^2 \times 10^{-6} \times \{Z/[K \times (2L + \ln P_1 + \ln P_2)]\}^{1/2}/\sigma$$

式中　ΔG——蜂窝汽封相对梳齿迷宫汽封泄漏量减少率,%；

$\quad G_{蜂窝}$——蜂窝汽封泄漏量；

$\quad G_{迷宫}$——梳齿迷宫汽封泄漏量；

$\quad\quad \beta$——系数；

$\quad\quad Z$——迷宫齿数；

$\quad\quad L$——蜂窝汽封宽度, cm；

$\quad\quad P_1$——汽封前压力, kgf/cm²；

$\quad\quad P_2$——汽封后压力, kgf/cm²；

$\quad\quad \sigma$——汽封间隙, cm；

$\quad\quad D$——轴径, cm；

$\quad\quad K = 0.85/(Z+1.5)^{1/2}$。

β 为实验系数，选取原则见表1。

表1　β 的取值

轴径/cm	65	60	55	50	45
β	5.435	5.453	5.475	5.501	5.532
轴径/cm	40	35	30	25	
β	5.573	5.623	5.691	5.787	

3 大庆石化公司热电厂 3# 汽轮机组轴端汽封的改造

按照不影响原机组结构原则，以新型蜂窝汽封对大庆石化公司热电厂 3# 汽轮发电机组原梳齿迷宫汽封进行重新设计。在保持原有轴封套内外部、转子几何尺寸及结构不发生变动的条件下进行部分蜂窝汽封的改造，汽封高齿不变，低齿改为蜂窝带。2005年6月，利用 3# 机组大修机会，将 3# 机轴端共14组梳齿迷宫汽封改造为蜂窝汽封。

根据该机组汽封系统特点，其高、低压轴封均由若干段汽封及腔室组成，其中最外侧腔室内（腔室Ⅰ）为微负压，压力略小于当地大气压，最外侧一道汽封主要作用是阻止外界空气进入腔室Ⅰ，故机组高、低压最外侧一道汽封全部改造。外侧第二个腔室内（腔室Ⅱ）为正压，压力略高于当地大气压，主要起冷却作用，防止内部高温蒸汽通过主轴传热至轴承箱，使润滑油含水甚至乳化进而破坏轴承正常运行工况，同时阻止蒸汽外泄。这样，外侧第二段汽封是充汽密封，减少蒸汽泄漏保证密封蒸汽充分发挥作用，故机组高、低压外侧第二道汽封全部改造共三圈。高、低压内侧的一段汽封主要是防止高温蒸汽外泄，由于此处压差大，密封效果的优劣将直接影响到汽缸内蒸汽泄漏量的大小，对机组的内效率有较大影响，因此，汽轮机高压端内侧改造六道汽封，可显著改善和提高密封效果。同时，低压端内侧改造三道汽封，也起到保证蒸汽压力稳定作用。

综上所述，3#汽轮机组高、低压端共计改造14道蜂窝汽封，即前汽封自大气端改造9圈，后汽封自大气端改造4圈，后汽封最内侧改造1圈蜂窝汽封。

4 结论

通过近一年的运行检验，改造后，3#机前、后汽封密封效果显著改善，机组带80%以上大负荷时汽封手感无漏泄，现已去除机组前后汽封处原有外加挡汽板。改造后，机组轴承箱近汽封处表面温度明显降低，经测试，前轴承箱近汽封处表面温度由改造前90℃以上下降至66~69℃，后轴承箱近汽封处表面温度由改造前90℃下降至74~76℃，解决了因汽封套变形而引起的汽封漏泄问题，有效防止了蒸汽漏出或空气漏入汽轮机，消除了油中含水乳化这一安全隐患。

机组额定负荷下蒸汽消耗由改造前的9.87kg/kW·h减至8.84kg/kW·h，提高了机组经济性，表2为3#机组改造后实际运行参数值与设计参数对比情况（取自2005年10月22日10：40运行实际值）。

表2　3#机组改造后实际运行参数值与设计参数对比情况

机组运行参数名称	设计参数	当前机组实际运行参数
电负荷/MW	25	25
主蒸汽进汽流量/(t/h)	241.3	221
主蒸汽压力/MPa	9.0±0.5	8.5
主蒸汽温度/℃	535^{+5}_{-15}	530
排汽流量/(t/h)	183	124
排汽压力/MPa	$1.0^{+0.2}_{-0.15}$	0.97
排汽温度/℃	285±25	293
汽耗/[kg/(kW·h)]	9.19	8.84

综上所述，蜂窝汽封具有特殊结构型式和质地特点，应用后，可保证汽轮机组安全、平稳、高效、健康运行。蜂窝汽封不伤及轴颈表面，安全性较高；汽封本身耐磨损、运行寿命长，节约了维护费用；密封性能良好，由于将梳齿间的环形腔室改为蜂窝带，大大降低了工质动能，阻尼吸振效果显著。试验表明，在相同间隙下，较梳齿汽封平均减少泄漏损失近50%左右，降低了汽耗，提高了机组效率；与传统梳齿式汽封比较，安装简便，调整和测量仍然可以采用原有工艺，为进一步推广应用创造了条件。

（中国石油大庆石化公司　蔚尚希，金正奎，王树国）

58. 蜂窝密封在小功率汽轮机上的
应用及注气系统技术改造

小功率汽轮机作为工业驱动设备在石化行业得到广泛应用。与大中型汽轮机不同,小功率汽轮机采用单级结构,叶轮直径小、结构紧凑、轴端密封间隙小,且密封齿间距仅有4~9mm。轴端密封泄漏是小功率汽轮机普遍存在的问题。轴端泄漏不但会造成高温高压蒸汽流失、降低机组效率,而且蒸汽窜至轴承箱后会造成润滑油乳化,严重危害设备的安全运行。

传统的汽轮机轴端密封普遍采用梳齿式迷宫密封,结构简单、加工方便、成本低。梳齿密封在安装时具有较小的间隙,运行一定周期后,特别是在频繁启停车、过临界转速等工况下,密封齿极易磨损和倒伏,导致密封间隙在短时间内不均匀增大,造成汽轮机的轴端泄漏严重、转子振动加剧。

蜂窝密封凭借优良的密封性能、减振性能和质软不伤转子的特点,已经在汽轮机等叶轮机械中得到了广泛的应用。在相同的密封间隙下,蜂窝密封的泄漏量比迷宫密封明显减小,能够防止润滑油中含水,提高效率,减小蒸汽流量,降低燃料的消耗。优化蜂窝密封的结构,通过增加输水槽可以起到排除低压缸中的小水滴、减小湿度的作用。将轴端密封由梳齿密封改造为蜂窝密封,可以提高密封性能,减小转子振动。对大中型汽轮机,蜂窝密封逐步替代了梳齿密封。

中国石化广州分公司制氢装置转化炉引风机、鼓风机使用德国进口的2台汽轮机,进气压力为3.95MPa,排气压力为1.2MPa,蒸汽温度395℃,功率分别为580kW和550kW。焦化装置富气压缩机组的汽轮机采用国产1071.kW汽轮机,进气压力(绝)为1.0MPa,排气压力(绝)为0.012MPa,温度:250℃。上述汽轮机的轴端密封均采用梳齿密封,存在严重的漏气、振动大和润滑油乳化现象。

本文针对注气系统存在的问题提出了解决方案。

1 轴端密封及注气系统分析

1.1 轴端密封结构

小功率汽轮机的轴端密封结构主要分为三类,如图1所示,其中静子为轴端密封。图1(a)是最简单的轴端密封结构,转子(轴上)光滑,静子(汽封体)采用梳齿结构,主要用于密封压差比较小的场合。图1(b)和图1(c)中转子和静子均采用梳齿结构,也是大中型汽轮机轴端密封主要采用的结构类型。其中图1(c)的静子为密封性能较好的高低齿结构。在密封压差大的情况下,通常采用图1(d)的结构,其转子采用高低齿结构,静子为凸台结构。

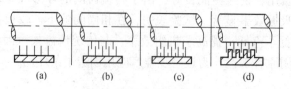

(a)　　(b)　　(c)　　(d)

图1　梳齿密封结构示意

1.2　注气系统

小功率汽轮机的轴端密封都配有注气和排空的管路系统(简称为注气系统),其结构如图 2 所示。

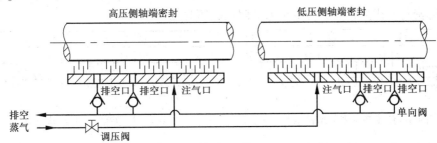

图2　传统的注气系统示意

高压蒸汽通过调压阀后分别进入高、低压侧的轴端密封,注气压力相同。由于叶轮前后的蒸汽压力不同,所以两侧轴端密封所需要的注气压力也不同,在调节时很难调整到对两侧都合适的注气压力。

高、低压侧的轴端密封都有两根排放管,每根排放管上都有单向阀,4 根排放管汇聚在一根总管上,总管引到附近的烟窗上排空。从内侧(靠叶轮两边)排放管排出的蒸汽压力高,外侧(靠近轴承)排放管排出的蒸汽压力低,且高、低压侧排出的蒸汽压力也不同。因每根管上都有单向阀而且4根管又汇聚在一起,造成外侧排放管上单向阀的阀后压力比阀前高,外侧排放管的蒸汽无法排出,当轴封间隙偏大时蒸汽就沿着轴封漏出。

2　改造的技术原则

对小功率汽轮机轴端密封改造的原则为:

(1) 保护转子。转子上的密封结构不改变,静子密封材料需采用软质的材料。尽量避免在转子振动较大时,尤其是在频繁启停车的情况下,密封对转子的伤害。

(2) 轴端密封在缸体内的安装方式不变。保持密封环的外形结构和定位方式,方便改造和检修。

(3) 减小密封间隙就是减小泄漏通道的截面积,可以增大密封阻尼,减小泄漏。小功率汽轮机轴端梳齿密封半径方向的密封间隙一般为 0.3~0.4mm,用蜂窝密封替代梳齿密封时,可以将密封间隙适量减小至 0.1~0.3mm,最小可设计为零间隙。

(4) 蜂窝密封具有优越的转子动力学特性,经过试验研究发现,选取合适的蜂窝芯格大小和深度可以有效地抑制转子振动。

(5) 调整注气系统管路,避免不同压力下相互影响。将高压侧和低压侧的注气管路分离,分别采用压力调节阀调整注气压力。将各排空管分离,避免因某处排气压力大造成其他单向阀堵死、排空管无法排空。

3　改造的技术方案

3.1　新型蜂窝密封替代梳齿密封

由于小功率汽轮机的轴端密封直径小、轴向长,为了加工方便,传统的改造方案是将轴端密封的齿结构全部取消,用平整的蜂窝密封代替,如图 3 所示。在相同的密封间隙下,图 3(a)结构的密封性能明显优于梳齿密封。图 3(b)和图 3(c)结构常用于大中型汽轮机的轴端密封和隔板密封。

为了进一步提高轴端密封的密封性能，在大量的理论和实验研究基础上，设计了新型蜂窝密封结构，如图4所示。与传统的蜂窝密封改造方案相比，新型改造方案结合了梳齿密封和蜂窝密封的优势，能够提供更大的阻尼，密封效果较好。

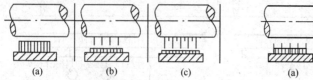

图3　传统蜂窝密封结构示意　　　图4　新型蜂窝密封结构示意

针对转子光滑的情况，图4(a)中将静子密封的齿结构改造成蜂窝密封与齿的组合结构，密封齿与转子的距离(小间隙)比图1(a)减小0.1~0.2mm。蜂窝与转子的距离(大间隙)与图1(a)相同。这样既防止密封齿的倒伏，又增强了密封性能。

对于转子上带有密封齿的情况，图4(b)将静子密封的齿结构改造成蜂窝密封与齿的组合结构。其中，当原来静子采用高低齿结构时，去除低齿，在相邻两个高齿间采用蜂窝密封，保持密封间隙不变或略微减小。

在密封压差大的情况下，保持转子高低齿结构，将静子密封的高低齿结构改造成高低蜂窝密封组合结构，如图4(c)所示。改造时用高蜂窝带替换凸台，用低蜂窝带替换凹槽结构。为了保证密封性能，密封间隙比图1(d)中略微减小。

3.2　注气系统改造

注气系统改造方案如图5所示。将高、低压侧轴端密封的注气管路分开，分别加装调压阀，使每个密封的注气压力单独可调。将高、低压侧轴端密封的排空管分别经过单向阀后单独排空，避免各排空管之间相互影响。

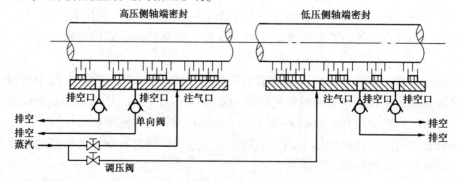

图5　改进后的注气系统示意

4　改造效果

近三年来，对中国石化广州分公司的数台小功率汽轮机进行了技术改造。改造后，小功率汽轮机轴端密封泄漏现象基本消失，蒸汽消耗量减少，汽轮机功率略微提高，现场环境得到较大改善。

润滑油中带水和乳化现象消失，润滑油品质良好，延长了更换润滑油的周期，节省了设备的维修维护费用。注气系统调整后，高、低压侧采用不同的调压阀，注气压力更加精确，排空通畅，排空气体流量减小。改造后，汽轮机振动指标明显变好。新型蜂窝密封有效地抑制了转子的汽流激振，提高了机组的稳定性和安全性。

5 结论

（1）用新型蜂窝密封替代梳齿密封，可以解决小功率汽轮机轴端密封泄漏问题。采用蜂窝密封替代梳齿密封可以增大阻尼、抑制转子振动。转子高低齿、静子高低蜂窝结构的密封性能好，适用于高压差的密封场合。

（2）改造后润滑油乳化问题得到解决，不但节省了润滑油、减少了设备维修维护费用，也消除了安全隐患。

（3）改造注气系统，将高、低压侧的注气压力由不同的调压阀控制，同时将各个排空管分离并单独引出缸外进行排空，解决了注气压力不均、排空管失效的问题。

（4）改造后小功率汽轮机节能减振效果明显，减少了气体泄漏、改善了厂区环境，抑制了转子振动、保障了设备安全运转。

（北京化工大学机电工程学院　张强，何立东；

中国石化广州分公司　麦郁穗，古通生）

59. 液膜密封——机械密封技术的更新与升级方案

1　机械密封简介

1.1　机械密封的原理及组成

机械密封装置主要由三部分组成(见图1):①密封本体:摩擦副、弹性元件、辅助密封、传动件、防转件等;②内部装置:泵效环、节流衬套等;③辅助系统:换热器、分离器、储罐、仪表、阀门、管路等。

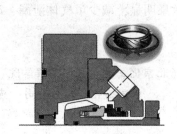

图1　机械密封装置

1.2　机械密封的分类

机械密封按布置方式可分为单密封、非加压双密封、加压双密封和多级密封;按弹性元件可分为弹簧式和波纹管式等;按工作时摩擦副端面的运行状态可分为接触式机械密封和非接触式机械密封,如表1所示。

两种运行状态下的端面形态如图2所示。

表1　机械密封分类及趋势要求

密封端面运行状态	摩擦状态	平均膜厚/μm	趋势要求
接触式机械密封	混合摩擦	$h<1.0$	减少泄漏、降低磨损、提高可靠性和稳定性、延长寿命等
	干摩擦	$h<1.0$	
非接触式机械密封	气体薄膜润滑	$1.0 \leqslant h \leqslant 10$	实现工艺介质无泄漏无污染功能、提高流体膜刚度和工作稳定性、延长使用寿命等
	液体薄膜润滑	$1.0 \leqslant h \leqslant 10$	

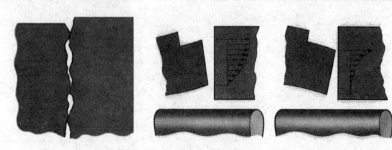

(a)接触式密封端面形态　　　　　　(b)非接触式密封端面形态

图2　机械密封端面形态

接触式机械密封和非接触式机械密封的工作特点见表2。

表2 机械密封工作特点

接触式机械密封	非接触式机械密封	
	气膜密封(干气密封)	液膜密封
不连续、随机分布的流体薄膜(液膜、气膜、气液混膜等) 存在固相接触	端面存在一层连续、洁净、稳定的气体薄膜(一般是辅助供气系统提供的隔离气体);端面无固相接触	端面间存在一层微米级厚度的连续液膜(或有着清晰界限的气液混膜);端面无固相接触
固有的摩擦磨损;工作状态不稳定;适用工况受限 运行费用高、经济效益差等	可靠性和运行周期得以大幅提升;需要配置气体供应辅助系统,应用场合受限	在保证设备安全性、可靠性等基础上,能耗更低、直接和间接经济效益更高;适用范围更广

2 机泵用机械密封要求及趋势

2.1 泵和压缩机用机械密封的性能要求

现代工业对机械密封产品的基本要求体现在以下几个方面:

(1)密封性:实现密封介质的低微泄漏甚至无泄漏(包括液相零泄漏和气相零逸出),满足安全生产和环保功能要求;

(2)安全性:对工况参数变化不敏感,在出现失效工况时,降低事故等级;

(3)可靠性:使用寿命长、稳定性高、抗干扰能力强;

(4)经济性:生命周期费用低,能耗和运行费用较少,使用维修方便,性价比高;

(5)适用性:能满足机泵具体的工艺条件和现场能提供的实际条件。

2.2 机械密封的发展趋势

石化行业用机泵正向大型化、高速化、高效化、机电一体化、智能化、成套化、标准化、系列化和通用化的方向发展。因此对配套用机械密封提出了更高的要求,机械密封技术的发展趋势主要有:

(1)高端密封技术和产品不断创新。满足高参数(高压、高速、高 PV 值、高温、超低温、真空、大直径、高黏度、高含固体颗粒等)、极端工况(干运转、变转速、变压力、变温度、变物性、频繁开停、正反转、气液固多相介质、介质空化等)、高危险性介质(易燃、易爆、剧毒、高污染性、高腐蚀性等)条件下高性能(零泄漏、零逸出、安全性、可靠性、状态监控等)的要求。

(2)由经验性设计向理论性专家系统设计转变。

(3)密封使用领域和工况范围不断拓宽。

(4)重视密封系统开发、应用和维护。

(5)注意安全和环境保护、倡导节能减排。

(6)密封可靠性、稳定性不断提高。

(7)开发出适应性强的"个性化"实用密封技术和产品。

(8)加强协同创新开发以及全流程技术咨询和服务。

3 液膜润滑非接触式机械密封(简称"液膜密封")

3.1 液膜密封原理

液膜密封的基本原理是通过一些措施(流体动、静压效应)使运行时密封端面间流体膜压形成的开启力增大至闭合力。根据雷诺方程式(1)可知，密封端面间压力分布、速度的分布与液体物性(黏度、密度)、操作参数(压力、速度、温度等)、端面间隙(大小、形状)等因素有关，而物性和操作参数一般来说是确定的，因此如何控制端面间隙是改变和控制液膜端面液体压力、速度大小和分布的关键要素，这也是液膜密封技术的核心所在。

$$\frac{\partial}{\partial x}\left(\frac{\rho h^3}{12\mu}\frac{\partial p}{\partial x}\right)+\frac{\partial}{\partial y}\left(\frac{\rho h^3}{12\mu}\frac{\partial p}{\partial y}\right)=\frac{\partial}{\partial x}\left(\frac{\rho h U_0}{2}\right)+\frac{\partial(\rho h)}{\partial t} \tag{1}$$

3.2 典型液膜密封原理

螺旋槽液膜密封是应用较为成熟的液膜密封技术，其工作原理类似于干气密封，是借助端面开设的流体动压螺旋槽，在旋转条件下的黏性剪切作用把液体泵入密封端面之间，使液膜的压力增加并把两密封端面分开。

图3为螺旋槽上游泵送机械密封端面结构，动环外径侧为高压被密封液体(规定为上游侧或高压侧)，内径侧为低压流体(可气体亦可液体，规定为下游侧或低压侧)，当动环以图示方向旋转时，在螺旋槽黏性流体动压效应的作用下，动静环端面之间产生一层厚度极薄的流体膜(图3所示 h_0)，使动静环端面保持分离即非接触状态。

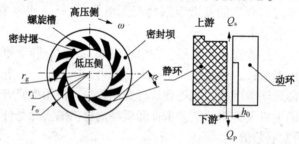

图3 上游泵送机械密封端面螺旋槽示意图

3.3 液膜密封典型的结构型式

在设计过程中人为地预先进行针对性的端面形貌设计，改形方法可分为直接改形和间接改形两种。其中直接改形通过各种手段对摩擦副端面结构进行改形，典型例子有"上游泵送"液膜密封、"下游泵送"液膜密封、"端面微循环"液膜密封、"多孔端面"液膜密封、"静压式"液膜密封等；而间接改形主要是利用运行过程中摩擦副的力、热变形来达到对摩擦副端面间隙的控制，如"热流体动压"液膜密封等。

3.3.1 上游泵送液膜密封

到目前为止已开发出上游泵送液膜密封端面槽形结构，如图4所示，包括多圆叶台阶面型[见图4(a)]、周向雷列台阶型[见图4(b)]、直叶型[见图4(c)]和类螺旋槽型[见图4(d)]。上游泵送液膜密封可分为零泄漏和零逸出上游泵送密封。其中，零泄漏上游泵送液膜密封不设置辅助系统，用来密封不易汽化的介质，一般是单端面布置；对于零逸出上游泵送液膜密封，需设置缓冲液辅助系统，用来密封易汽化介质，一般采用串联式布置方式。

3.3.2 下游泵送液膜密封

常见的下游泵送密封采用螺旋槽结构(见图5)，需设置隔离液辅助系统，常用来密封高温多相介质，隔离液进入介质，一般采用上端面布置方式。

(a)多圆叶台阶面型

(b)周向雷列台阶型

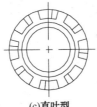
(c)直叶型

(d)类螺旋槽型

图 4　上游泵送密封端面结构

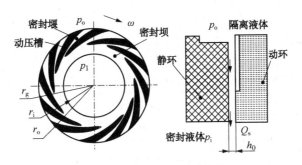

图 5　下游泵送密封端面结构

3.3.3　端面微循环液膜密封

端面微循环液膜密封具有自润滑和清洁能力，不需额外设置辅助系统，可用来密封洁净或非洁净流体，一般采用单端面布置方式(见图 6、图 7)。

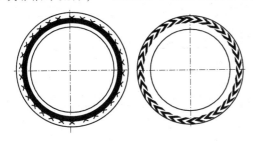

图 6　非接触式槽型

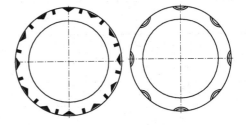

图 7　微接触式槽型

3.3.4　似液膜密封

对于热流体动压式密封(见图 8)，不需额外增设辅助系统，通常用来密封高压热水等介质，一般采用单端面布置方式；对于端面微孔式密封(见图 9)，不需额外设置辅助系统，通常用来密封大多数介质，可替代接触式机械密封。

图 8　热流体动压式槽型

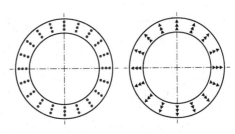

图 9　端面微孔式槽型

4　液膜密封优势及应用

4.1　液膜密封技术优势

本文主要从密封性、安全性、可靠性、经济性、适用性 5 个方面来对现有密封型式的特点进行分析(见表 3~表 7)。

表 3　密封性比较

接触式机械密封	气膜密封(干气密封)	液膜密封
存在不可避免的泄漏	工艺介质无泄漏	工艺介质无泄漏
$Q = \dfrac{C_2 \pi D_m \Delta p \mu \sqrt{Vb}}{p_g^2}$	经验公式计算	专用计算
端面润滑受介质影响	干燥、清洁、稳定气体	根据工况专用计算
润滑膜分布随机	全气膜润滑	全液膜或液膜占比大
密封性一般	密封性好	密封性好

表 4　安全性比较

接触式机械密封	气膜密封(干气密封)	液膜密封
可设置安全密封	一般不设置	同接触式机械密封对工况变化
对工况变化敏感	对工况变化比较敏感气源中断迅速失效	对工况变化不敏感对系统故障不敏感
安全系数一般	安全系数较高	安全系数高

表 5　可靠性比较

接触式机械密封	气膜密封(干气密封)	液膜密封
不可避免的磨损	启停过程较重损失	微磨损
摩擦系数大	摩擦系数小	摩擦系数较小
温升高	温升低	温升较低
使用寿命短	使用寿命延长	使用寿命延长
运行稳定性较差	运行稳定性好	运行稳定性好
对系统变化较敏感	对系统变化敏感	对系统变化不敏感
可靠性较差	可靠性高	可靠性高

表 6　经济性比较

接触式机械密封	气膜密封(干气密封)	液膜密封
冲洗冷却消耗大	大量的氮气消耗	冲洗冷却消耗降低
密功耗高	密封功耗低	密封功耗低
后置工艺处理量大	隔离气体进入介质	后置工艺处理量明显减少
价格较低	价格高	价格稍高
停工费用高	停工费用低	停工费用低
生命周期费用高	生命周期费用低	生命周期费用低

表7　适用性比较

接触式机械密封	气膜密封(干气密封)	液膜密封
标准结构和系统	标准结构和系统	标准结构和系统
抗干扰能力一般	抗干扰能力强	抗干扰能力强
使用范围较广	使用范围有限	使用范围更广
高参数、变工况不理想	使用工况有限	适用高参数、变工况
极端工况不理想	极端工况一般不满足	满足极端工况
适用性好	适用性差	适用性好

4.2　液膜密封工业应用的典型案例

液膜密封在高温介质泵、高含固体颗粒泵、易自聚介质泵、轻烃泵、螺杆压缩机等机泵上(见图10~图13)应用情况表明，其使用寿命为原接触式机封2~6倍以上，年节约费用超过60%以上。表8是液膜密封在某高温介质泵上的应用情况，表9是液膜密封在某高含固体颗粒泵上的应用情况。

图10　液膜密封在高温介质泵上应用

图11　液膜密封在高含固体颗粒泵上应用

图12　液膜密封在轻烃泵上应用

图13　液膜密封在乳胶泵上应用

表8　密封在高温介质泵使用情况对比表

	原机械密封	串联式液膜密封
泄漏情况	>16mL/h	≈2mL/h
使用寿命	<12 个月	>18 个月

续表

	原机械密封	串联式液膜密封
冷却油消耗	>0.5m³/h	<0.01m³/h
摩擦功率	2.46kW	0.18kW
冷却水消耗	0.5m³/h	0.05m³/h
泵功率损失	>0.5%	不计
年节约费用	>100000 元	

表 9　密封在高含固体颗粒泵使用情况对比表

	双端面接触式机械密封	双端面液膜密封
泄漏情况	运行不久出现泄漏	无泄漏
使用寿命	不超过 3 个月	半年以上
年备件费用	26000 元	42000 元
摩擦功率	8.85kW	0.8kW
年电能消耗	38232kW 19116 元	2160kW 1080 元
年水蒸气消耗	0.39t/h 173534 元	0.01t/h 4450 元
年费用合计	218650 元	26530 元
年节约费用	192120 元	

5　结论

与普通接触式机械密封相比，液膜密封在密封性、安全性、可靠性、经济性以及适用性等方面都有较大优势。液膜密封既可用作输送饱和蒸汽压低于环境大气压的各种介质(如油品、水溶液等)的旋转式泵用轴封、停车密封、高速轴承润滑油密封，又可用于输送饱和蒸汽压高于环境大气压的介质(如液态轻烃等)的旋转式泵用轴封，为接触式机械密封更新和升级提供了一个可靠的技术方向，应用前景十分广阔。

(中国石油大学密封技术研究所　郝木明，任宝杰，
王赟磊，李振涛，杨文静，徐鲁帅)

第八章　其他密封应用维修案例

60. 20000m³ 威金斯气柜密封泄漏原因及处理

炼油厂回收排空瓦斯气的气柜型式有三种：湿式气柜(水密封)、曼式气柜(油密封)、威金斯气柜(也叫干式气柜，橡胶膜密封)。湿式气柜(我公司原有 20000m³ 和 5000m³ 气柜即为此类型)因淡水耗量大、产生的含硫污水难以处理以及污水对设备腐蚀严重等缺点，随着人们对节水、安全、环保意识的增强，已趋于被淘汰。曼式气柜密封可靠，但结构复杂，附属设备多，电梯、油泵的使用须一定的电能和维护费用，密封油易被瓦斯气凝缩油稀释而粘度下降，质量变劣，每年须更换密封油 1~2 次。威金斯气柜目前在国内外是比较先进的一种新型气柜，运行无动力消耗，无需耗水和耗电、耗油，附属设备少，维护量小(若橡胶膜无损坏，可连续运行多年)，是新型的节能设备，其运行及维护费用远低于湿式气柜和曼式气柜。

威金斯气柜与湿式气柜相比，无水槽，腐蚀不严重，不设防冻凝措施及上水线。全空时"死藏"容量小，不足总容积的 0.5%。无污染废水排出，对环境污染小。罐基础轻，其基础工程量与湿式气柜基础之比为 1:15，尤其是非软弱地基。检查方便，所有升降结构均在活塞体上方空间，有上下直梯，通风良好，检查时无须停工作业。

1 选型

1.1 瓦斯气成分

对我公司现有气柜内气体取样做全分析，结果如表 1 所示。

表 1　气柜气体全分析表

组　分	体积分数/%	组　分	体积分数/%
氢气	54.78	2-反丁烯	1.40
二氧化碳	5.15	异戊烷	0.62
丙烷	2.03	2-顺丁烯	0.96
丙烯	8.53	乙烯	1.16
异丁烷	3.24	乙烷	2.87
正丁烷	1.03	氧气	0.58
硫化氢	2.02	氮气	6.31
1-丁烯	1.79	甲烷	6.50
异丁烯	0.93	其他	1.00

1.2　调研

2001 年上半年公司有关部门在柜型选择方面做了大量工作，因湿式气柜运行过程中散发 H_2S 气味以及产生的大量含硫污水难以处理，从安全和环保方面考虑，基本上予以否定，对曼式气柜和威金斯气柜的特点和经济性进行了比较。

1.2.1　特点比较

1）威金斯气柜

（1）活塞升降速度快，最大可达 4m/s；

（2）安装精度要求较低，制作安装费用低；

（3）运行无动力损耗，附属设备少，维护较简单；

（4）冬季及高寒地区，均无需防冻，节省供热费用；

（5）全空时，活塞可落至罐底，无死空间，适于储气的快速置换；

（6）无污染水外溢及排放，对环境污染小；

（7）密封膜寿命 15 年。

2）曼式气柜

（1）罐体高径比约为 1.6~1.7，直径相对较小；

（2）安装精度高，工装设备要求安装费高，并有高空作业；

（3）运行中循环油泵频繁开启，运行费用高；

（4）冬季在 5℃ 及以下气温，需对密封油加热，以保持密封油黏度和油水分离性能；

（5）构造较复杂，运行维护工作量大；

（6）密封油受炼厂气中成分的影响，使黏度和闪点降低，造成运行密封不良和不安全的状态；

（7）罐形美观。

1.2.2　经济比较

1）一次性投资

（1）威金斯气柜：

土建：30 万~40 万元；总耗钢量：560t；单价（预算价）：0.75 万元；总价：420 万元；密封膜：112 万元；总投资：约 572 万元。

（2）曼式气柜：

土建：30 万~40 万元；总耗钢量：530t；单价（预算价）：0.9 万元；总价：477 万元；密封油：42t×0.3 万元＝12.6 万元；泵、电梯、油水分离器等：30 万元以上；总投资：约 560 万元。

注：① 钢结构估价中含防腐费用；

② 威金斯气柜比曼式气柜耗钢多，主要因为活塞面积相差较大（约 380m²），相应平衡配重相差较大（约 150t）；

③ 威金斯气柜比曼式气柜的预算价要低，主要因为配重（铸铁块）大，因此其价格低。另外曼式气柜活塞和柜内壁有配合要求，其安装精度高，安装费用高，并有高空作业。

2）后期运行费用

（1）威金斯气柜：基本无后期维护费用。

（2）曼式气柜：①有动力损耗（循环油泵运转，运行费用高）。循环油泵电动机 4kW 每天运转 12h，全年运转 4380h，电费按 0.45 元计，2 台泵全年动力费用约 1.6 万元。②需更换润滑油。③气温 5℃以下需加热。

1.3 定型

两种柜型投资相当。威金斯气柜运行、维护工作量小，并有很好的社会环保效益。但威金斯气柜 2000 年 1 月在胜利炼厂（10000m³ 气柜）首次应用于我国炼厂瓦斯气储存，2001 年元月通过中国石化的鉴定，在使用的 1 年半期间没发现任何问题，其关键部件橡胶密封膜 2000 年国产化，有较好的耐介质性能（H_2 和 H_2S 的侵蚀）、耐臭氧老化及热氧老化和动态屈挠性能，但炼厂应用时间短，其实际使用和密封膜寿命有待验证。经利弊权衡，决定采用威金斯气柜型。

2 气柜投用后的泄漏

2.1 发现泄漏

20000m³ 干式气柜是 2002 年 11 月 21 日配合我公司 350×10⁴t/a 催化裂化装置开工而投入使用的，不久在工程"三查、四定"时所增设的 4 个瓦斯报警器开始报警，气柜周围瓦斯气味很重，气柜开始泄漏，工程部门经多次处理不见好转，并提出密封橡胶膜的腻子出现老化问题，但随后即被胶膜供应商否定。12 月 30 日公司决定对气柜进行彻底检查。

2.2 检查

通过对气样的不断分析，发现 H_2S 含量超标，并含有苯、甲苯成分（见表 2、表 3），这三种组分对橡胶膜本体及密封腻子（主要成分为丁基橡胶）有老化、溶解作用，严重影响密封能力。

表 2 处理前气柜中 H_2、H_2S 含量

	标　准	实测值
H_2/%	—	52
H_2S/(mg/m³)	45536	91065

表 3 处理过程中气柜中苯等含量

	单　位	标　准	实测值
苯	mg/m³	10	243.2
液化气	mg/m³	1500	664.4
甲苯	mg/m³	100	128.1
乙苯	mg/m³	150	104.5
H_2S	mg/m³	10	6.4

1 月 18 日~20 日公司有关部门联合对气柜进行检查，其密封结构（见图 1）及基本情况（见图 2~图 4）如下：

（1）泄漏主要发生在柜壁与外密封膜连接处，较大泄漏点有 18 处，漏点有胶状物及黑色粘稠液状物，呈流淌状。

（2）密封胶膜的螺栓有歪斜、螺栓头内侧与压紧面不贴合现象。

（3）从拆下的人孔处观察内密封膜与活塞连接处，安装时挤出的腻子已经没有了。

（4）拆开泄漏点处发现，密封腻子基本没有了，残余的有被介质影响的痕迹。

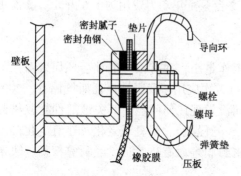

图1　密封结构型式

图2　泄漏点

图3　泄漏点密封面

图4　无泄漏处密封面

（5）拆开未泄漏处发现，密封面仍均匀分布着极薄的一层腻子，大部分正常，靠近介质边缘的有被介质影响的痕迹。

（6）拆开密封面，清理掉密封腻子后，发现柜壁角钢密封圈变形严重，有砸、扭、掰的痕迹；密封表面有焊瘤凸出来，不仅凸凹不平，有的地方呈波浪形状，纵剖面呈凹型。

2.3　泄漏原因分析

对检查后的情况进行分析，判断原因如下：

（1）柜壁与外密封膜连接处，设计为角钢 L50×50 与柜壁焊接，形成一个 50×50 的矩形槽，将 M12×45 的螺栓放入槽内，再从角钢面中部螺栓孔穿出，将密封膜固定在角钢上实现密封。实际上 M12×45 的螺栓总长度为 53~57mm，正常情况下是不可能从螺栓孔穿出的，施工中采用了砸、扭、掰的办法强行将螺栓安装就位，导致密封柜壁角钢面变形，严重处凸凹相差 2mm，严重影响了密封胶膜的密封性能。

（2）密封胶膜设计时柜壁与外密封膜连接处环形角钢总长 107659.16mm，螺栓孔距60.48mm，共有 1780 个螺栓孔。而安装时发现由于预制上的误差角钢密封面上的螺栓孔只有 1779 个，此时密封胶膜已运到现场螺栓孔不能修改，为了迎合胶膜不得已对角钢密封面上的螺栓孔进行了修改，而与之匹配的条形压条未做修改，这样一来密封面上与压条上的螺栓孔距不一样，导致螺栓把紧时犟劲，出现螺栓歪斜、螺栓头内侧与压紧面不贴合现象。

（3）从胶膜表面有流淌状的黑色黏稠物来看，因瓦斯气中的 H_2S、苯、甲苯对密封腻子（主要成分为丁基橡胶）有稀释、溶解作用，介质进入密封面后将腻子溶解，在内压作用下从密封面中流出而产生的。H_2S 的严重超标对腻子和胶膜有较大影响，可加快其老化，将影响密封膜寿命。

2.4 处理办法

（1）校平密封柜壁角钢密封面　柜壁与外密封膜连接处的角钢 L50×50 长度为 107.66m，根据 GB 50205《钢结构工程施工及验收规范》的规定，将角钢密封面的平面度控制在 0.5mm。因另外 3 个密封面无此问题没有处理。

（2）处理原密封面处的密封腻子　因新型密封材料的安装要求，结合胶膜的特点，采用人工的办法将粘于密封面角钢和胶膜上的原密封腻子处理干净，密封面全长 412.79m，处理长度 825.58m。

（3）校正密封面压条上的螺栓孔位置　安装时由于预制上的误差导致角钢密封面上的螺栓孔与压条不配套，此次工程将压条上的螺栓孔改成椭圆形，使之与角钢螺栓孔、胶膜螺栓孔相对应，消除了螺栓把紧时擘劲、螺栓歪斜、螺栓头内侧与压紧面不贴合现象。

（4）更换新型密封材料　根据气柜内石油气 H_2S 含量高且含有苯、甲苯成分的特点，原密封腻子已不适合该条件下使用，经有关部门研究选用规格为 12mm×5mm（宽×厚）的 AIG 185 带状垫片（材质为纯四氟己烯）代替原材料，此种材料柔软可塑，能够与磨损或不平的表面极好地吻合，补偿密封面一些小缺陷，从而达到完全密封的效果。

3 结论

3 月 19 日气柜经气密和保压试验重新投入使用至今，没再出现任何问题，运行平稳，基本达到了选型时的目的要求。此工程设计单位第一次设计，建设单位第一次施工，监理也是第一次，由于缺乏经验，在工程施工中设计、施工质量出现问题，导致气柜泄漏，但经过处理，圆满解决了问题，从整个过程来看，威金斯气柜在我公司的应用是比较成功的。

（中国石油大连石化分公司　刘寅方，张世德，姜伟）

61. 提高内浮顶罐浮盘使用寿命方法探讨

内浮顶油罐是油品储运车间主要的储罐类型,其结构是在拱顶罐的基础上,内加一浮盘构成。但自 2004 年以来,车间的内浮顶罐 R-105a、R-105b、R-105c 的浮盘发生了不同程度的损坏,多次清罐检修,造成人力物力的浪费,同时又严重影响了罐区正常的生产作业。通过对造成浮盘的损坏情况进行分析,找出问题并采取相应的对策予以解决,从而提高了内浮顶罐浮盘的使用寿命,保证了车间的安全生产。

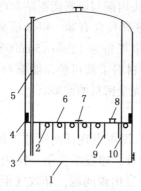

图 1 内浮顶罐结构示意图

1—底板;2—浮盘浮筒;3—罐壁;4—密封装置;
5—量油管;6—浮盘铺板;7—通气孔;
8—浮盘人孔;9—浮盘支柱;10—导向钢丝

1 内浮顶罐简介

1.1 内浮顶罐结构

内浮顶罐是在拱顶罐的基础上,内加一浮盘(见图 1),内浮顶油罐由于具备隔离油气、抑制油气挥发、火灾危险性小、维修方便等优点,而得到普遍使用。浮盘和罐壁之间装有密封装置,浮盘浮在油品液面上,随液面的升降而升降。

1.2 浮盘的作用

由于浮盘与油液面间基本没有油气空间,基本消除了因收发油品而产生的油罐大呼吸损耗。由于采用浮顶结构,降低了大气到储存产品的热传导,防止了因储存物料温度过高,而产生的连续蒸发现象。挥发的石油气体,在浮盘下面形成一层油气层,当温度下降时,这些油气还可以冷凝下来,因而消除了因气温变化而产生的油罐小呼吸损耗。

1.3 浮盘损坏的类型

(1)整体倾斜。由于浮盘依靠两棵导向钢丝进行定位,由于平衡的问题,容易发生倾斜的现象,甚至出现浮盘的倾覆。

(2)密封装置进油。

(3)浮筒脱落。

(4)铺板破裂。

(5)支柱倾斜。

2 造成内浮顶罐浮盘损坏的因素

2.1 整体倾斜

(1)地基沉降罐体倾斜。

(2)进油速度快。

(3)扫线冲击。

2.2 密封装置进油

由于舌形橡胶带密封性能退化,密封压条、铆钉处安装不紧固出现渗油,加之密封装置在安装时油罐内焊缝毛刺没有打磨平滑，将密封带刺破，油品进入到膨胀海绵中，造成浮盘整体重量增加，失去密封功能，油品将浮盘吞没。

2.3 浮筒安装不紧固脱落

浮盘在安装时没有按要求执行《石油化工立式圆筒形钢制焊接储罐设计规范》(SH 3046—92)之内浮顶部分和《立式圆筒形钢制油罐设计技术规范》(SYJ 1060)之内浮顶部分的施工规范，安装不紧固。

2.4 检修时人为损坏造成铺板破裂

检修人员的素质参差不齐，检修浮盘附件时没有按要求在承重的支架上进行检修，而是在铺板上进行，如果铺板有一点的损坏，在后来的收料操作中，极易造成大面积的破裂。

3 损坏的根本原因

从以上分析看，可以得出造成内浮顶罐浮盘损坏的原因，在此基础上进一步的分析，以查找出根本原因。

3.1 扫线冲击

扫线时油品流速高，对浮盘冲击大，尤其是在低位时，扫线压力达 0.6MPa，浮盘极易损坏。

3.2 进油速度快

收料时油品含气量大、轻组分多，有时温度较高，达到40℃，进罐压力大于0.2MPa，进油速度超过2m/s，使得浮盘受到过大的冲击力。进油后大量油气上行，在油罐浮盘密封处聚集并产生一定的压力，当压力超过一定的极限时，油气夹杂液体从密封处冲出，飞溅到浮盘上，形成了液泛，当浮盘及积油的重量超过浮盘的浮力时，浮盘就会下沉。选用合适的进油速度，保证进油平稳均匀。

3.3 地基沉降

地基沉降使得罐体平面倾斜，且车间没有完整的对基础沉降情况、罐壁对罐底的垂直度及筒体椭圆度进行检测，使之在允许范围之内。

4 问题解决的途径

如何解决上述问题，成为提高内浮顶罐浮盘的使用寿命的关键。

4.1 解决扫线问题

扫线是必要的生产作业的环节，但是扫线对浮盘的损害是显而易见的，尤其是在低位时，浮盘极易倾斜造成严重损坏。为此必须制订严格的扫线制度，扫线时间控制在 30min 以内，而且在扫线时通过调节扫线阀的开度，控制扫线的进气量，防止巨大的冲击力对浮盘的损坏。

将扫线管焊接到入口管上，使得扫线进料由原来对浮盘的局部冲击变为分散在浮盘的中央，压力得到充分释放，浮盘得以安全运行。

4.2 解决进油速度快问题

合适的进油速度对浮盘是安全的，如过快，对浮盘产生较大冲击，有可能把浮盘冲翻，为保证进油平稳均匀，延长浮盘寿命，应对进油管加以改造。即进油管采用扩散管形式，在进油管壁上每隔100mm开一孔径10mm的小孔(见图2)，R-105罐收芳烃联合装置的苯时，收油量为200m³/h，管线的进口直径为 DN150mm，扩散管的直径为 DN200mm，物料经扩散管进入油罐，流速由原来的 2.5m/s 下降为 0.85m/s，这样有效减少流体对浮顶的冲击，进油平稳均匀，使油气均匀分散于浮顶下，提高了浮盘的安全系数。

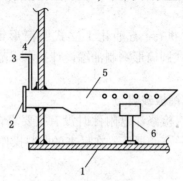

图 2　扩散管形式图

1—底板；2—入口；3—扫线管；4—罐壁；5—扩散管；6—支撑

4.3　解决地基沉降罐体平面倾斜问题

对油罐的基础加固护坡，定期对储罐的基础沉降情况、罐壁对罐底的垂直度及筒体椭圆度进行检测，使之在允许范围之内。

采取以上的对策，从目前内浮顶罐运行情况来看，浮盘使用情况良好，达到了预期的目的，全面提高了油品车间内浮顶罐浮盘的使用寿命，保证了车间的安全生产。

（中国石化天津分公司　王曰鹏）

62. 丙烷压缩机刮油装置密封改造

中国石油乌鲁木齐石化分公司炼油厂化工装置气柜 $1^{\#}$、$2^{\#}$ 压缩机，其作用是为装置输送丙烷气。2 台机均为 L 型双缸二段复动水冷式压缩机，型号为 4L-10/22-I，排气量为 $10m^3/min$，排出压力为 2.2MPa。1999~2000 年期间，$1^{\#}$、$2^{\#}$ 压缩机相继出现刮油装置密封泄漏故障，多次停机修理，问题仍不能彻底解决，既影响了装置的正常运行，又增加了维修工作量，而且造成了润滑油的浪费。

1 故障原因分析

4L-10/22-I 压缩机的立缸和卧缸各有 1 套刮油装置，其中各安装 2 组密封。刮油装置的作用一是阻止曲轴箱润滑油随活塞杆运动而向外泄漏，二是阻止填料函溢出的污油随活塞杆运动而进入曲轴箱。刮油装置密封为三瓣组合式密封，材质为黄铜挂巴氏合金，安装精度要求较高。$1^{\#}$、$2^{\#}$ 压缩机刮油装置发生密封泄漏后，都更换了新的三瓣式密封，但开机后仍然泄漏。分析原因认为：在缸体填料及刮油装置密封件的摩擦作用下，压缩机活塞杆在长期运行后产生了不均匀磨损，使三瓣密封与活塞杆之间形成了较大间隙，当活塞杆作往复运动时，曲轴箱内的润滑油通过间隙向外泄漏，填料函外溢的污油通过间隙进入曲轴箱，造成曲轴箱缺油和润滑油污染，影响压缩机的正常运行。

2 刮油装置密封改造

活塞杆产生不均匀磨损后，三瓣密封因贴合不严，也就不能产生有效密封。更换活塞杆是一种解决方法，但造价较大，况且活塞杆也未达到报废程度。因此，需对刮油装置密封进行改造，密封件应选用塑性材质，以使活塞杆与密封件之间的间隙降为最小，形成可靠密封。

1）骨架油封式

即用橡胶骨架油封替代金属三瓣密封。骨架油封为标准件，材质为丁腈橡胶。压缩机活塞杆直径为 $\phi45$，据此选用规格 70×45×12 的骨架油封，2 件 1 组背靠背安装在密封盒内（见图 1）。

在镯形弹簧作用下，油封唇口抱紧在活塞杆上，当活塞杆作往复运动时，右侧曲轴箱内润滑油的外泄和左侧填料函外溢污油的内流均被有效阻止，达到了良好的密封效果。

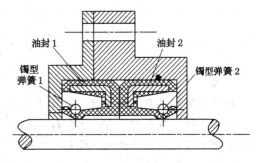

图 1 油封安装图

$1^{\#}$、$2^{\#}$ 压缩机刮油装置密封改造为骨架油封式后，刮油装置漏油和曲轴箱润滑油污染现象消除，取得了较好的改造效果，但还存在着使用寿命较短的问题，运行 1~2 个月后便会失效泄漏。其原因是：活塞杆工作时往复运动频率高达 958 次/min，而丁腈橡胶的使用温度上限为 120℃，骨架油封的唇口被高频率摩擦和曲挠，过热后变硬、老化而疲劳折裂。

2）碟形圈式

为了提高刮油装置密封的使用寿命，需重新选择密封件材料。所选的材料要具备良好的耐磨、耐热和抗老化性能。聚四氟乙烯的适用温度为$-180\sim+250℃$，拉伸强度为14MPa，断裂伸长率≥140，作为新的密封件材料，其性能远远优于丁腈橡胶。密封件形状为碟形，因此称为碟形圈。碟形圈用厚度为2.3mm的聚四氟乙烯环形片热模压成型，成型后内径尺寸小于活塞杆$0.5\sim0.6$mm，以保证装套在活塞杆上后有一定紧力。改造为碟形圈密封后，刮油装置的密封盒相应也做了改型，并增加了压板、垫圈等件(见图2)。

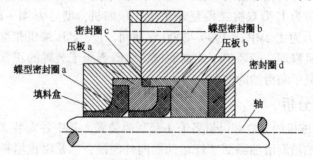

图2　碟形圈密封的安装图

碟形圈密封的安装步骤及工作原理为：

(1) 将四氟蝶形密封圈a装入填料盒中，密封圈a的内径与活塞轴紧密配合。由于聚四氟乙烯与橡胶相比有一定的弹性且不易形变，因而密封较为可靠。

(2) 装入压板a压紧密封圈a的端面，此压板外径与密封盒的止口相配合。保证密封圈a内径与轴同心。

(3) 在压板a后再加一个四氟密封垫圈c防止液体沿密封盒剖分面泄漏，这时再将次级蝶形密封圈b装入压板后端，形成两级密封。

(4) 随后装入密封圈压板b，压板b的前端压紧蝶形密封垫圈b的端面，这样亦使密封圈对轴产生一个抱紧力。

(5) 最后再在压板后再加一个四氟密封垫圈d，防止液体窜入。

由此可见，此刮油装置对润滑油进行了多重密封，将原来较易泄漏的轴向密封点转变成了较难泄漏的径向密封点，密封性能非常可靠。且两件碟形圈同向布置、大端朝向曲轴箱侧的设计，有着仅允许曲轴箱润滑油微量外泄，而不允许填料函外溢污油内窜的独特作用，防止了因曲轴箱润滑油污染而引起的内部机件烧损。极微量外泄的曲轴箱润滑油，又为碟形圈密封提供了润滑，有利于其正常工作。

聚四氟乙烯材料良好的耐热、耐磨、抗老化性能，加上合理的改造措施，丙烷压缩机刮油装置密封二次改造后使用寿命大大延长，密封效果更加可靠。2000年5月，$1^{\#}$、$2^{\#}$压缩机刮油装置改装碟形圈密封，运转至今已4年没发生泄漏和曲轴箱润滑油污染现象。

3　改造效果

改造前，每台压缩机润滑油泄漏量为$2\sim5$kg/d，$1\sim2$个月曲轴箱润滑油污染变质1次，需频繁补油换油并不断维修，消耗费用多、工作量大、设备存在安全隐患。改造后，每台压缩机润滑油泄漏量仅为30g/d左右，润滑油污染变质现象不再发生，有效保证了丙烷压缩机长周期安全运行，检维修工作量及费用均大幅下降。

(中国石油乌鲁木齐石化分公司炼油厂　张维维，凡和平，袁杰中)

63. 聚酯装置终聚釜轴封泄漏分析与处理

终聚釜为PET的关键设备，长期处于高温、高真空、高黏度的工作状态，终聚釜除轴封部位外，人孔和本体的各个连接部位均采用唇焊密封。因此，轴封的可靠性直接影响着产品的质量、生产效率及装置运转的稳定。通过分析2007年间出现的终聚釜轴封泄漏现象，从其结构上分析泄漏原因，采取措施维持生产，在2008年大检修时对终聚釜轴封进行重点检修，并对日后生产提出一些维护措施。

1 终聚釜轴封运转状态

20万 t/a 聚酯装置以精对苯二甲酸(PTA)和乙二醇(EG)为原料，连续生产聚酯(PET)熔体，是经典的五釜流程，设两个酯化釜，三个缩聚釜。装置于2000年投产后，经过不断完善操作，优化工艺及装置改造，装置负荷逐渐增大，到2007年装置产能已达到26万 t。随着产能的加大，装置设备基本上达到满负荷状态，2007年1月和12月，2台终聚釜轴封分别出现了明显的内泄漏，且有加剧现象，对装置的稳定运行形成了巨大的威胁。

2 轴封结构图及工作原理

2.1 轴封结构

终聚釜为卧式反应釜，系引进奥地利设备，轴封见图1。

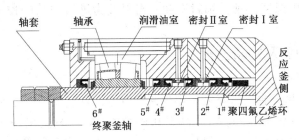

图 1 轴封结构示意图

从图1中我们可以看出轴封内部主要是由6只唇式骨架油封环及相应的支撑环组成，其中5#、6#环用于轴承润滑油的密封，5#环阻止润滑油漏入硅油密封腔，6#环防止润滑油外漏，1#环和它外面的聚四氟乙烯环主要是隔热和防止聚酯熔体漏入硅油系统，2#、3#、4#环是主密封环，以硅油为密封液在这三个环组成的内外室循环(也称密封Ⅰ、密封Ⅱ室)。

2.2 轴封工作原理

全套轴封的所有密封点中只有轴套与唇式油封的密封是动密封，其他密封点均采用进口全氟醚材质的O形圈作密封件的静密封。这种材质的O形圈耐高温、耐腐蚀，密封效果好，不易泄漏。油封环为动密封，橡胶部分为进口全氟醚橡胶材质，密封腔中强制循环着恒稳压力的密封液(硅油或润滑油)，把油封唇口紧在轴套上而起到密封作用。因此影响油封密封性能的因素有很多。

2.3 轴封工作的工艺流程

终聚釜轴封的工艺流程如图2所示。

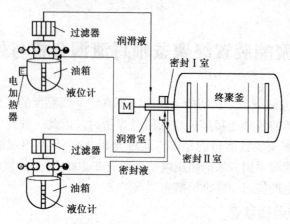

图 2 轴封的工艺流程图

反应釜轴封系统配有独立的密封液和润滑液循环系统，均由油箱、齿轮泵、过滤器和安全返回阀、流量计等组成恒压的循环系统。正常运转时流量为200L/h，设有100L/h流量低报联锁停搅拌，以利于保护轴封。密封系统有2个室，润滑系统有1个室。润滑油系统是向轴封内的轴承提供润滑油，自轴承上部进入，下部流出，可冲去轴承中可能存在的固体杂质，自轴承排出后冷却循环使用。密封液输送系统是向反应釜轴封系统提供密封液，分两路进入轴封系统的内室（Ⅰ室）、外室（Ⅱ室），自下部进，上部出，这可使密封液充满密封腔，保护轴封不过热，并润滑唇口与轴套的接触处，带走与轴套摩擦产生的热量，保证油封不超过最高使用温度，延长轴封寿命。密封液为进口硅油（TK017），即使微量泄漏对产品质量无影响。

3 轴封泄漏现象及判断分析

3.1 轴封泄漏现象

2007年1月，15区一台终聚釜开始出现搅拌电流、真空波动。电流突然由68.5A大幅降至66.4A，真空度由0.075kPa（A）升高至0.081kPa（A），真空出现一定程度的变坏。操作人员迅速将搅拌转速由4.8r/min提高至5.1r/min，真空自动阀开度由45%降低至30%，搅拌电流下降趋势得到控制。在异常处理期间，DCS显示熔体特性黏度由0.645dL/g降至0.638dL/g。每次出现电流和真空波动后均能在短时间内工艺调整得到恢复。在异常过程中，检查搅拌振动值无明显变化。检查确认预聚Ⅱ釜搅拌电流、真空正常，终聚釜真空表也显示正常。起初怀疑为仪表故障；使用氦监测仪检查后确认真空系统各焊接点、法兰连接部位无泄漏；使用真空规检查后确认真空喷射泵1、2、3级吸入压力也正常，经过工艺、设备及电气、仪表人员的现场检查，发现场密封液油箱液位出现下降趋势，由200L/h降至170L/h，通过做标记的方法密切观察，在24h时间段液位计上的刻度板由36个板降低至35.5个板（加注20升油液位上升20个板），泄漏量为0.5L/d。而现场无外漏迹象，由此判断轴封发生了内泄漏，导致终聚釜搅拌电流出现下降和真空波动。由于是初期泄漏，因此具有间歇性。

3.2 轴封泄漏判断

通过进一步检查密封液循环系统，发现油箱内硅油的颜色已呈现黑色，切换密封液过滤器后发现滤芯上有较多黑色颗粒物，油样化验结果为橡胶类物质，无金属成分，说明已有油封环损坏，通过密封液夹带循环进入油箱后到过滤芯。

结合轴封结构和工艺流程图分析，内漏可能有两种情况，①仅密封Ⅰ室发生泄漏、Ⅱ室未泄漏，②密封Ⅰ、Ⅱ室同时发生泄漏。第①种情况肯定发生，现在来判断是否有第②种可能，因为Ⅰ室的2#油封环所处的工况，即温度、真空度等比Ⅱ室3#环恶劣，其破坏的概率大，2#环最先损坏，如果3#环也损坏，密封Ⅰ、Ⅱ室就会同时发生泄漏，只能停车检修。通过完全关闭密封Ⅰ室的进出口阀，连续72h密切观察，未见油箱液位刻度有下降趋势，从而肯定了密封Ⅱ室无泄漏，说明仅密封Ⅰ室发生泄漏——从2#油封环处向釜内泄漏。如图3所示。

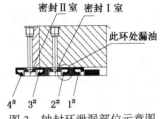

图3 轴封环泄漏部位示意图

3.3 泄漏原因

反应釜油封环采用的是全氟醚橡胶材质，虽然这种材质耐高温、耐腐蚀，但是反应釜长期处于275~285℃高温状态，轴封环也处在高温的条件下运行。这种情况将导致轴封环的局部老化和整体老化，特别是唇口尖的老化使其密封性能大大降低。局部老化是由于唇口滑动部位产生的热量使唇口尖附近硬化引起的。由于装置负荷高，终聚釜搅拌转数一般为4.65~4.85r/min，再加上生产中出现异常等原因，装置有大幅提、降产操作，从机械弹性力学的角度来分析，反应釜搅拌轴的挠度发生比较复杂的变化，同时也增大了轴与唇口的间隙，最终引起泄漏。

4 处理措施

根据国内外PET装置反应釜轴封的运行经验，轴封正常运行期间，密封、润滑系统内的密封润滑液补加量很少，泄漏量在0.1~1.0mL/h时为正常，可安全运行。一般情况下，泄漏量增大必须立即降负荷或停车检修处理。

通过加强巡检观察，液位计上的刻度板每天下降0.5个板，泄漏量为0.5L/d，即20.83mL/h，泄漏量较大。因此在不停车维持生产的前提下尝试采取以下3种措施进行处理。

4.1 采用乙二醇(EG)替代

在了解同类装置处理终聚釜轴封泄漏经验的基础上，首先考虑是否可用EG替代。终聚釜密封液具有冷却轴封的作用，通过循环将轴封内的热量带走，密封液储罐温度85℃。现密封液为TK017(沸点246℃)，发生泄漏后，若使用EG取代，理论也可以起到密封作用，但EG沸点为197℃，85℃时饱和蒸气压为0.7kPa。采用EG取代TK017，循环系统中EG汽化产生气体，导致流量瞬间降低，极易发生低报联锁停搅拌。因此不适合采用EG做密封液，需要改用其他途径。

4.2 继续补加或采用国产替代密封液维持生产

由于原设备为奥地利设备，通过2次大检修，未发生轴封泄漏情况，因此密封液一直沿用进口TK017硅油作为密封液，进口TK017硅油价格昂贵，如泄漏不加剧的情况下，维持到2008年9月大修有近1年半的时间，从经济角度考虑无法接受。如果能找到国产硅油替代进口TK017，合理的价格将会大大降低成本。如选择大型润滑油生产厂家提供的国产硅油，化验对比2种硅油的性能等参数，如主要性能参数相近，可逐步置换试用，并观察黏度及下游产品质量，待生产均正常后替代使用。

4.3　彻底关闭密封 I 室进出口阀

在运转中如发现硅油泄漏现象加剧不能保证生产的情况下，也可将密封 I 室的进出口阀彻底关闭，停止使用。但是这样 3# 油封环就少了一道冷却保护，直接与反应釜高温接触，如长时间运转会减少 3# 油封环的使用寿命，但是要维持装置运转也只能采取该措施。

4.4　维持生产的应急处理措施

根据以上分析，先采取 4.2 措施，先将原密封系统内的硅油多次用滤布进行过滤，将夹带的颗粒物滤除。保证系统内的密封液洁净，防止堵塞引起流量低报导致停搅拌。待以上实施完后将密封 I 室的出入口阀调小保持微开状态，减少泄漏量，并保证能有润滑。

同时选用国产硅油 515 替代进口硅油 TK017，其性能对比见表 1。从数据上看，其主要性能参数相近，可进行替代试用。将原进口硅油慢慢从底排排出，补加国产硅油进行置换，并 24h 密切观察，未发现搅拌电流、真空等异常变化，黏度保持较好，下游产品质量也无异常。后通过 1 个月长时间的连续密切关注，均未发现异常，说明能进行国产替代。

表 1　TK017 与国产 515 硅油性能对比

项　目	TK017	515
运动黏度/(mm²/s)		
100℃时	53.6	56.6
40℃时	330	371.4
黏度指数	209	220
酸值/(mgKOH/g)	—	0.01
闪点(开)/℃	221	246
凝固点/℃	−25	−44
铜腐蚀	—	1b
剪切实验(T_2Cu, 100℃, 3h)		
实验前 40℃运动黏度/(mm²/s)	—	371.4
实验后 40℃运动黏度/(mm²/s)	—	377.5

该措施维持运行至 2007 年 8 月份，再次出现电流、真空大幅波动，而且操作很长一段时间还不能将工艺恢复，密封油箱上的液位下降很快，已经达到 1L/h，说明泄漏量加剧，此时将密封 I 室的出入口阀彻底关闭，才保证工艺得以恢复，后期曾再次尝试微开密封 I 室的出入口阀，均出现工艺大幅波动，无法恢复，待彻底关闭后出入口阀才能恢复，遂将密封 I 室出入口阀，不再使用。

2007 年 12 月，14 区的另一台反应釜轴封出现的现象同上，不过当时离 08 年 9 月大检修就剩几个月时间，借鉴上一台终聚釜处理时摸索出的方法，直接关闭密封 I 室出入口阀，基本上能维持到大修期间。

4.5　设备大修处理过程

2008 年 9 月大检修时，在终聚釜轴封拆卸解体后发现 2 台轴封 I 室内部进入较多物料，1#、2# 轴封环都已经严重老化腐蚀，轴封环的唇口甚至有部分脱落，表明轴封 I 室完的密封已经全失效，也证明当时采取的措施是比较正确的，而且也是惟一可采取的措施。

根据大修前制定的轴封检修方案、作业指导书及结合前 2 次大检修的经验，对整套轴封的内部件进行了全面清洗，检查轴封内部每一点，更换易损部件，组装时严格监控每个工序，误差值均小于 0.4mm，考虑到橡胶备件本身加工有误差，以上误差均能保证所有安装全部在要求范围之内。表 2、表 3 分别为 14、15 区聚釜轴封组装记录。组装完毕的轴封严格要求实行机下及机上压力试验。

表 2 14 区终聚釜轴封组装记录   mm

轴封环号	测点 1	测点 2	测点 3	测点 4
1#环	195	194.9	195	194.95
2#环	164.95	164.8	164.75	164.75
3#环	99.8	99.45	99.3	99.6
4#环	45	44.8	44.8	45.3
5#环	15.45	15.75	15.6	15.8

表 3 15 区终聚釜轴封组装记录   mm

封环号	测点 1	测点 2	测点 3	测点 4
1#环	194.4	194.6	194.5	194.5
2#环	164.7	164.8	164.75	164.5
3#环	99.45	99.4	99.65	99.4
4#环	44.85	44.5	45	44.75
5#环	14.9	14.8	14.8	14.55

4.6 建议

在 2005 年大检修后至 2008 年大修前的运转后期，产量较大，轴封开始发生泄漏。分析与轴封设计有关，后通过研究可在轴封内部进行改造，将目前的 6 只轴封环改造成 8 只，即使发生泄漏，由于增加了一道保护，可延长轴封使用寿命，预计 2009 年开车后的运转周期内能保证维持到下一个检修期。

5 结语

根据终聚釜轴封泄漏处理的经验，要使终聚釜轴封能在高负荷的状态下能尽可能长周期的运转，还需要继续强化管理。

（1）加强轴封的日常维护，有工艺异常及早准备，缓慢提高或降低搅拌转速，避免因较大范围的提降转速而加速油封的损坏；

（2）流量计改成两道联锁的方法，增设 150L/h 低报和 100L/h 的低报，有流量异常时能早关注到，对早判断泄漏及处理有借鉴的作用。

（中国石化天津分公司 江广军）

64. 非接触式离心迷宫轴封研究与应用

机泵轴承箱的轴封是机泵平稳运转过程中起重要作用的因素之一，轴封的泄漏导致轴承箱内润滑油减少，无法保证机泵的运行管理。现有的轴承箱轴封结构为：轴承箱压盖和转轴之间为迷宫密封，在迷宫密封外加一防尘环，此结构密封性能较差。由于泵的转速较高，在离心力的作用下，轴承箱内的润滑油会沿轴从轴承箱端盖甩出，漏油的现象非常普遍，这样会造成轴承箱、联轴器及周围地面沾满油污，给安全生产带来隐患，同时造成不必要的润滑油浪费，又严重污染了生产环境，不符合现场标准化管理，影响文明生产和企业的达标升级。如果操作员不能及时发现润滑油缺失，还有可能造成机泵轴承的损坏、塌架，进而导致机械密封泄漏，下沉的轴与压盖旋转摩擦会产生火花，若机泵内介质为高温热油泵或轻烃介质泄漏则会引起火灾，后果不堪设想。因此，改进机泵轴承箱原油封的结构，研究一种密封性能优良、使用寿命长的新型油封结构以取代原油封是非常必要的。

1 项目内容

1.1 原轴封结构漏油原因分析

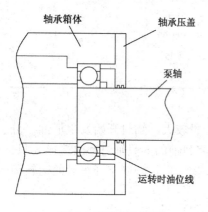

图 1　原轴封结构图

原轴封结构如图 1 所示。机泵在运转过程中，由于受到轴承箱内油位限制，轴承锁紧螺母下端会部分浸入到油池中，锁紧螺母随轴旋转把润滑油搅起，润滑油沿压盖内表面淌下，直接滴到旋转轴上，轴上积油很多，由于轴在车加工过程后轴身上留有细小的螺旋线，润滑油被旋转轴带动，沿轴爬行，进入压盖与轴迷宫密封间隙，由于迷宫密封间隙较大，而且密封阻力较小，润滑油一旦进入迷宫难以打回，因而不断沿轴向外甩出，在轴端处形成积油，使迷宫和防尘环起不到密封作用，即发生漏油。从以上分析可以看出原油封结构存在的主要问题是轴承锁紧螺母太大和迷宫密封间隙太大起不到有效的密封作用。

1.2 轴封改进方案论证

从密封原理角度进行分析，根据密封结构形式，处理泄漏问题的方法可考虑采用分隔、填塞或阻塞、注入和流阻、反输以及这些方案组合等方法。

首先对分隔方法，可采取机械密封或磁力油封。根据机械密封性能、适用范围、寿命来看，机械密封都能适用，但机械密封价格高、结构复杂、所需空间较大、拆装不便，不适于这种小空间结构。磁力油封是专门设计针对轴承箱轴承压盖处漏油问题的新型油封，其优点为端面密封、密封效果好、使用寿命长、只改变轴承压盖形式、改动小，但磁力油封价格昂贵成本高，不易普遍改造使用，建议在关键设备上安装改造。

其次考虑采用填塞和阻塞的方法，采用一些接触型密封如毡圈、档圈、密封圈、骨架油封等与轴接触，对轴承箱本体改动小，但其使用寿命有限，不适合高速长周期运转，而且容易对轴造成磨损，使密封件与轴接触处密封效果降低，严重时使轴报废，故排除此种方法。

再次考虑注入方法，注入方法是将润滑油泄漏点增加外压，使泄漏点处压力高于轴承箱内压力，能够保证润滑油不外泄，但此方法需要辅助系统，结构复杂，在大型机组上可采取，普通机泵不宜采用，因而也不可取。

最后考虑采用流阻或反输，或采用综合方案进行改造，流阻是利用密封件狭窄间隙或曲折途径造成密封所需要的流体阻力，常见的结构为迷宫密封，由于原轴承箱要改处原结构均为迷宫密封，故在改造设计方案时保留其原有结构，但在其尺寸上要进行重新调整，保证其迷宫密封间隙。反输方法是利用密封件结构采取引流使泄漏的润滑油在未泄漏前返回至轴承箱内，以达到无任何泄漏，此形式包括螺旋密封、离心密封等。由于考虑轴承箱内处于常压状态，根据螺旋密封结构特点，其原理是利用随轴旋转的螺旋槽将落在轴上的润滑油进行返输，使润滑油不外泄，但由于高速旋转，螺旋槽在工作状态等同于螺杆泵的工作原理，必然在螺旋槽外侧产生抽吸压差，这样会将空气中的灰尘等杂质带入轴承箱对润滑油造成污染，影响机泵的正常运转，故排除采用螺旋密封。根据离心密封原理，落在轴上的润滑油在沿轴向外爬行时，通过随轴旋转的离心圆盘，受离心力作用被甩向四周，润滑油再通过回油孔回流至轴承箱内。

考虑到要改造的轴承箱压盖处空间狭小，且改造后应满足使用寿命长、结构简单、拆卸方便、价格低等要求，采用离心密封及迷宫密封相组合的方案。其机构图如图2所示。

其工作原理为，润滑油沿压盖内表面淌下，滴到旋转轴上，由于轴在车加工过程后轴身上留有细小的螺旋线，润滑油被旋转轴带动，沿轴爬行，在爬行至旋转的离心圆盘时润滑油被甩向轴承箱及压盖表面向下流淌，轴承箱上部的滴落下的润滑油再次接触到离心圆盘被甩起，压盖表面淌下的润滑油落至加工的回油槽时，沿回油槽回

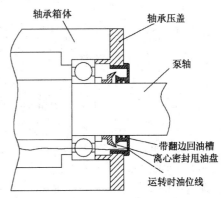

图2 改造为离心密封与迷宫密封组合结构

流至轴承箱内，使润滑油不会落到离心密封中间的轴上，即使小部分润滑油落到轴上，迷宫密封还起到阻流的作用，此结构能够达到密封效果。

1.3 相关设计的要求

新型的防泄漏油封应满足以下要求：首先，保证结合部分的密封性；其次，要求新结构紧凑、系统简单、制造维修和使用方便、成品低廉、工作可靠、使用寿命长；再次，由于机泵轴承箱现结构的限制，不能对轴承箱结构造成改变。

通过对机泵轴承箱、轴承压盖、使用轴承型号、轴结构等相关尺寸分析，由于受到轴承箱与轴承箱压盖间空间的限制，只能对轴承箱压盖进行改造。首先，由于离心密封的离心圆盘的存在和考虑到润滑油液位的限制，离心圆盘在工作时要求不能侵入到液位以下，若圆盘浸入到液位下则润滑油被圆盘搅起，搅起的润滑油过多则压盖处加工的回油槽满溢，起不到润滑油回流的作用。其次，由于迷宫密封间隙的要求，在设计时将间隙值定为径向0.5~0.6mm，保证密封效果。

根据润滑油液位的要求，轴承箱内润滑油要求正常液位位于不低于轴承滚珠的1/2位置处，根据轴承标准尺寸的规定，可查找设计手册中各类轴承尺寸。

则设计离心甩油盘的最大外径为：

$$d=(a+b)/2$$

式中　d——甩油盘最大外径，mm；

　　　a——轴承内径，mm；

　　　b——轴承外径，mm。

加工密封件的材质要求，离心甩油盘材质选用四氟材质，带翻边回油槽迷宫密封件可选用普通不锈钢材质。这样泵轴在发生轴向窜量时，离心甩油盘与回油槽边缘摩擦时不会产生火花。

1.4　安装时注意事项

由于要保证离心甩油盘斜角外边缘必须要越过带翻边回油槽的外端，以保证落到甩油盘上的润滑油被甩起后能回落至回油槽内，故安装时必须保证甩油盘的轴向定位。可通过首次安装时压盖与轴承箱间隙值对甩油盘厚度进行车削，车削量为间隙值加 0.5mm，这样可以保证该密封结构的效果。

带翻边回油槽迷宫密封件与轴承压盖为热装，并在密封面处涂抹密封胶，加工过盈量为 0.05mm。

离心甩油盘与轴加工过盈量为 0.10mm，能够保证其与轴的密封性。

2　项目取得的效果

新设计的轴封结构利用了离心密封的原理，利用轴旋转的离心力将落在轴上的润滑油向四周甩起，在压盖处加工一带翻边的回油槽，将压盖内表面淌下的润滑油回流到轴承箱内，使其不落到轴上沿轴爬出。改造的密封结构现已在聚丙烯热水泵 P610AB、油品液化气 C5 外销泵 YP402 上安装使用，至今已连续运转 3 个月，通过观察两台泵运转均没有任何泄漏，达到了预想的效果。在此之前，原密封结构由于经常发生泄漏，维护人员的工作量很大，在每天的巡检中都要对机泵润滑油进行补充。改造后，在换油周期内机泵的润滑油基本不需要大量补充，大大减轻了工人的劳动强度，现场状况明显改观，也为生产平稳运行创造了有利条件。

此结构同时保留了原迷宫密封的结构，达到了离心密封与迷宫密封的双密封结构，保证了轴承箱压盖密封处无任何泄漏。其成本低，加工简单，一般的机加工厂均能完成加工，新轴封结构为非接触式离心密封，无接触磨损，安装使用后寿命长无需更改，相对其他轴封形式有很好的推广价值。

（中国石油华北石化公司　李海亮，闫伟，孟庆元，姜元增，刘润良，黄利平）

65. 回转圆筒焙烧炉填料密封改进

　　焙烧炉是分子筛生产制备过程中分子筛干燥的重要设备，其炉头炉尾的密封属于动静密封，炉筒是转动的，炉头下料箱、炉尾出料箱是静止的，因此炉头炉尾的密封泄漏情况一直是困扰现场管理的难题，密封结构不合理，填料使用寿命过短，填料一旦磨损，如不及时更换，一方面造成环境粉尘污染，影响职工的身体健康，诱发职业病的发生；另一方面，造成炉筒下沉，极易导致炉筒变形，发生设备损坏事故。如果频繁更换填料，焙烧炉必须长时间降温，大大影响分子筛产量；同时，频繁地开、停工不仅不能保证设备的平稳运行，缩短设备运行寿命，更影响分子筛的质量。因此，解决焙烧炉填料密封问题已经是刻不容缓的事情。以下就炉头密封改造前后情况进行分析改进。

1　改造前的密封形式

1.1　改造前密封形式

改造前密封形式如图1、图2所示。

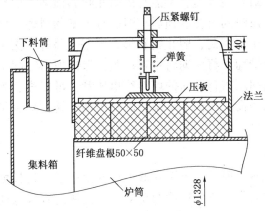

图1　改造前正向剖面图

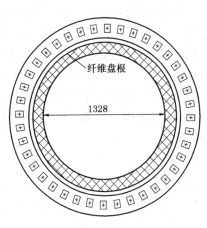

图2　改造前侧视图

1.2　改造前密封问题阐述

　　改造前密封的主要构造有：两片法兰（ϕ1370/ϕ1610），石墨纤维盘根（50×50×1800）四根，压板、支架、压紧螺钉、弹簧等。从图1中可看到，这种密封形式如果在使用初期效果还是不错的，但是，这四根填料真正起到密封作用的只有最里面的那一根填料，不可否认，填料会磨损，而最里面的那根填料是磨损最快的，一旦出现磨损，填料之间就会产生间隙，而每一小块压板之间也不可避免地存在间隙，物料就会从这些缝隙中漏出，其余三根填料根本起不到密封的作用。而那一圈压板、压紧螺钉给填料的力是垂直于炉筒的，它只是把填料向炉筒压紧，并不能把填料之间的间隙压紧。因此，我们确定改造前的这种密封形式是不合理的，不能充分利用填料，是对昂贵填料的浪费。

2　改造后密封形式阐述

2.1　改造后密封形式

改造后密封形式如图3所示。

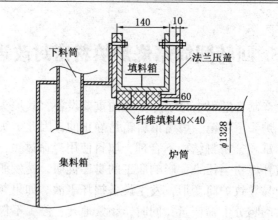

图3　改造后密封形式

2.2　改造后密封问题阐述

改造后密封的主要构造有：一片固定法兰（ϕ1368/ϕ1688），一个填料箱（ϕ1408/ϕ1688），一片法兰压盖（ϕ1368/ϕ1688），三根纤维填料（40×40×1800）。这种新密封形式的优点是：首先，所用纤维填料的尺寸比原来小，并且少用一根填料，降低纤维填料费用；其次，改造前填料盒由一块块压板拼成，密封性能较差，不能有效防止物料泄漏，而新填料盒是一个整体，密封性好，填料在使用一段时间出现磨损后，即使有少量物料通过填料之间缝隙泄漏，也会因为有密封盒而形成一个自密封，阻止物料继续泄漏。另外，法兰压盖的设计也是一个重要部分，压盖将填料沿炉筒平行方向将填料压紧，保证填料之间不会产生间隙，而里面的填料磨损后，也可以利用压盖将外面的填料往里压紧，可以充分利用每一根填料的作用，从而延长了填料的使用寿命，保证了焙烧炉的长周期运转，减少了分子筛的泄漏。

3　结论

焙烧炉密封的改造，虽然一次性投入较多，但是，可以降低填料的使用量，延长填料的使用寿命，减少停车次数，杜绝分子筛的泄漏，减少环境的粉尘污染，从而有效保证分子筛生产的平稳高产高质量。

（中国石化催化剂齐鲁分公司　房学斌，王文智）

66. 焙烧炉炉头炉尾密封及进料方式的改进

焙烧炉是分子筛生产过程中最为重要的设备，它运行稳定与否将直接影响到分子筛的产量、质量和收率。因此，多年来，在焙烧炉的改造和改进上，我们一直进行了不间断的技术工作，使其更好地满足生产需求。经过多年的改进，焙烧炉的结构和性能更趋合理和稳定，但是，还是存在一定的问题和不足，需待我们去解决，特别是焙烧炉炉头炉尾密封结构形式和炉头进料方式，还存在一定的欠缺，导致密封部位泄漏频繁和进料不通畅的状况时有发生。由此，我们以此为主攻方向，进行了多方面的技术论证和探讨，对焙烧炉头炉尾密封和进料方式进行技术改进。

1　焙烧炉密封改造前的状况

对焙烧炉炉头炉尾密封进行改造前，我公司的焙烧炉密封经历了三种方式：①毛毡组合压紧式密封；②径向填料压紧式密封(见图1、图2)；③轴向填料压紧式密封(见图3)。应该说，这三种密封方式都各有优缺点，在一定时期内基本能够满足使用需要，但是其存在的不足还是较多，我们必须对其进行进一步的改进。

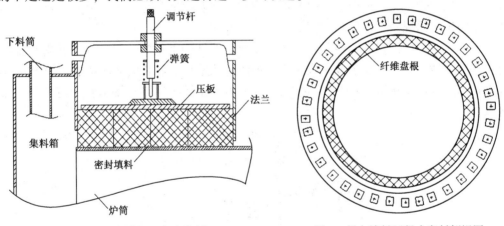

图1　径向填料压紧式密封　　　　图2　径向填料压紧式密封侧视图

第一种毛毡组合压紧式密封方式，结构简单，维修方便，安装维修费用较低，但是安装好密封材料后，不能够进行再次调整，焙烧炉在运行过程中，由于温度升高，炉筒的热膨胀及炉筒始终处于圆周运动和前后窜动等多种因素的影响，容易导致密封间隙越来越大，由此致使分子筛泄漏量比较大，现场环境污染严重。因此，该密封形式已经属淘汰落后技术，不再使用。

第二种径向填料压紧式密封，是在毛毡组合压紧式密封之后的一种密封方式，是采用周向多压板对石墨填料进行压紧，结构复杂，安装制造费用高，它在一定程度上减少了密封泄漏状况的发生。但是，存在一定的问题：

(1)填料直接与炉筒直接接触，由于炉筒温度较高，运行一段时间后，填料与炉筒接触部位石墨填料容易干涩，加上是径向压紧填料，填料与炉筒的摩擦很大，也容易造成填料跟随炉筒转动，从而导致填料上部的压板与调节杆等部件出现强制性的损坏，进而破坏整个填料密封，严重时会出现填料跑脱、压板嵌入炉筒与填料箱中间，给焙烧炉的运行带来一定的隐患。

（2）由于采用的是周向多块压板径向压紧填料，更换填料时需全部拆除调节杆和压板，致使更换填料麻烦，更换工期长，给连续生产带来一定的被动。

（3）采用多压板径向压紧，再加上是在旧炉筒上进行的密封改进，炉筒的弯曲变形，对密封调节杆的调节需要有很高的技术要求，才能保证填料与炉筒的接触均匀，因此，该密封的可调节性对于实际生产来说不太具有可操作性。

第三种轴向填料压紧式密封，是在径向压紧式密封多次出现故障后在原炉头上采用的一种密封形式，应该说该密封形式较前两种不论从密封效果，还是从制作安装来说，都更为合理。但是，通过一段时间的运行使用，还是存在一定的问题：

（1）由于该密封形式是在原炉头结构（原炉筒和原料箱）的基础上进行改动安装的，这就决定了该密封必须采用两半对夹式制作安装（该密封是与料箱进行联接安装，运行时，填料箱和填料不动，炉筒转动），同时，因为原炉筒经过多年的高温运行，已经出现了不同程度的轴向弯曲变形和径向变形，安装密封前，为保证填料的塞填顺利和安装后运转稳定，在制作密封时，对密封和炉筒之间间隙留出了较大的余量。以上两个原因，势必会造成密封加工安装精度不高的问题，从而造成填料在周向与炉筒接触间隙不一致，影响密封效果。另外，在使用过程中，也出现由于间隙不一致和填料长时间挤压变形、磨损后，导致填料从压盖处挤出的情况发生。

（2）由于采用的是轴向填料压紧，加上在原炉头结构不动的情况下加工的密封精度非常差，如图3所示的A处，容易造成填料经过法兰压盖压紧和长时间磨损后，填料从A处间隙处挤出，从而影响密封效果，同时也会造成填料进入炉尾打浆罐堵塞管道和输送泵的情况发生。

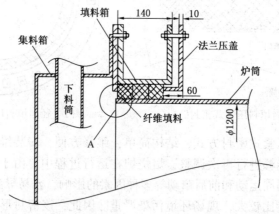

图3　改造前轴向填料压紧式密封

2　焙烧炉密封改造实施情况

通过对轴向填料压紧式密封的使用效果来看，密封达到了预期的效果，但是由于是在原炉筒和料箱上进行动改，如上面所说，还存在诸多弊端。由此，为彻底解决多年来密封泄漏的问题，我们对轴向填料压紧式密封进行再次改进：

（1）炉尾密封还是采用填料箱联接在炉尾集料箱上、填料箱固定不动、炉筒转动的方式，所有尺寸不变，只是将原炉筒尾部约2m的部位和集料箱、填料箱进行重新制作安装，并将炉筒与填料接触部位进行机械加工，填料箱采用整体制作安装，从而保证了整个密封部位的配合间隙合适，安装精度较高，磨损小，密封效果良好。

（2）炉头密封进行了结构形式上的改进，如图4所示，将炉头部位全部拆除，重新制作加工。新密封是将填料箱联接在炉筒上（炉筒原尺寸不变），填料箱随炉筒一起转动，集料箱直径减小，固定不动，同时将集料箱与填料接触处进行机械加工，减少磨损。采用此种方式的优点是，在保证焙烧炉进料的情况下，尽量减小炉头的结构尺寸，一方面是可以减少制作安装费用，另一方面就是尺寸减小后，对整个填料密封部位的加工精度来说更有保障，密封部位接触面更小，更能够提高其密封效果。

（3）改造时，重点对原轴向填料压紧式密封的 A 处部位进行了改进，改进后为如图4所示的 A′处，为防止径向压紧时将填料压出，新制作的填料箱填料挡板制作成与填料平齐，同时为消除集料箱与该挡板可能存在接触影响正常运转的状况，将集料箱与填料挡板留出约 10mm 的轴向间隙。

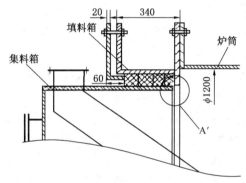

图4 改造后炉头轴向填料压紧式密封

3 焙烧炉进料方式的改进

焙烧炉的进料方式，我们一直采用的是在炉筒前端焊接四块周向均布与炉筒成30°的抄料板，如图5所示。此种方式，基本能够满足生产的需要。但是，还存在一定的问题：在布袋除尘器堵料等原因造成分子筛进料不均匀的情况下，容易导致炉头积料，造成进料不畅；同时，由于分子筛物料湿度的问题，炉筒内壁也经常造成黏料的现象。由此，应对该进料方式进行改进。

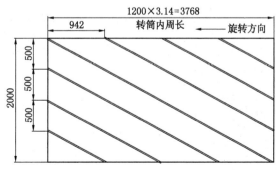

图5 改造前进料抄板

经过调研和探讨，我们决定将炉头抄料板拆除，采用炉筒周向均布焊接与炉筒轴向成30°的链条方式，如图6所示，链条周向均布四条，轴向焊接四道，链条下垂。此种方式，可以对积存在炉头的分子筛物料形成搅拌、翻滚的作用，保证下料的畅通，同时，下垂的链条可以对炉筒壁给予一定的敲打振动，防止分子筛物料的黏壁现象。

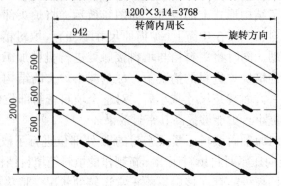

图 6　改造后进料链条

4　应用效果和结论

通过对焙烧炉头炉尾密封和进料方式改进后近一年半的使用，收效明显：

（1）彻底消除了密封泄漏，改善了现场环境。

（2）消除了因密封泄漏导致冷空气从密封处进入炉筒的现象，对焙烧炉的气氛温度起到了一定的提升作用，相应降低了天然气的消耗。

（3）大大减少了因焙烧炉密封损坏停工检修的次数。密封改造后，密封的平均检修周期为 12 个月左右。改造前的密封方式，至少每年需要进行更换检修 3 次以上，部分炉筒变形严重的焙烧炉最多可检修 5 次。

（4）减少了密封的检维修更换费用。密封改造前，仅因填料损坏而更换填料的费用全年在 25 万元左右（五台焙烧炉）；密封改造后，每年仅需更换一次填料，费用约 5 万元。

（5）焙烧炉进料效果良好，炉筒黏壁现象大大减轻。

以上说明，改进后的填料密封和进料方式是合理、有效的，能够保证焙烧炉的稳定运行并收到了一定的经济效益。

（中国石化催化剂齐鲁分公司　孙涛）

67. 锅炉引风机轴承密封泄漏原因分析及改进

新疆独山子石化总厂厂区居民冬季供暖自 2003 年起均统一由 3 台 46MW 及 2 台 70MW 的供热锅炉集中供给，采暖面积约 250 万 m^2。5 台锅炉采用的鼓风机及引风机型号分别是 G4-73-11No18D 和 Y4-73-11No20D。鼓风机介质温度小于 12℃，采用钙纳基润滑脂润滑；引风机介质温度小 200℃，采用 46 号抗磨液压油。由于鼓、引风机转速不高，分别为 730r/min 和 960r/min，因此鼓、引风机轴封均采用了毛毡密封。

自 2003 年锅炉运行以来，鼓风机轴封密封起到了预期的密封效果，但引风机的轴封效果比较差，轴封漏油比较严重；2005 年对 70MW 的两台锅炉引风机轴封进行了改造，改原设备自带的毛毡密封为填料密封，轴封漏油效果得到一定程度的改观，但因轴封改为填料密封，不可能彻底杜绝轴封漏油现象。2006 年在锅炉夏季维修中，经与维修单位及使用单位仔细研究引风机的使用及轴承密封失效问题后，对引风机的轴承密封材料进行改换，对轴承密封形式进行改进，成功地解决了锅炉引风机密封效果差的难题，为同类型轴承密封改造提供了借鉴参考。

1 引风机原密封存在的问题

引风机传动部分的主轴采用滚动轴承，轴承箱用二个独立的枕式轴承箱。润滑油采用 46 号抗磨液压油，风机转速低，因此引风机密封采用了毛毡密封。引风机轴承密封如图 1 所示。

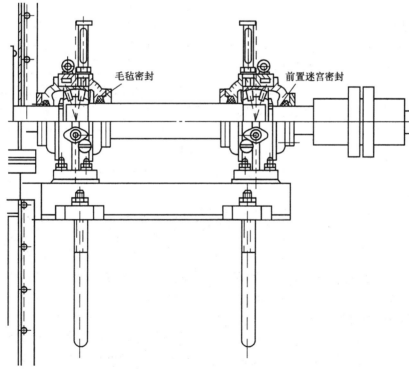

图 1 引风机轴承密封简图

该密封存在以下问题：

（1）引风机投用后，轴承箱中的润滑油随滚动轴承转动，甩起后经过前置的迷宫密封，因前置迷宫密封底部无回油口，被迷宫密封阻挡的油不久便侵满了迷宫密封的环槽。随着引风机的继续运行，后来不断进入迷宫密封环槽的润滑油就会一部分返流回到轴承箱中，另一部分润滑油则流向毛毡侧，被毛毡吸附，在引风机运行的初期，润滑油被毛毡吸附后，因润滑油自重而流向底部，顺着底部回油口流回轴承箱，此时毛毡可起到轴密封的作用；但随着引风机的连续运行，毛毡内吸附的润滑油逐渐趋于饱和，同时因轴承转动，从轴承箱侧不断甩出的润滑油继续被毛毡吸附，再加上轴承运转后产生热量，当轴承箱内压力升高后，轴承箱内膨胀的气体还会形成一定的向外压力，这样毛毡上吸附的润滑油除一部分从回油口返回到轴承箱外，还有一部分则会自毛毡沿压盖顺轴向不断漏出，并因压盖外部的压力低于轴承箱内压力，而易于向压盖外渗出，再加上轴承转动后，沿轴承上渗出的润滑油更易于向外甩出。结果导致此毛毡密封起不到预期的密封效果。

（2）引风机密封设计存在缺陷。在检修时，打开引风机后，发现毛毡密封紧靠前置迷宫密封处安装，之间缺少导油环，毛毡外侧由压盖压紧。因缺少导油环，结果毛毡正好阻拦住回油口，致使回油不畅，回油效果明显减弱，毛毡密封起不到应有的密封作用。

2 引风机密封的改造

2006 年大修时，经与引风机检修单位及锅炉车间对引风机的运行及轴密封存在的问题进行了详细分析后，认为引风机原轴承密封设计存在问题，致使引风机使用中轴封起不到预期的效果，因此决定先尝试性地将原先的接触式毛毡密封改为螺旋式和迷宫式两种非接触式密封，密封材料选用聚四氟乙烯；同时在引风机原毛毡密封的前置迷宫密封底部开出回油口。

2.1 螺旋密封

螺旋密封是非接触式密封的一种。其结构特点和工作原理是：在要求密封部位的轴或孔壁上加工成螺旋槽，并在螺旋槽的每个槽内开一导油口，开口部位基本在同一处，同时在螺旋密封靠前置密封侧均匀加工出导油环；安装时，将螺旋槽开口处安装在底部，靠回油口处；安装螺旋密封时，根据螺旋槽的旋向安装螺旋密封，将螺旋槽的旋向与轴的转向呈反向安装，这样再从前置迷宫密封出来的润滑油进入螺旋密封后，就会因螺旋槽的反旋转而回流到得到螺旋槽底部，泄出的润滑油顺着回油口返回到轴承箱，螺旋密封起到密封作用。

2.2 迷宫密封

迷宫密封是在转轴周围设若干个依次排列的环行密封齿，齿与齿之间形成一系列截流间隙与膨胀空腔，被密封的介质在通过曲折迷宫的间隙时产生节流效应而达到阻漏的目的。由于迷宫密封的转子和机壳间存在间隙，无固体接触，毋须润滑，并允许有热膨胀，适应高温、高压、高转速频率的场合。这种密封形式被广泛用于汽轮机、燃汽轮机、压缩机、鼓风机的轴端和级间的密封以及其他动密封的前置密封处。

2.3 密封材料改造

聚四氟乙烯是一种高结晶聚合物，其分子全是由碳和氟 2 种元素以共价键结合而成，在其分子中，碳氟键键能高达 470kJ/mol，比碳氢键和碳碳键能高，在温度超过 500℃ 也难以使它断开。氟原子在碳链周围形成了紧密的屏蔽层，使得聚合物的主链不受外界任何试剂的腐蚀，具有很高的化学稳定性；另聚四氟乙烯分子间的吸引力和表面能很低，使得其表面具有摩擦因数低、不结垢及润滑性优异等特点；同时聚四氟乙烯温度适应范围宽，能在−150~260℃长期工作而不发生组织变化；且具有线膨胀系数大的性能。因此聚四氟乙烯的性能完全适合引风机轴封改造后的螺旋密封和螺旋密封，并因其良好的线膨胀性而减少与轴的间隙，另轴承工作时40~80℃的工作温度也可完全确保其性能的稳定。

2.4 引风机密封的改造方案

（1）首先对引风机原毛毡密封前置迷宫密封设计进行改造。引风机原毛毡密封前已有的前置密封为迷宫密封。改造后，在前置迷宫密封环形槽最底部开出孔径为4mm的回油口，便于进入迷宫密封环槽内的润滑油及时返回轴承箱。前置迷宫密封所开回油口部位如图2所示。

（2）改引风机原有的毛毡密封为迷宫密封或螺旋密封，密封材料选用聚四氟乙烯材料。改造的迷宫密封和螺旋密封件如图2所示。

引风机新改造的迷宫密封和螺旋密封件的厚度要根据引风机的原毛毡密封厚度及压盖的厚度任选，最终确保压盖压紧。因引风机轴承的工作温度低于200℃，迷宫密封件和螺旋密封件所选用的材料为聚四氟乙烯，其性能比较稳定，且其具有良好

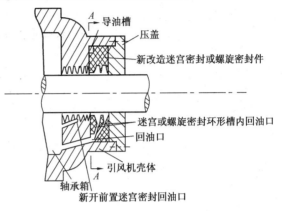

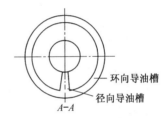

图2 引风机改造后的轴承迷宫密封或螺旋密封

的线膨胀性，因此密封件与轴承的间距可定为0.2mm；迷宫密封和螺旋密封件的厚度选为12mm，改造的迷宫密封件上所开的环形槽宽度为3mm，开有两个环形槽，两个环形槽的底部各开出一个回油口，环形槽间隔2mm；另外为确保引风机回油口回油畅通，将密封件靠前置迷宫密封侧加工出回油环，回油环面上回油槽可根据引风机具体尺寸进行加工，在此密封件轴下部加工出一个径向回油槽，回油槽宽3mm，回油槽深1mm，另密封件环向回油槽宽4mm，高度4mm。改造的螺旋密封件的导程可设为5mm，加工成三个螺距，其他尺寸数据与迷宫密封件相同；另外为使回油顺利，可将回油口稍开大些，在改造此引风机时，就将原有的回油口径扩大到8mm。最后在安装改造好的密封件时，要注意将环形槽所开的回油口处安装在最低部，利于润滑油返回轴承箱。

3 引风机密封的改造效果分析

2006年在对引风机检修时，首先对第一台引风机轴封密封件采用了迷宫密封和螺旋密封两种轴封形式的改造，改造后轴封效果都很好，两种密封均起到了密封的作用；但考虑到引风机以后的检修，避免检修人员在检修中的疏忽而不能有效分清螺旋密封的旋向，导致螺旋密封件安装反向，因此在对其余四台引风机轴封改造时，就没采用螺旋密封，均采用了迷宫密封的形式。引风机轴封改造后，在引风机随后的一个采暖期6个月的连续运行中，再未发现轴封泄漏润滑油的现象，从而彻底解决了锅炉车间引风机的轴承密封失效问题。

锅炉引风机轴封改造的成功，消除了长期困扰锅炉车间引风机轴封漏油的问题，大大降低了引风机的运行成本，5 台引风机每个采暖期(6 个月)的润滑油油耗近 110kG，每年仅引风机润滑油直接节约近 1450 元。引风机轴承密封泄漏润滑油问题的解决，明显改观了锅炉车间引风机的设备现场管理面貌。

（新疆独山子石化总厂机动处　邵春明；

新疆独山子石化设计院　张明焱，刘乐军，吴焕丽）

68. 磨煤机旋风分离器减速机输出轴密封结构改进

兰州石化化肥厂动力车间 C 锅炉为燃煤式蒸汽锅炉，设计每小时产蒸汽 220t。C 锅炉制粉系统的核心设备磨煤机由美国威廉姆斯公司制造，该型号磨煤机属于离心挤压式磨煤机，安装在中心轴支架上的 6 个磨辊在离心力的作用下，与固定在筒体上的磨圈产生挤压转动，将犁头犁起的原料煤挤压磨成煤粉，经过磨辊上方的旋风分离器分离，粒度合格的煤粉通过分布器加负压送入锅炉燃烧。C 锅炉投用生产后达到了设计工况要求，但是由于锅炉使用原煤中含有较多杂质，对磨煤机系统磨损较严重造成磨煤机运行周期不达标，对 C 锅炉的长周期运行造成严重影响，磨煤机在生产运行中暴露出的主要问题就是运行中磨煤机内部振动异常响声大，磨辊、犁头、分离器叶片等部件磨损较严重，对磨煤机的检修工作比较频繁，一般 1~3 个月就必须停车检修更换磨辊、犁头和旋风分离器叶片，特别是磨煤机旋风分离器减速机在使用一年后就出现了输出轴轴封严重变形损坏、轴承和传动齿轮破碎的故障，C 锅炉磨煤机频繁停车检修，使化肥厂的动力蒸汽系统产生一定的波动，对大化肥工艺生产造成一定的影响。对磨煤机旋风分离器减速机的检修工作来说，由于受到现场施工作业环境及设备安装位置的限制，对磨煤机旋风分离器减速机的检修不仅施工作业难度大，检修工期较长，而且对减速机轴封、轴承和传动齿轮的备件准备提出了一定的要求，一旦出现备件供应不及时的情况，就会对化肥厂的生产造成严重的影响，因此，我们必须对造成磨煤机旋风分离器减速机输出轴轴封、轴承和传动齿轮故障损坏的原因进行分析，从而提出相应的改进措施，提高磨煤机旋风分离器减速机的使用寿命。

1 磨煤机旋风分离器的结构特点

威廉姆斯磨煤机旋风分离器由减速机和分离盘两部分组成。安装在磨煤机筒体外的电动机带动一根伸入磨煤机筒体内的水平轴转动，通过一对伞齿的减速作用，由垂直方向的输出轴带动分离盘转动，分离盘上安装有 48 组焊接耐磨材料的叶片，每片叶片长 850mm，耐磨层长度 260mm，叶片厚度单侧为 5mm，每个叶片重量差要求不超过 13g。磨煤机旋分分离器结构如图 1 所示。

2 磨煤机旋风分离器减速机故障损坏原因分析

从我们对磨煤机旋风分离器减速机解体检修的情况来看，减速机输出轴骨架油封磨损变形严重，轴承破损，一对传动伞齿打碎，减速机箱体内存有一定量的煤粉，根据减速机的损坏情况，并结合磨煤机的运行工况，从机械运动的角度考虑，我们认为磨煤机旋风分离器减速机的故障损坏主要是受振动冲击和非正常磨损两方面的原因影响。

(1) 从分离器叶片的检修安装和运行情况来分析，叶片的加工制造质量偏差和叶片的磨损都会使分离盘产生动平衡失效，从而使减速机输出轴产生振动，造成输出轴轴封、轴承和传动齿轮的损坏。在磨煤机的每一次检修工作中，旋风分离器叶片都因磨损严重而必须更换，这也说明旋风分离器在运行中分离盘的动平衡失效是不可避免的，减速机输出轴始终受到振动冲击的影响，大大降低了设备的使用寿命。

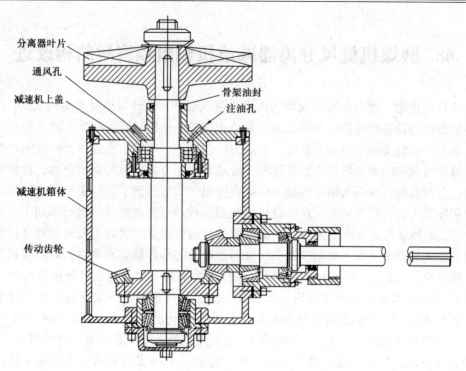

分离器叶片

通风孔

减速机上盖

骨架油封

注油孔

减速机箱体

传动齿轮

图1　C炉磨煤机旋风分离器结构简图

（2）由于受轴振动的影响，减速机输出轴骨架油封磨损变形，密封间隙扩大。减速机吹扫空气接管位置到骨架油封处间距偏大，吹扫风角度不合理，吹扫效果不好，在吹扫空气压力不足或吹扫风系统产生故障停止向减速机箱体内吹扫空气时，磨煤机内漂浮的煤粉从骨架油封处渗入到减速机箱体内，恶化了轴承和齿轮的润滑工况，煤粉在轴承和齿轮啮合面上起到了磨粒的作用，加剧了轴承和齿轮的磨损，从而造成轴承和齿轮失效损坏。

通过对造成磨煤机旋风分离器减速机故障损坏的原因分析，我们看到在磨煤机的运行中，旋风分离器的振动、减速机输出轴骨架油封的磨损及密封效果不良是始终存在的，为了提高磨煤机旋风分离器减速机的使用寿命，我们要从减轻旋风分离器不平衡对减速机造成的振动影响和提高输出轴密封效果，改善轴承、齿轮润滑工况这两方面进行相应的改进工作。

3　改进措施

（1）提高分离器叶片加工质量，保证分离器叶片安装精度要求。对48组叶片逐个称重标记，检修人员在更换分离器叶片时，按重量标记分配好叶片安装装置，减轻磨煤机在开车时因分离器叶片不平衡而造成的振动。

（2）根据旋风分离器减速机的现场安装位置及输出轴骨架油封与分离器叶片的位置，我们针对减速机上盖做以局部结构改动，采取将骨架油封改为填料密封，将吹扫空气接管水平接在填料函下部位置这一方案。采用上述改进措施基于以下方面的考虑，从使用性能方面考虑，一方面填料的耐磨性和密封性能要优于骨架油封，另一方面在原骨架油封处采用石墨填料密封相当于在此处增加了一个滑动轴承，起到了支撑的作用，而且石墨填料的柔韧性会吸收减速机输出轴的振动能量，减缓减速机输出轴因振动而对轴承和传动齿轮造成的振动冲击。吹扫空气接管位置改动后，减速机输出轴端的吹扫空气压力增大，密封效果增强，改善了减速机轴承和传动齿轮的润滑工况，提高里减速机的运行寿命。我们利用磨煤机停车检修之机将旋风分离器减速机上盖拆下，对上盖骨架油封处进行车削加工，形成一个填料函。把加工好的上盖与减速机箱体固定连接，在填料函中加入 12mm×12mm 的石墨填料，把紧填料压盖，减速机盘车检验合格后吊装就位，与分离盘固定连接好，试车合格投用生产运行。减速机上盖改进前、后结构如图 2、图 3 所示。

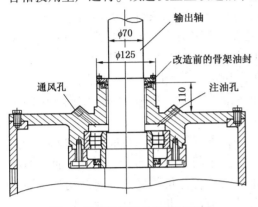

图 2　磨煤机旋风分离器减速机
输出轴密封改造前结构简图

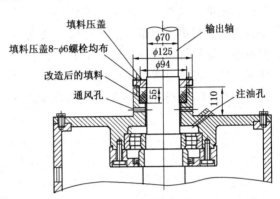

图 3　磨煤机旋风分离器减速机
输出轴密封改造后结构简图

4　改进效果

磨煤机旋风分离器减速机输出轴密封由骨架油封改为填料密封后，减速机工作平稳，异常响声和振动减轻。从改造后运行 6 年多的时间来看，磨煤机旋风分离器减速机变速齿轮一直运行完好，再没有出现过轴承和齿轮破损的故障，达到了长周期运行的目的，这说明我们的改进措施是成功有效的。

5　结语

我们针对威廉姆斯磨煤机旋风分离器减速机的故障，采取了对减速机输出轴密封结构和吹扫空气接管位置改进这一措施，取得了预定的效果，但是对于磨煤机磨辊、犁头和分离器叶片的磨损问题，我们还应做进一步的研究和改进、从而达到提高磨煤机运行周期的目的。

（兰州石油化工维达公司　刘继平）

69. 大型电机气封式油封研究与应用

随着机械加工水平的不断提高和液压技术在机械设备上的广泛应用，现代机械设备正朝着高精度、高效率、高速、重载，低能耗、低噪声、低污染、长寿命方向发展，其结果使设备的密封更加困难。由于许多设备在设计、制造、维修方面对泄漏问题考虑不周，重视不够，导致许多设备长期处于泄漏状态，严重地影响了设备的使用性能和寿命，造成了环境污染、能源浪费，甚至引发了事故，给正常生产和安全生产造成了巨大危害。据统计，我国约有 1/4 ~1/3 的机械设备不同程度地存在漏油问题。因此，抓好设备的防漏、治漏工作势在必行。

作为电机平稳运转过程中起重要作用的因素之一，电机轴承箱油封的泄漏则显得尤为突出。油封的泄漏会导致轴承箱内润滑油的减少，威胁电机的安全运行。同时，润滑油的泄漏也导致了环境的污染，能源的浪费。现有的电机轴承箱与机体之间油封结构为：轴承箱压盖与轴之间为迷宫密封，在迷宫密封沟槽间开孔以泄油，此结构密封效果较差。由于电机机体内结构原因，在高转速、离心力的作用下，会形成一定负压，导致轴承箱内的润滑油大量沿轴从轴承箱流出，进入电机机体，进而随电机转子的运动使润滑油自机体边盖等处渗出，漏油的现象非常普遍，这样会造成机体周围地面沾满油污，造成润滑油的浪费并严重污染生产环境，不符合现场标准化管理的要求；同时，机体内积聚大量润滑油，给生产造成严重的安全隐患。如果电机内发生线圈过热等异常状况则可能引起火灾，后果不堪设想。因此，改进电机轴承箱原油封的结构，研究一种有针对性、密封性能优良的新型油封结构以取代原油封是非常必要的。

1 项目内容

鉴于大型同步电机漏油问题比较普遍，设备维修科自成立以来，多次对此问题进行改造研究。由于三联合工区 PSA 装置 K502 电机漏油问题比较突出，遂以之为出发点进行重点攻关。

1.1 原油封结构漏油原因分析

原油封结构如图 1 所示。由于轴在机加工过程后轴身上留有细小的螺旋线，润滑油被旋转轴带动，沿轴爬行，进入压盖与轴间迷宫密封间隙，由于迷宫密封间隙较大，因而润滑油不断沿轴向外甩出，使迷宫起不到密封作用。同时，大型电机由于线圈框架结构原因，运转时，在离心力作用下，使轴承箱与机体间轴封附近产生负压，加速了润滑油自迷宫处向机体内的流动，甚至造成了轴承箱内润滑油的被动吸出。从以上分析可以看出解决电机内负压和迷宫密封间隙太大问题成为解决油封漏油的关键因素。

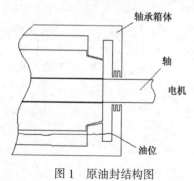

图 1　原油封结构图

1.2 轴封改进方案论证

从密封原理角度进行分析，根据密封结构形式，处理泄漏问题的方法可考虑采用分隔、填塞或阻塞、注入和流阻、反输以及这些方案组合等方法。

　　首先分析采用分隔方法，可采取机械密封或磁力油封。鉴于磁力油封是专门设计针对轴承箱轴承压盖处漏油问题的新型油封，其优点为端面密封，密封效果好，使用寿命长，只改变轴承压盖形式，改动小。经试验，短期内有一定成效；长时间运行后，漏油问题依然存在。经分析，此结构在大型电机机体内产生的负压环境下，难以达到应有的效果。其结构图如图2所示。

　　最后考虑应在平衡机体内负压的前提下，对密封的结构进行改造。通过对机体内油封处的空间及现有油封结构进行测绘，再考虑到要改造的轴承箱压盖处空间狭小，应少做改动且应满足结构简单、拆卸方便等要求，决定采用有源气封及迷宫密封相组合的方案。其机构图如图3所示。

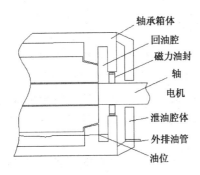

图2　磁力油封结构图

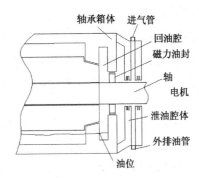

图3　改造为离心密封与迷宫密封组合结构

　　其工作原理为，通过压力流量稳定的气源及配套的管路系统，安装配套的阀门和过滤器，其中阀门控制提供压缩空气的气源，过滤器用来过滤气源，防止气源中有杂质进入机体。气源进入过滤器，导入进气口，由进气口进入均压腔，再由均压腔把气体均匀地分配到内环的铜齿片组之间的腔室，形成正压。如图4所示，内部压力被此正压抵消，防止内部润滑油外漏，同时平衡机体内负压，从而达到密封效果。即使小部分润滑油落到轴上，由于迷宫密封和其中的正压气体的阻流作用，此结构能够起到密封效果。

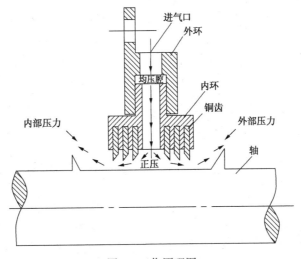

图4　工作原理图

1.3　相关设计的要求

油封的改造应满足以下要求：首先，保证结合部分的密封性；其次，要求结构紧凑、系统简单、制造维修和使用方便、工作安全可靠、使用寿命长；再次，由于轴承箱及机体内部构造的结构限制，不能对轴承箱结构进行较大改变。

通过对电机轴承箱、回流腔室、轴结构等相关尺寸的测量分析，由于受到轴承箱与机体间空间的限制，只能对回流腔室进行改造。首先，由于原回流腔室结构迷宫部分空间有限，无法直接改造，遂经测绘后进行重新设计制作。其次，由于迷宫密封间隙的要求，在设计时将间隙值定为径向 0.5~0.6mm，保证密封效果。

加工密封件的材质要求，回流腔室材质选用铸铝材质，迷宫密封件选用铜齿。这样可避免异常情况下对轴造成损伤。

2　项目取得的效果

新设计的油封结构通过气源的引入，解决了电机因运转产生的负压而导致润滑油大量泄漏的问题，达到了预想的效果。在此之前，原密封结构由于持续发生泄漏，维护人员的工作量很大，每周都要对机组润滑油进行补充。改造后，在换油周期内机组的润滑油基本不需要大量补充，大大减轻了工人的劳动强度，减少了经济损失，现场状况明显改观，也为生产安全平稳运行创造了有利条件。

此结构同时保留了原迷宫密封的结构，达到了气封与迷宫密封的双密封结构，保证了轴承箱油封处无任何泄漏。新油封结构延续了原结构非接触式密封的思路，无接触磨损，无异常损伤无需更换，安装使用后可有效延长使用寿命，此油封形式对于大型同步电机等有很好的推广价值。

（中国石油华北石化公司　闫伟，孟庆元，刘润，李海亮）

70. 采用接触式油挡综合治理发电机轴承润滑油内漏

中国石化九江分公司热电作业部汽轮发电机组中的发电机是济南发电设备厂制造的，额定功率2.5万kW，额定电压6.3kV，由汽轮机经减速箱驱动，转速为3000r/min。

发电机两端轴承座油封为迷宫式密封。自1996年机组投入运行以来，轴承座油封漏油严重。由于轴承座与发电机本体连在一起(见图1)，轴承座靠发电机本体内侧的油封漏出的润滑油进入发电机本体。在运行中发现发电机空气冷却器表面及空气冷却器房间地面聚集有大量的润滑油。发电机拆开大修时发现定子线圈表面也有大量的油污。由此可见，在发电机运行时，其轴承座内侧油封漏出的大量润滑油的确进入了发电机本体，严重威胁发电机的安全运行，给安全生产带来了重大隐患。

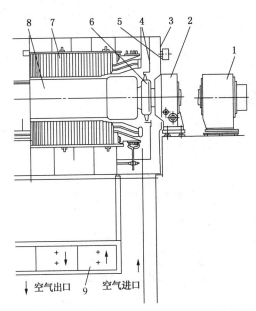

图1 发电机整体布置图

1—励磁机；2—轴承座；3—发电机外端盖；4—发电机内端盖；5—冷却风扇补充空气口；
6—发电机冷却风扇；7—发电机定子；8—发电机转子；9—空气冷却器

在每次发电机检修中，都对发电机轴承座迷宫式油封进行了仔细地修复或更换，但漏油依旧。因此有必要对该油封进行彻底的改造，消除漏油。

经过实际考察和调研，决定采用哈尔滨通能公司生产的TN接触式油挡代替原来的轴承座迷宫式油封，并对原密封注气系统进行改造。改造后，经过机组长时间运行检验，发电机轴承座油封漏油问题得到了较好的解决。

1 原轴承座迷宫式油封使用情况和存在问题

原轴承座结构如图2所示，轴承座靠发电机本体侧的油封由两段迷宫式密封组成。两段密封体之间的密封腔引入一空气管，空气管的另一端接在发电机冷却风扇的出口。发电机运行时靠冷却风扇出口风压将空气引入两段迷宫密封体之间的腔体内，从而阻止润滑油

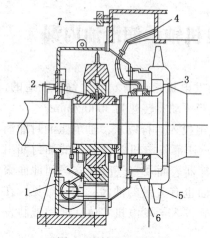

图2　原轴承座结构图

1—轴承座；2—轴承；3—迷宫式油封；
4—空气管；5—发电机冷却风扇；
6—冷却风扇口环密封；
7—冷却风扇补充空气口

的泄漏。但是由于该处油封处于发电机冷却风扇的进风口处，且风扇口环密封间隙大，因此发电机运行时，冷却风扇的吸风效应将影响油封与冷却风扇之间的腔体，使该区域成为负压区。虽然两迷宫密封体中间有空气导入，但由于风压低，风量小，不足以抵消冷却风扇的吸风效应对油封区域的影响，因而导致轴承座内的气体向负压区域泄漏，带着润滑油漏出，进入发电机本体内，使迷宫式密封失效。同时冷却风扇进风口处的补充空气口的滤网为棕丝滤网，流通阻力大，极易堵塞且很难清洗干净，冷却风扇工作时从该处补充吸入的空气很少，这样也加大了冷却风扇的吸风效应对油封区域的影响。

　　由以上分析可知，由于该处油封外侧为负压区，导致了迷宫式油封失效，迷宫式密封在该处不能完成密封任务。漏入发电机本体内的大量润滑油证明了这一点。

2　轴承座油封改造

　　采用哈尔滨通能公司生产的TN接触式油挡代替原来的轴承座迷宫式油封，并对原密封注气系统进行改造。改造后的油封结构如图3所示。

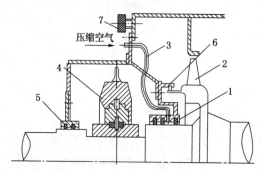

图3　改造后的油封结构图

1—TN接触式油挡；2—发电机冷却风扇；3—空气管；4—轴承；
5—TN接触式油挡；6—TN接触式油挡；7—冷却风扇补充空气口

2.1　用TN系列接触式油挡代替原来迷宫式密封

　　TN接触式油挡是哈尔滨通能公司的专利产品，它的最大特点是油封挡油板与轴直接接触，并且油封挡油板具有良好的径向跟踪功能。它是通过其本身结构所提供的完整力学链来保证和约束与转轴的接触压力。在这个完整的力学链的控制下，油挡与轴能够接触，形成无间隙密封。

　　挡油板可与转速为3000r/min的轴直接接触，与转轴之间形成零间隙。它是以石墨体为主的改良型密封耐磨材料精制而成，具有自润滑功能，由于精密的限位装置的作用，对转轴的压力受力学链的控制，因此不会引起转轴发热，磨轴现象，也不会引起轴系振动，能保持和轴零对零地接触而稳定运行，确保不漏油。

接触式油挡的挡油板按圆周方向等分成若干偶数等分，每一等分都可以径向前进和后退，前进量径向单边为 0.5mm，后退量径向单边为 2.5mm，灵敏度非常高，能够有效补偿在运行中的磨损量，使油挡与转轴之间连续不断地接触，保证接触式油挡的挡油板和转轴之间在任何工况下无间隙运行。它的等分接头处采用一种柔软密封材料，此种材料也是自行开发研制的，这种密封材料按照力学链所给定的范围来完成所需做工要求，它具有柔软不硬、耐油、耐老化、耐化学腐蚀等特点。

综上所述，TN 接触式油挡是零间隙密封，故能够最大限度地减少润滑油的泄漏。

2.2　发电机冷却风扇口环密封改造

如图 3 所示，将发电机冷却风扇的口环密封改成 TN 系列接触式油挡密封，由原来的间隙密封变成零间隙密封，最大限度地降低了冷却风扇运行时吸风效应对油封与冷却风扇之间的腔体的影响，使得该区域不成为负压区，降低了轴承座油封的密封难度，提高了密封的可靠性。

2.3　油封注气系统改造

改造后的注气系统如图 4 所示。

图 4　改造后的注气系统图

从装置区压缩空气系统引一路压缩空气，经滤网过滤和冷冻干燥机脱水（避免空气中的水分进入润滑油），节流稳压在 2kPa 左右，进入轴承座油封两接触式油挡之间的密封腔体内。这样能确保稳压、足量的压缩空气进入该密封腔内，使该腔体内保持微正压，有效阻止了轴承座内的润滑油的泄漏。

进入该密封腔体的空气压力应维持在 2kPa 左右。压力太低，进去的空气量太少而起不到密封的作用，但是压力也不能太高，否则大量的空气进入机组润滑油回油系统，使润滑油回油不畅。

2.4　更换冷却风扇进风口处的补充空气口的滤网

用不锈钢滤网代替原来的棕丝滤网。不锈钢滤网在对空气有效过滤后，增加了流通面积和减少了流动阻力，且容易清洗。在冷却风扇工作时从该处补充吸入的空气量较原来大增，降低了冷却风扇的吸风效应对油封区域的影响。

3　结论

2003 年 8 月发电机大修时，对发电机轴承座油封进行了上述的改造。经过长时间的运行检验，没有发现油封漏油。2005 年 10 月发电机大修时，拆开轴承座油封，检查了接触式油挡，除更换了个别磨损较大的油挡块外，其他情况良好。检查发电机本体内部线圈、冷却风扇、空气冷却器等处，均比较干净，没有润滑油迹。

从上述发电机运行和检修情况来看，对发电机轴承座油封的改造是成功的，解决了轴承座的漏油问题，消除了威胁发电机安全运行的隐患。

（中国石化九江分公司热电作业部　李广明）

后 记

《炼油化工设备润滑与密封维护检修案例》一书，系本书编者从多年来主编的有关设备维护检修管理著作中，精选了炼油化工企业有关设备润滑与密封维护检修的案例汇编而成。所选的案例紧密结合生产实际，具有很好的示范性和可操作性。

本书旨在为广大炼油化工设备工作者提供一个交流、借鉴和相互学习的平台，希望能对提高和加强炼油化工设备润滑与密封维护检修水平起到积极的促进作用。

本书的出版离不开案例撰写人的努力实践和辛勤劳动。在此，编者向其表示衷心的感谢和深深的敬意！

本书出版后，所选案例的第一作者可与中国石化出版社联系，出版社将赠书一本以表谢意。

联系人：中国石化出版社装备综合编辑室　龚志民
电　话：(010)84289937
E-mail：gongzm@ sinopec.com